幻の兵器が3DCGで蘇る。

太平洋戦争
超兵器大全

別冊宝島編集部 編

宝島社

高速&高火力迎撃戦闘機 震電 VS. B29

一撃必墜の30ミリ機関砲咆哮す！

3DCG：赤城潤一

日本本土上空に飛来するB29に対し、
日本海軍と九州飛行機は
ついに切り札となる迎撃戦闘機を完成させた。
その名も震電!「稲妻が輝き雷が轟く」名をいただく
新鋭機の機体前部に輝くは、
集中装備された4門の30ミリ機関砲。
“超空の要塞”を自称するB29を、
日独空軍力の精華たる
新鋭機群とともに痛撃する。

震電

高速局地戦闘機

搭乗員の緊急脱出の際、プロペラは電気着火により分離される予定だった。
ジェットエンジンを搭載した「震電改」も予定されたとの証言もある。詳細は不明だが、当時の戦況と技術レベルでは実現の可能性は低かったであろう。
翼面積 20.5㎡
主翼はいわゆる「後退翼」で、敵戦闘機との交戦は想定されておらず、空戦フラップなどは装備しなかった。あくまで「B29撃墜」のための戦闘機なのだ。

発動機 ハ四三-四二型
エンテ式の機体は前部にエンジンがないため、機首を細く絞り込み空気抵抗の影響を小さくできる。
60kg爆弾 ×2 または 30kg爆弾 ×2
全幅 11.11m

3DCG：赤城潤一

震電は鶴野正敬技術大尉の提唱により、
高高度を飛ぶ米戦闘機に対抗するため、
プロペラを後端に配した「エンテ式」(前翼式とも呼ぶ)の
迎撃戦闘機として昭和19年5月から開発が始まった。
特異な形状だが、エンジンを後部に配することによって
機首に大型機関砲の集中配備が可能で、
機体はコンパクトになり高速の発揮が期待できた。
実験用小型滑空機MXY6を用いた検証でも
効果は発揮されたが、
実機は何度かの試験飛行を
行なったのみで終戦を迎えた。

風防の正面や弾倉などには、防弾ガラスまたは鋼鈑が装備された。ゴム自動防漏燃料タンクや自動消火装置など、防御面にもそれなりに配慮がなされている。

30mm機関砲 ×4

機首には30ミリ機関砲を集中配備する。B29がいかに堅牢な機体であっても、一撃で粉砕可能だったはずだ。

実用上昇限度 12000m

地上から見上げる操縦席の高さは3メートル以上に達し、搭乗にはハシゴを用いた。

最大速度 750km/h

全高 3.92m

全長は零戦とほぼ同じだが、エンジンが後方で機首容積に余裕があり、零戦よりも重武装が可能であった。

全長 9.76m

詳細は104ページへ

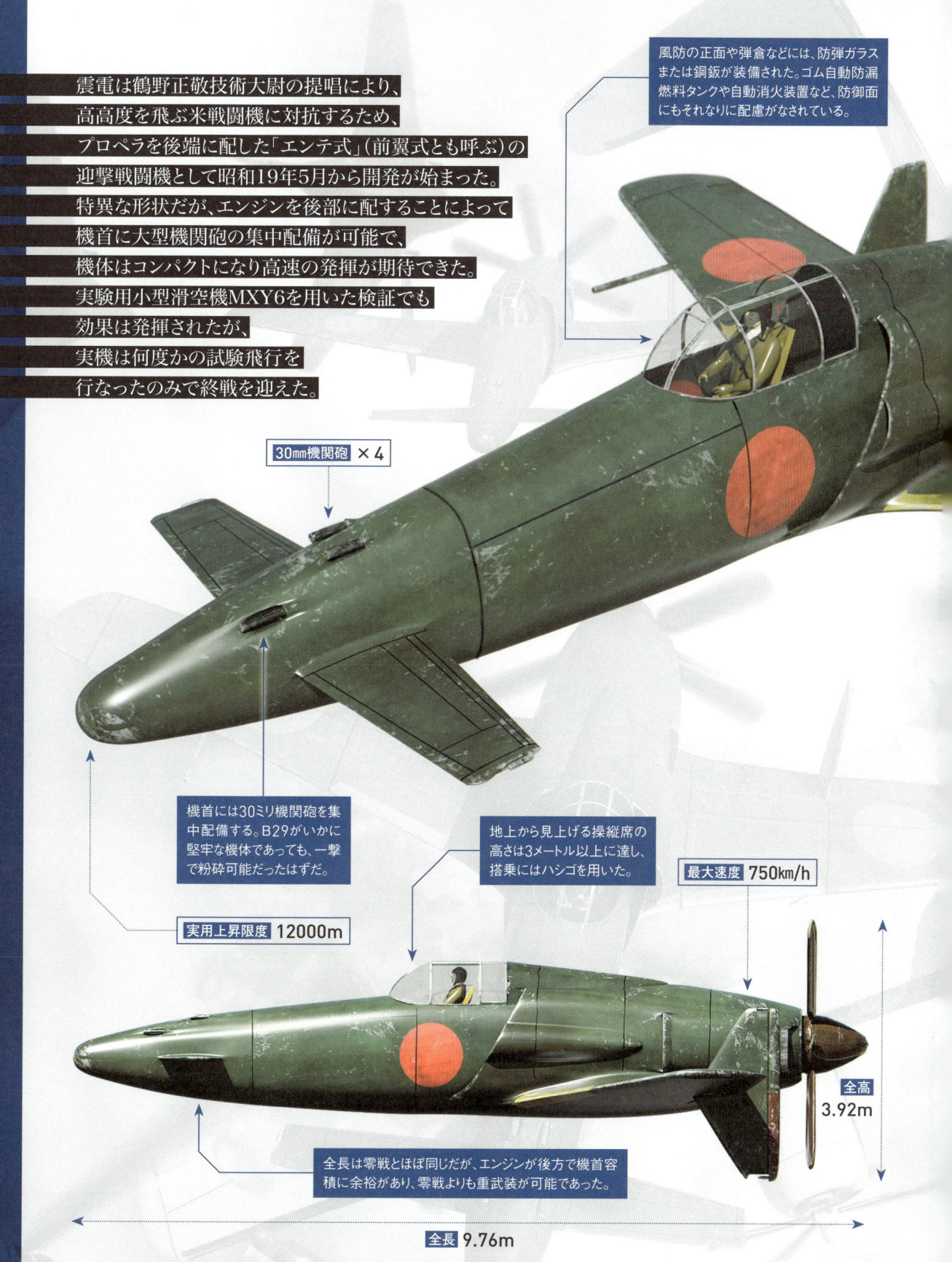

高速回転翼機
トリープフリューゲル VS. B29

急速発進で敵の侵入を許さず！

日本 超高速ロケット戦闘機
秋水

ドイツ 垂直回転翼戦闘機
トリープフリューゲル

フォッケウルフ社が、またもや傑作戦闘機を開発した。
砲弾のような形状の機体の中央に3枚の翼を備え、
異形の姿を持つ機体は垂直離昇を実現、滑走路を不要とする。
同盟国・日本本土に接近を試みるB29。
だが、ドイツが誇るレーダーにより
敵接近の情報を得て飛翔したトリープフリューゲルに、
約1000ロの超高速で捕捉された米軍大型爆撃機は
撃墜の運命から逃れることはできない。

アメリカ 大型爆撃機
B29
日本 高速迎撃戦闘機
震電

垂直離陸型迎撃戦闘機
トリープフリューゲル

エンジン パブスト式ラムジェット×3
ローター直径 10.7m
全長 9.15m
30㎜機関砲 ×2
20㎜機関砲 ×2

トリープフリューゲルは、尾部に4枚の尾翼を持つ。それぞれに車輪が装備されており、駐機時は直立した状態である。

トリープフリューゲルの図面を接収したアメリカは戦後の1954年、垂直離着陸戦闘機XFY-1「ポゴ」を開発した。水平飛行も難なくこなし、実験は成功。しかしレシプロエンジンの戦闘機の時代は終わりを迎えており、当時の戦闘機の水準にはおよばず計画は中止となった。

本機のキモのひとつ、回転する主翼。全長は10.7メートルと計画されていた。

コクピットはオーソドックスな涙滴形状だが、上昇限度高度は15000メートルを予定したため、与圧服か与圧化は必須。そのうえで、急激な軌道の飛行はパイロットに過大な負荷を与えることになる。

詳細は168ページへ

「空飛ぶ巨大竹トンボ」——
トリープフリューゲルはしばしば
こう称される。
滑走路のない地形からでも
主翼を回転させて
上空に飛び立つという構想ゆえ、
このような構造になった。
米軍が現在運用するV22オスプレイと
似たような運用を想定していたが、
高空に達するタイミングで
水平飛行に移ろうとすると
揚力が失われるため、
当時の技術では
実用化は困難であった。

胴体の主翼がラムジェットで回転、高空へと上昇したのち、横向きの飛行姿勢に移る設計。
砲弾型の胴体に3枚の主翼を取り付け、高速回転させることで飛翔するというアイデアは、もちろん前例がない。こうした発想力はドイツ技術陣をおいてほかになく、実現性を差し置いても世界超一級の奇想は他国を圧倒している。
最大速度 990km/h
翼面積 80㎡
全長は約9.2メートルと短い。森の中などに隠匿し、急上昇して迎撃などの運用が期待されていた。
高速での飛行時に生じる圧力（ラム圧力）で空気を圧縮し、これに燃料を吹き込むことで推力を得るエンジン。軽量で構造が簡単というメリットがある。本機はラムジェットで主翼を高速回転させて揚力を得て、飛翔するコンセプトであった。

ロケット邀撃機 秋水 VS. B29

見よ！圧倒的ロケット上昇力！

日本 超高速ロケット戦闘機
秋水

日本 高速迎撃戦闘機
震電
ドイツ 垂直回転翼戦闘機
トリープフリューゲル
アメリカ 大型爆撃機
B29
A-E

伊号第二九潜水艦が同盟国ドイツから
日本に持ち帰ったロケット戦闘機
Me163コメートの資料をもとに、
幾多の困難を乗り越えて陸海軍で共同開発した
ロケット戦闘機・秋水がついに実戦配備された。
秋の澄んだ水のみならず、
研ぎ澄ました刀の意を持つ名を持つ機体は
圧倒的な上昇力で、
30ミリ機関砲の一閃が敵を斬り裂く。
今日もまたわが上空に敵機の侵入を許さない。

秋水

ロケット迎撃戦闘機

当時の戦闘機としては非常に小さい。小型だからこその超高速の一撃離脱が期待されていた。
武装は両翼に30ミリ機関砲を各1門装備する予定であった。大型機に対しても、大きな損害を与えられたはずだ。
翼面積 17.23㎡
全幅 9.5m
座席の後部には燃料タンクが設置されており、搭乗するだけでも非常に危険であった。
30㎜機関砲 ×2
発動機 特呂二号ロケットエンジン
離陸用車輪
秋水のエンジンは、高濃度の過酸化水素液(甲液と称した)と、ヒドラジンとメタノールと水から成る混合液(乙液)が必要とされた。これらは腐食性や引火性が強く、取り扱いには非常な危険が伴った。
最大速度 900㎞/h

日本初のロケット戦闘機・秋水は、
ドイツからもたらされたMe163コメートの情報により
日本陸海軍が協調して開発した機体。
高度1万メートルまで3分半という恐るべき上昇力と、
30ミリ機関砲2門という重武装により強力な迎撃機になるはずだった。
しかし新技術であるロケットエンジンの開発および整備は難航し、
昭和20年7月7日の初飛行でも機体が不時着を余儀なくされた。
航続距離の問題などから運用は難しかったかもしれないが、
乏しい資料をもとに飛行までこぎつけた技術陣の奮闘は賞賛されるべきだ。

搭乗員は、ヘルメットを思わせる「試製高空与圧面」を装着し、宇宙服のように物々しい飛行服を着用した。
実用上昇限度 12000m
秋水に爆弾を搭載し、B29編隊の中で自爆する特攻戦法も計画されていた。特攻作戦を実施する航空隊も決まっていたが、幸か不幸か機体そのものが実用化できなかった。
もとになったMe163コメートと、全長・全幅ともほぼ同じ大きさ。
全高 2.7m
着陸用ソリ
秋水は車輪で離陸し、滑空しながらソリで着陸する降着装置を採用した。離陸はともかく、着陸は相当に危険であった。
全長 6.05m

詳細は107ページへ

超々重戦車 ラーテ vs. パンジャンドラム

四周を睥睨し 大地を進む 陸上戦艦

ドイツ第三帝国がまた、
恐るべき戦車を送り出した。
1000トンという小型駆逐艦なみの
重量を持ちながら40キロで進む、
超々巨大戦車ラーテである。
ノルマンディー上陸に際し米英連合軍が、
用意した物量に対して
円盤機ハウニブの上空援護を受けながら
ラーテは鎧袖一触とばかりに、
巨砲群の照準をつける！

陸上戦艦 ラーテ

ドイツは全長10メートル、重量188トンの超重戦車「マウス」も開発しているが、このランドクルーザーP1000「ラーテ」は全長35メートル、重量1000トンという巨大な戦車として1942年に開発がスタートした。実現していればいかなる国の戦車をも圧倒したのは明白だが、故障や走行不能時の回収は不可能に近く、1944年に開発中止となった。

全高11メートルは、実在するドイツの超重戦車マウスの4倍近い高さ。
全高 11m
重量 1000t

ラーテの履帯は片側が3連、左右で6連が予定されていた。本イラストでは専用の幅広い履帯が製造された想定としている。

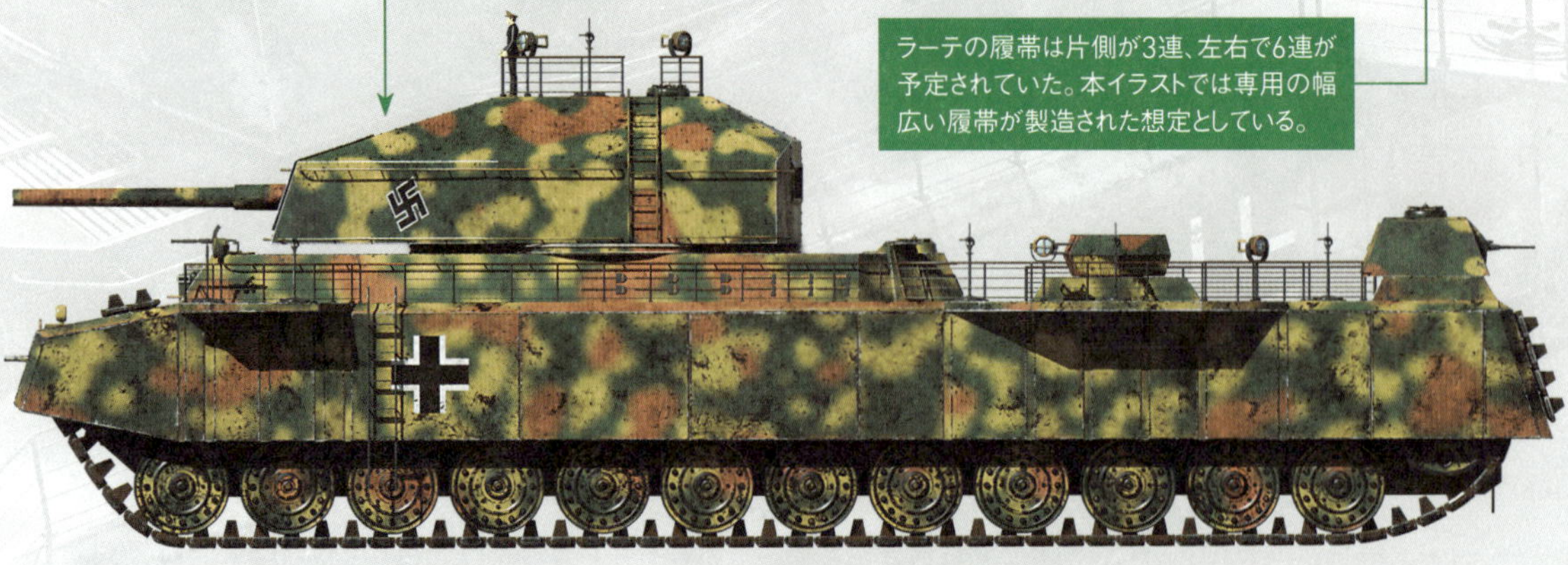

巨大なぶん、被弾面積も大きい。そのぶん、最厚部の装甲は360ミリとされる。
全長 35m

28センチ連装砲
全幅 14m
20㎜Flak38 4連装対空機関砲
装甲 300㎜（側面）

シャルンホルスト級戦艦同様の28センチ砲を連装で搭載する予定であった。間違いなく敵戦車を破壊できるが、オーバーキルという印象も強い。射程距離は約42キロで、大和型戦艦とほぼ同じである。

ラーテの装甲は、もっとも薄い車体上部で180ミリとされた。ちなみにドイツのアドミラル・ヒッパー級重巡洋艦でもっとも装甲が厚い部分は150ミリ（司令塔）〜160ミリ（主砲塔前盾）で、ラーテの装甲厚は巡洋艦以上ということになる。

ドイツの重戦車として活躍したティーガーI戦車は全幅3.7メートルで、約4倍とすべてが規格外。

詳細は78ページへ

物量で襲いかかる
ロケット推進式爆弾

大回転殺戮爆弾

パンジャンドラム vs. ラーテ

第二次大戦の転回点となる
ノルマンディー上陸作戦において、
物量で勝る連合国はイギリス軍が開発した
新兵器パンジャンドラムをドイツ軍要塞に向け発進させる。
上陸地点に現れたのは、巨大な戦車らしきもの。
これを認めたイギリス軍は、
それらにもパンジャンドラムの大群を差し向ける。
上空には奇怪な円盤機も周回しているが、
高速で突入する圧倒的多数の
回転殺戮兵器の前には、
鈍重な抵抗など無意味であろう。

ドイツ 円盤翼機
ハウニブ
ドイツ 超巨大重戦車
ラーテ
連合国 回転要塞攻撃爆弾
パンジャンドラム

上陸支援用回転兵器 パンジャンドラム

計画どおりの性能を発揮すれば、ノルマンディ上陸作戦で活躍した可能性が高い。

車輪の取り付けられたロケットは増え続け、最終実験時には70本に達した。しかし実験ではロケットが次々とあらぬ方向に飛んで行き、阿鼻叫喚の様相を呈した。

パンジャンドラムの目的は、
フランスなどの海岸線での逆上陸の際に、
ドイツのコンクリート製防護壁を爆破することであった。
搭載された上陸用舟艇から防護壁まで自走することが求められた。
当時の技術では思うような運用が困難で、
9回の実験はすべて散々な結果となっている。
その様子が動画として残されていることや、
実験者に向かってきてしまい彼らが逃げ惑う姿は、
本機のコントロールの難しさを物語る。

最大時速 160km/h

爆薬搭載量 1.83t

車輪には1トンの爆薬を詰めたロケットが取り付けられており、その噴射で回転しながら前進する仕組みとなっていた。

高速で目標に向かって突進し、爆発する予定だった。望まれた性能が発揮されれば、ドイツ兵は恐慌状態に陥っただろう。

試行錯誤を経て「正規の公開実験」が1944年1月、政府の高官やイギリス海軍首脳部の臨席のもと実施された。しかしここでも結果は散々で、高速で周囲を迷走するパンジャンドラムに、計画はついに終了となった。

車輪の両側にロケットを取り付けた第2回実験をイメージしたイラスト。猛然たる勢いで突進するはずだったが……。

実験時、まったく予想できない方向に走り続けるパンジャンドラムが撮影されている。逃げ惑う人々の姿は、不謹慎ながらもコミカルだ。

「パンジャンドラム」というネーミングは、イギリスの劇作家サミュエル・フットの詩『偉大なパンジャンドラム』(The Great Panjandrum)に登場する怪物に由来している。

詳細は154ページへ

超重六発爆撃機 富嶽
VS.
不沈の移動要塞 氷山空母
「空中戦艦 VS. 氷山空母」
巨人機と巨艦の対決
日本 超重爆撃機
富嶽
(掃射機型)
イギリス 氷山空母
ハボクック

日本 超重爆撃機

富嶽

（爆撃機型）

日本陸海軍と中島飛行機が総力を挙げて開発した富嶽は、
計画どおり爆撃／雷撃型、掃射型、輸送型が実現した。
護衛機もつけず出撃した富嶽の大編隊は
アメリカ本土を連日爆撃、戦争継続を困難ならしめた。
これに対してイギリス海軍は自他ともに不沈を認める
氷山空母ハボクックで報復を試みる。
海水があれば損害を修復できるハボクックに対し、
100挺近い20ミリ機銃を搭載した掃射型が
銃撃により艦上構造物を撃破した。
さらに、20トンの爆弾を搭載した爆撃仕様機と
魚雷20本を搭載した雷撃仕様機が殺到する！

超巨大氷山空母

ハボクック

第二次大戦時にドイツ海軍のUボート対策としてイギリスが計画した巨大空母。イギリスのみならず世界一級の「珍兵器」だが、海軍大臣を務めた経験もあるチャーチル首相が承認したものだ。「氷」と言うと脆弱そうだが、タイタニック号が沈んだのも氷山に衝突したためで、しかも無限に手に入る資源であるため、効率のいい不沈空母が手に入る予定であった。だが、莫大なコストがかかることと、Uボートへの脅威が薄れたことで計画は中止されている。ちなみに1980年代、実験が行われたカナダのパトリシア湖の湖底で残骸が見つかっている。

全幅
90m
動力はディーゼルエンジンが予定されていた。煙突の形状や数は想像による。
広大な飛行甲板から発着する搭載機を管制するため、艦橋は前後に2基は置く必要があると考えられる。
複合素材・パイクリート
木材のパルプと氷による「パイクリート」は非常に頑丈で、損傷しても海水を流せば修復できるため「不沈空母」になることが期待された。
排水量 200万トン

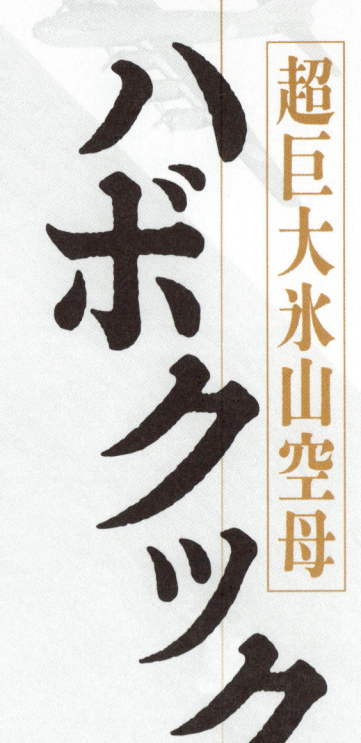

まだ氷山空母計画が進行していた1943年初頭、全長約18メートル、幅約9メートルのパイクリート製試作艦が完成した。カナダのアルバータ州にあるジャスパー国立公園内のパトリシア湖で実験が行われたが、結果は芳しいものではなく、実現までには越えなければならない障害も大きかった。

全長 600m

本艦が哨戒機や戦闘機を常時運用し、ドーバー海峡に居座った場合、ドイツ海軍艦艇は著しく行動を制限される。ビスマルク級戦艦の砲撃も無効化しうる氷山空母を撃退する手段があるだろうか?

搭載機数 150機

広大な飛行甲板と船体ゆえ、いかなる種類の軍用機も運用可能だったと思われる。

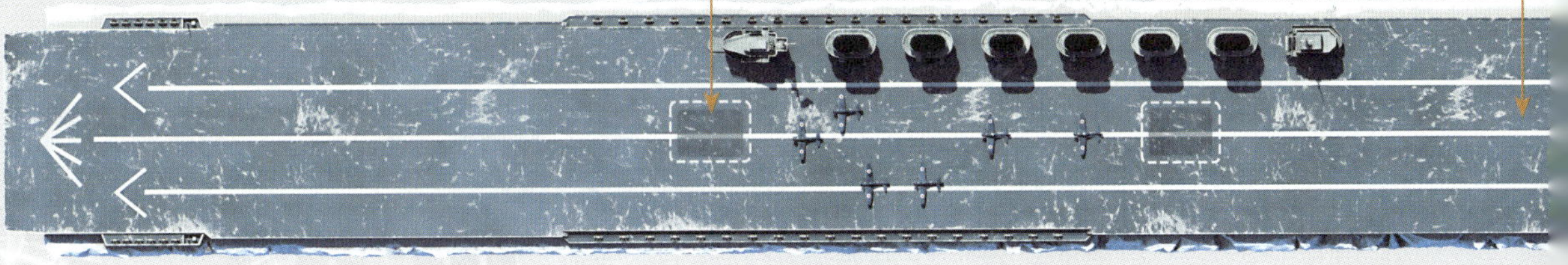

固有の武装は、対空火器程度だったようだ。不沈の船体と、多数の搭載機こそ最強の武器となる。

その巨体と膨大な搭載能力は、前線にあるだけで、不沈の中継・補給・不時着基地としても活躍が期待でき、移動可能な洋上基地として用いることができる。

最大速度 7kt

詳細は72ページへ

超巨大爆撃機

富嶽

富嶽は、中島飛行機の創始者・中島知久平が立案した「必勝防空計画」に端を発する。当初は大型爆撃機「Z飛行機」として構想されていたが、大戦中期から「富嶽」として計画がスタートした。設計案では非常に巨大で高性能の機体であったが、当時の日本はもとよりB29を運用したアメリカですら、このクラスの機体の開発は困難とされ、昭和19年夏に計画は中止とされた。戦後、富嶽に搭載が検討されたと言われる「ハ50」エンジンが発見されている。

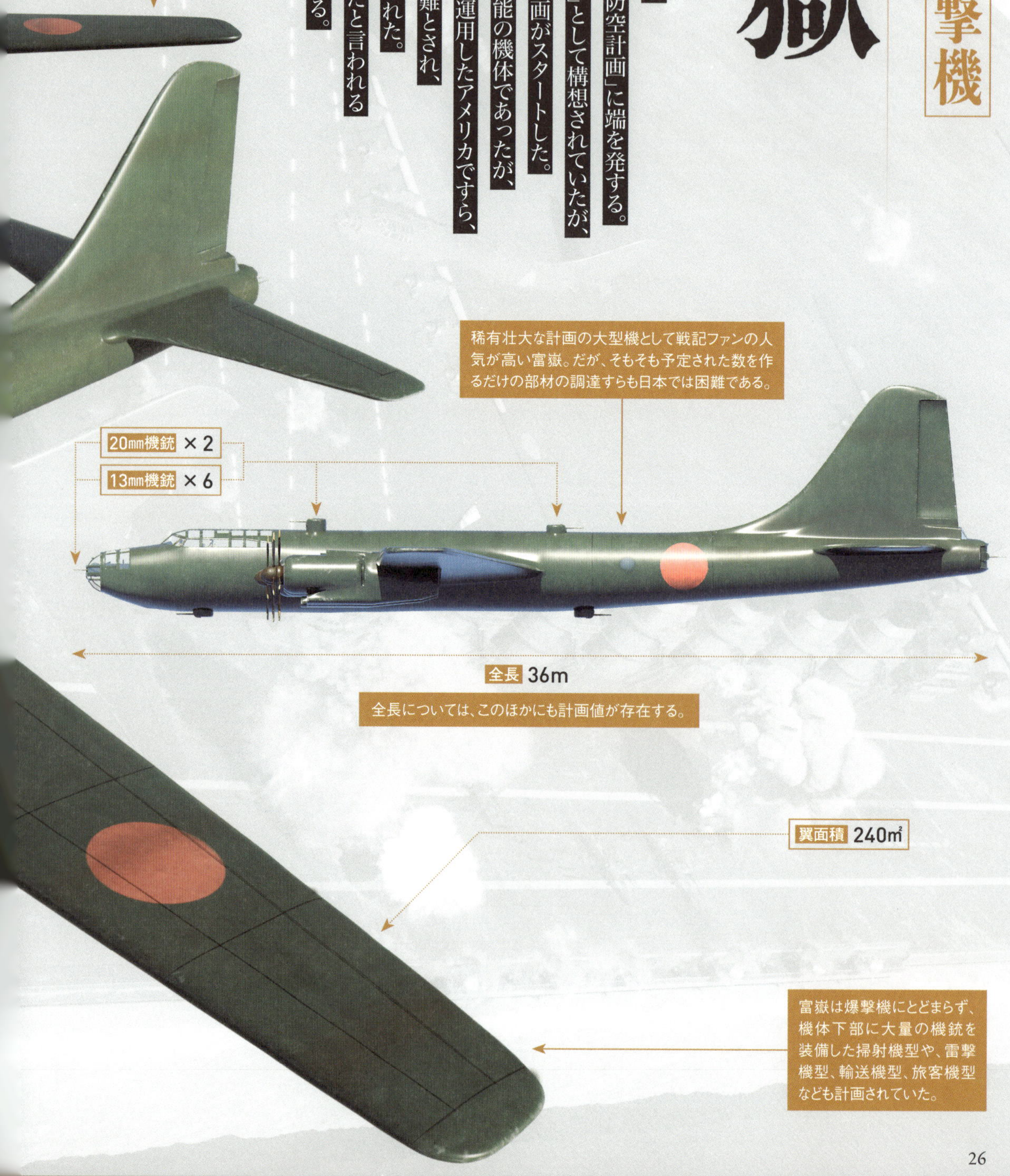

あくまで計画値だが富嶽の航続距離期は、1万9400kmとされた。アメリカ本土を爆撃後は大西洋を横断、同盟国ドイツまたはその占領地に着陸する長大なルートが考えられていた。
航続距離 19400km
稀有壮大な計画の大型機として戦記ファンの人気が高い富嶽。だが、そもそも予定された数を作るだけの部材の調達すらも日本では困難である。
20mm機銃 ×2
13mm機銃 ×6
全長 36m
全長については、このほかにも計画値が存在する。
翼面積 240㎡
富嶽は爆撃機にとどまらず、機体下部に大量の機銃を装備した掃射機型や、雷撃機型、輸送機型、旅客機型なども計画されていた。

全幅 55m
計画値。ちなみにB29は全幅約43メートルである。
5000馬力エンジンハ五四 ×6
5000馬力のハ54エンジンを6基搭載することになっていたが、2000馬力の「誉」エンジンを満足に運用できなかった当時の日本で、実現は難しかっただろう。
自重 49000kg
最大重量 145000kg
資料の不足もあって、富嶽の形状は長らく不明とされていたが、2000年代に公表された図面により本イラストのような外見と判明した。
爆弾20000kg搭載
最大速度 720km/h

詳細は81ページへ

ドイツ 円盤翼機
ハウニブ

ナチス謎の円盤機 ハウニブ & 大陸間弾道長距離砲 ムカデ砲

目標イギリス本土！
咆哮する多薬室砲

シュタールヴェルケ社コンダー博士が提案した多薬室砲は、ヒトラー総統を歓喜せしめた。総統による緊急開発命令は、ロンドンを直接砲撃できるV3、通称ムカデ砲として結実した。くしくも同時期に配備された円盤機が上空警戒するなか、配置に就いた砲兵大隊によってロンドンへ向けた最初の一弾が発射されようとしていた。

ドイツ 決戦兵器V3号
ムカデ砲

謎の円盤機 ハウニブ

一説によれば、ハウニブはⅠ型からⅣ型が計画された。Ⅰ型はイラストのようにパンター戦車の砲塔を備え、時速1700キロを発揮したと伝えられる。

近年まで円盤状の飛行機は少なからぬ数が開発されているが、ここまで正円に近い形状は珍しい。

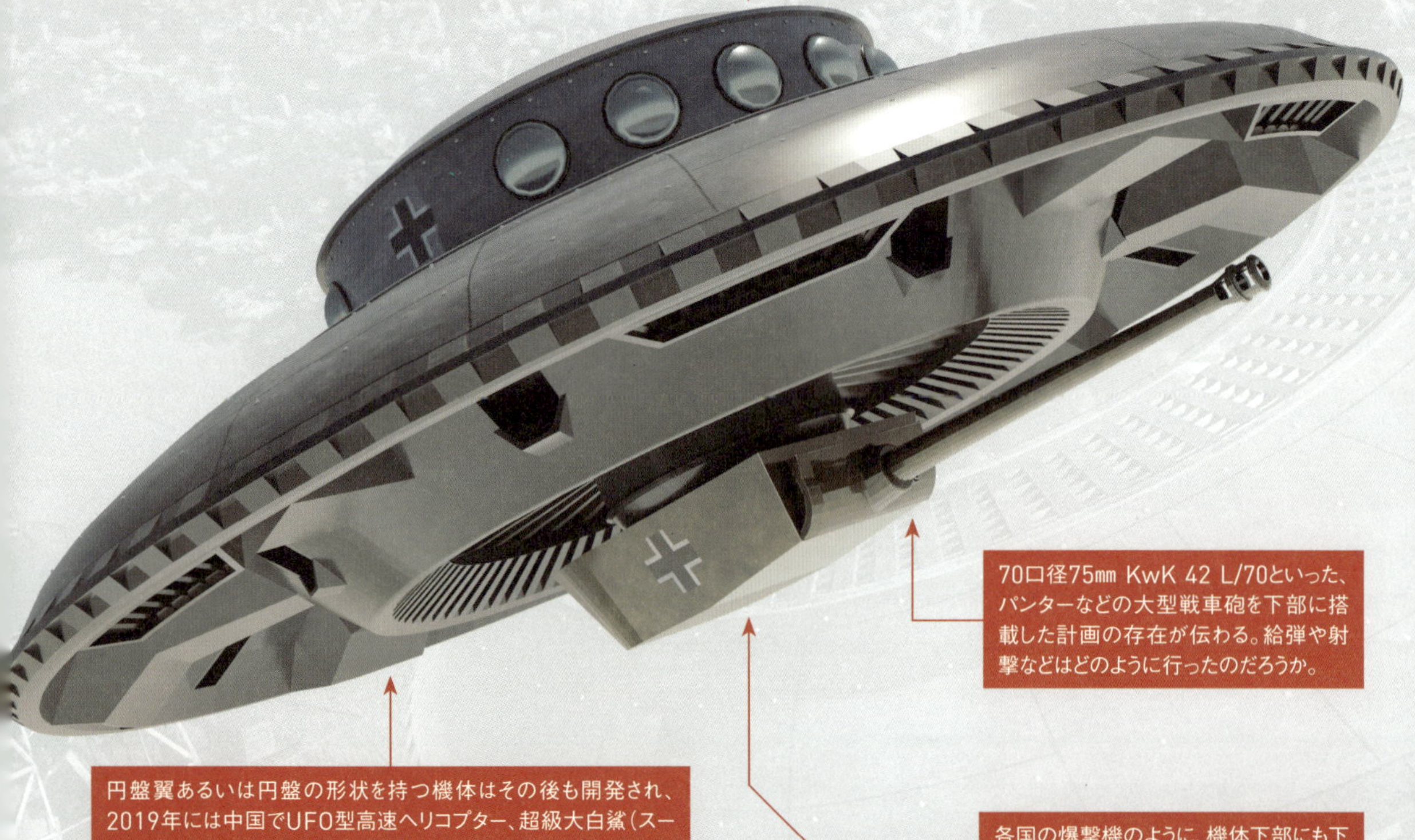

70口径75㎜ KwK 42 L/70といった、パンターなどの大型戦車砲を下部に搭載した計画の存在が伝わる。給弾や射撃などはどのように行ったのだろうか。

円盤翼あるいは円盤の形状を持つ機体はその後も開発され、2019年には中国でUFO型高速ヘリコプター、超級大白鯊（スーパーグレートホワイトシャーク）が開発された（2025年時点）。しかし、同機も含め、円盤型の飛行機はいまだ制式採用された例がない。

各国の爆撃機のように、機体下部にも下方を見るための窓があったと思われる。

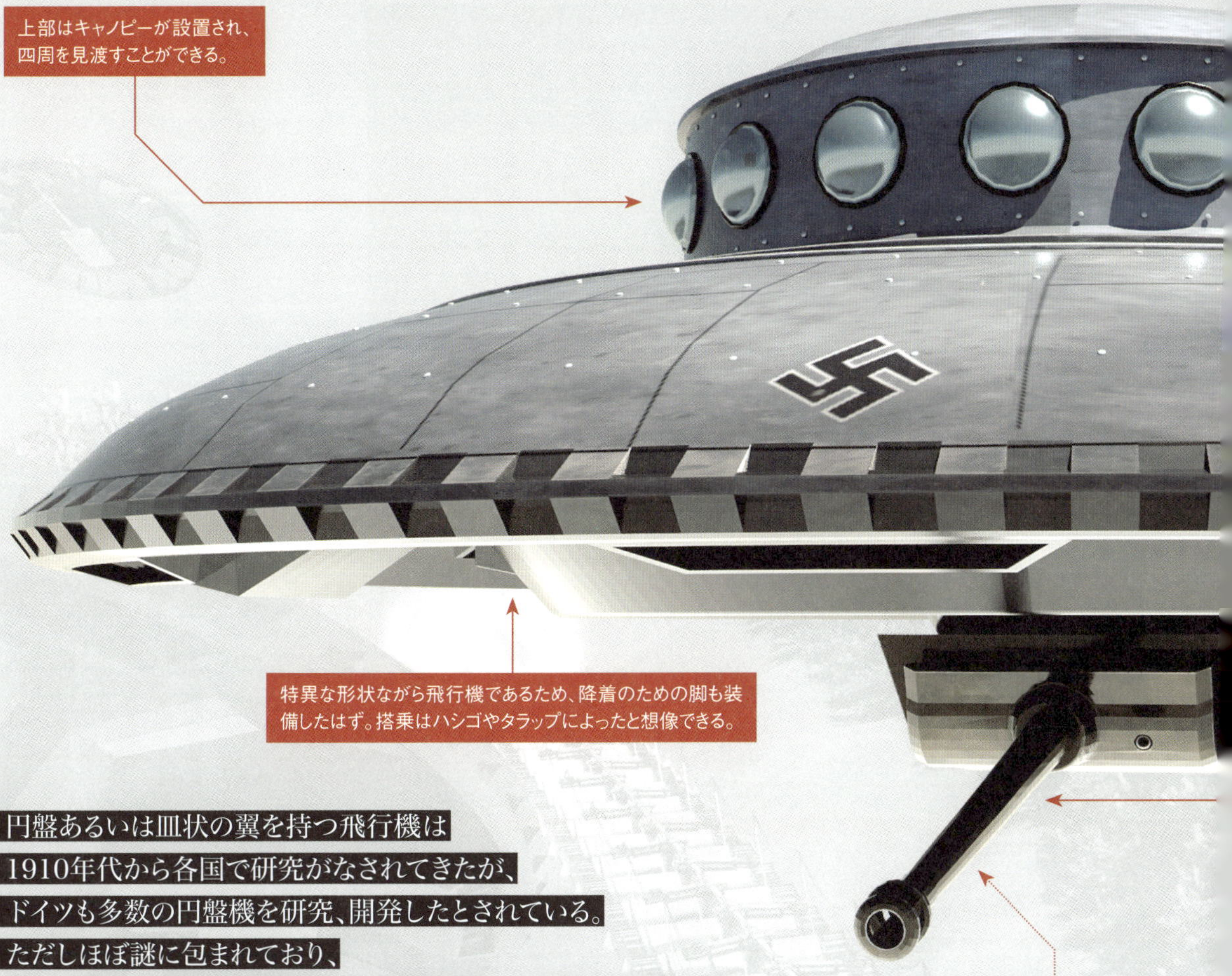

上部はキャノピーが設置され、
四周を見渡すことができる。
特異な形状ながら飛行機であるため、降着のための脚も装
備したはず。搭乗はハシゴやタラップによったと想像できる。
パンター戦車の砲塔

円盤あるいは皿状の翼を持つ飛行機は
1910年代から各国で研究がなされてきたが、
ドイツも多数の円盤機を研究、開発したとされている。
ただしほぼ謎に包まれており、
1940年代に試作されたザックAS-6のみは完全な円盤翼で、
連合軍によって破壊されるまで何度か飛行にも成功している。
ここに紹介する円盤機も信頼に値するデータはないが、
もしも開発が成功していれば、連合軍側の将兵を大いに驚かせたであろう。

全高 11m
直径 26m

詳細は75ページへ

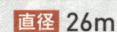

大陸間長距離砲
ムカデ砲

射程
88500m
初速 1463m/sec

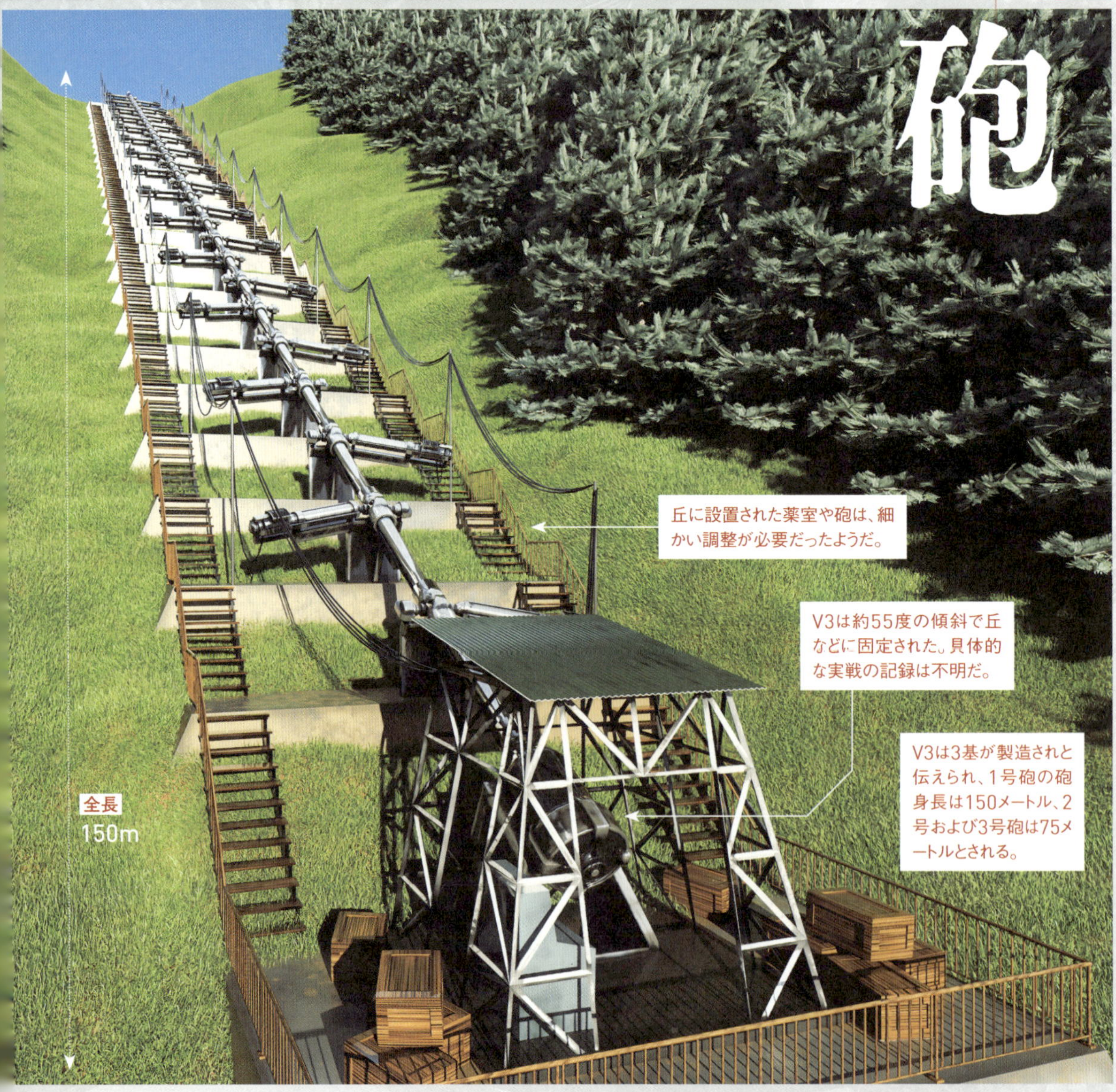
全長
150m
丘に設置された薬室や砲は、細かい調整が必要だったようだ。
V3は約55度の傾斜で丘などに固定された。具体的な実戦の記録は不明だ。
V3は3基が製造されたと伝えられ、1号砲の砲身長は150メートル、2号および3号砲は75メートルとされる。

これまた特異な形状の本砲は、高圧ポンプを意味する「ホッホドルックプンペ」またはムカデ砲などと呼ばれるが、報復兵器第3号を意味する「V3」が正しい名称で、「15センチ高圧ポンプ砲」が通称となる。その原理は、複数配置された薬室を下方から順に点火することで砲弾の発射速度を徐々に上げてゆき、猛烈な発射速度と長大な射程を得ようとしたものである。予定された性能は発揮できなかったが、3門が生産され、1944年12月における「アルデンヌの戦い」で2基が投入された記録も存在することから「実戦に参加できた超兵器」と言えなくもない。

複数の薬室
V3の根幹となる部位である。この薬室内の装薬に点火、これを連続させることで砲弾の発射速度を上げていく計画だった。
口径 150cm
口径は15センチと巡洋艦並みで、ヒトラーは猛烈な初速による、北フランスからロンドンへの攻撃を夢見た。
薬室で爆発を重ねることで加速された砲弾は、実験時になんと毎秒1800メートルの初速を得た。
最大射程は大和型戦艦の主砲のほぼ2倍に達したが、砲身の破損があいついだ。

詳細は157ページへ

超兵器 天然色画報 001

画：吉原幹也

ドイツ謹製オーパーツ戦闘機群

世界に誇れるドイツの科学力は、
卓越した高性能を求め続け、数々の名機の副産物として
摩訶不思議な飛行機をも生み出した。
ホルテンのような全翼機、トリープフリューゲル、
そして円盤機など、不可思議な機体が
ヨーロッパの空を乱舞する!?

フォッケウルフ
「トリープフリューゲル」

超兵器 天然色画報 002

画：吉原幹也

「大和」すら子ども扱いの超々弩級戦艦

もはや空想を超え、圧倒的な稀有壮大さを誇る50万トン戦艦。
それは、見る者の遠近感を狂わせるような威容を現出させた。
史上最大の巨艦・戦艦「大和」すら小艦艇と見まがうばかりの巨体。
この艦と対峙して、どれだけの敵が生き残れるだろうか。

航空母艦「信濃」
航空母艦「大鳳」
戦艦「武蔵」
駆逐艦「夕雲」

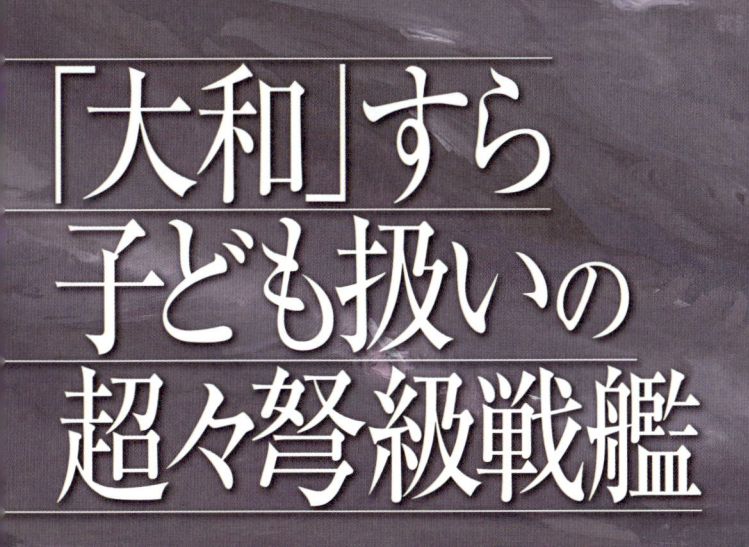

超兵器

天然色画報 003

「震電」

画：吉原幹也

戦局を挽回する希望の翼、ついに飛翔す

劣勢の戦局を打開すべく開発された新迎撃機。
盟邦ドイツより贈られた、
ロケットエンジンを動力とする新鋭機・秋水。
後部にプロペラを配し
急速上昇を可能とした
「エンテ式」戦闘機・震電。
アメリカのP51を軽く一蹴、
新型超重爆撃機・富嶽を護りぬく。

超兵器
天然色画報004
翔鶴型航空母艦
古鷹型重巡洋艦
天龍型軽巡洋艦
天城型巡洋戦艦「赤城」
紀伊型戦艦「駿河」
紀伊型戦艦「尾張」
加賀型戦艦「土佐」
長門型戦艦「陸奥」
長門型戦艦「長門」
Y-31
Y-40
Y-41
画：吉原幹也

大艦巨砲の精華、ここに極まる!
日本海軍の悲願、八八艦隊。
重装甲・大火力を誇る戦艦8隻、
快速の巡洋戦艦8隻という陣容は、
仮想敵たる米艦隊はもちろん、
世界のいかなる海軍をも圧倒しうる。
まさに核に匹敵する抑止力を備えた、
空前絶後の大艦隊なのである。

峯風型駆逐艦
13号艦型戦艦
天城型巡洋戦艦「愛宕」
天城型巡洋戦艦「高雄」
天城型巡洋戦艦「天城」
紀伊型戦艦「近江」
若竹型駆逐艦
紀伊型戦艦「紀伊」
加賀型戦艦「加賀」

阻める者はほかになし 世界最強八八艦隊

超兵器

天然色画報 005

「震電」

敵を斬り裂くエンテの翼
帝都の護りはまさに鉄壁

画：吉原幹也

鶴野正敬技術大尉が発案した
エンテ式（前翼型）の迎撃戦闘機「震電」は苦心の末に制式化された。
すでに硫黄島が陥落するなど戦局は日本にきわめて不利となっていたが、
震電の初陣を境に本土上空に侵入する米軍機はそのほとんどが撃墜され、
米軍パイロット間では出撃拒否もあいついだのだ。

超兵器 天然色画報 006

メッサーシュミットMe262
「シュヴァルベ」

フランスの誇る大要塞・マジノ線を粉砕すべく
クルップ社が威信をかけて開発した「ドーラ」。
実戦投入においては、
口径80センチの巨砲から放たれる弾丸は
分厚いコンクリートをやすやすと貫通、
すさまじい威力を振るった。
巨体を持てあます恐竜にも似た、
地をいく巨砲の姿はまさに山のごとしである。

画：吉原幹也

天空から飛来する巨弾、ドーラ砲

巨大列車砲「ドーラ」

超兵器

天然色画報007

ヒトラーの熱意とポルシェ博士の情念が生んだ新型超重戦車！

ソ連の新型戦車に備えてヒトラーが
ポルシェ博士に打診していた超重戦車は
「マウス」として結実した。
戦いの舞台はナチスドイツ最後の地・ベルリンに移っていたが、
ようやく実戦投入となったマウスの一隊が出撃。
ロケット戦闘機「コメート」も乱舞する市街地で米ソ戦車の
蹂躙を開始した。

画：吉原幹也

超兵器

天然色画報008

超高高度から投下される巨弾に敵地は抵抗もできず焦土と化す

中島飛行機社長、中島知久平が提唱した「富嶽」計画は
陸海軍の不撓不屈の努力によって奇跡的な実現をみた。
日本を飛び立った富嶽の編隊は雲海の上空を飛び、敵地をめざす。
息絶え絶えに高空に上がって来た敵迎撃戦闘機を退けた
いま、鋼鉄の鉄槌が高空から下されようとしている。

画：吉原幹也

蘇る世界の精彩

世界の超兵器写報

着彩：澤田俊晴

奇想と英知を結集して開発された兵器群。歴史に名を刻む超兵器たちの姿は、もはや写真でしか見ることがかなわない。当時、鮮明なカラー撮影は行なわれておらず、我々は恐竜の姿を想像するかのごとく、彩り豊かに地上に現れた彼らを空想しよう。いまここで超兵器たちが、色鮮やかに蘇る!!

市民を虐殺するアメリカの「B29」を叩かんと開発された九飛十八試局地戦闘機「震電」。もし、完成し、複数配備されていれば、B29などものの数ではなかったはずだ。

→詳細:104ページ

九飛十八試局地戦闘機 震電

▸使用国:日本 ▸試作完成:昭和20年

B29恐るるに足らず!

日本の技術力を結集した傑作機

中島 試作特殊攻撃機

橘花

ドイツBMW003エンジンの断面図という、わずかな資料をもとに開発された、日本初のターボジェットエンジン「ネ20」を搭載する高速爆撃機。陸軍の火竜とともに完成は目前であった。

→詳細:130ページ

▸使用国:日本 ▸初飛行:昭和20年

製作は当時の女学生!!

ふ号兵器

風船爆弾

太平洋戦争で日本がアメリカ本土攻撃に成功した唯一ともいうべき兵器。和紙をコンニャク糊で接着して作成した気球に水素ガスを詰めて飛ばし、敵地上空で爆弾を切り離すしかけであった。

→詳細:147ページ

▸使用国:日本 ▸登場:昭和19年

異形!・短距離離着陸機の始祖

ヴォート XF5UI

フライング・パンケーキ

UFOのような円盤翼を備えるが、開発コード「XF5U1」(Fは戦闘機)が示すとおり、れっきとした戦闘機。低空低速での安定性から、超高空における高速性能まですべてを満たす飛行機として期待された。

→詳細:180ページ

▸使用国:アメリカ ▸評価機完成:1945年

ドイツの科学力は世界一

フレットナー FI282 コリブリ

アントン・フレットナーが研究していた本格的な偵察用ヘリコプター。現在のヘリコプターの形状に近く、ドイツ軍の先進性を示す。 →詳細:177ページ

▸使用国:ドイツ ▸登場:1943年

急速上昇する
異形の翼

フォッケウルフ トリープフリューゲル

フォッケウルフ社のハンス・ムルトホプ技師が、1944年9月に設計。写真のように上を向いた状態で離着陸する。高速で垂直上昇し、敵を叩く恐るべき迎撃機となるはずであった。
→詳細:168ページ

▸使用国:ドイツ ▸設計:1944年

バッヘム

Ba349 ナッター

衝撃の全木製重武装ロケット戦闘機

大戦末期に試験が行なわれた単座ロケット迎撃機。生産性を考慮し、機体は全木製で使い捨てだったが、機首に24発もロケット弾を装備した重武装戦闘機であった。

→詳細:169ページ

▶使用国:ドイツ ▶試作機完成:1945年

海をこえて敵を叩く弾道ロケット

A4弾道ロケット V2号

液体燃料ロケットに目をつけたドイツが開発した弾道ロケット。ヨーロッパ各地で連合軍の拠点に容赦ない攻撃を続けた。

→詳細:125ページ

▶使用国:ドイツ ▶開発開始:1936年

連合軍戦車部隊を一撃必殺

“対戦車”高射砲

8.8cm Flak 18/36/37 アハトアハト

本来は航空機を落とすための高射砲だが、対戦車攻撃で多数の戦果をあげた。マニアの間では「アハトアハト」(「8.8」)と呼ばれる。

→詳細:136ページ

▸使用国:ドイツ ▸開発:1931年

B29を痛撃する大高射砲

五式15センチ高射砲

帝都防空のため久我山に2門配備されたと伝えられる巨大高射砲。もし、量産できていればB29など、ものの数ではなかったかもしれない。

→詳細:134ページ

▸使用国:日本 ▸登場:昭和20年

戦略原潜の始祖

潜水空母 伊四〇〇

およそ4万カイリという長大な航続力を持つ「伊四〇〇」は、理論上、地球のどこにでも攻撃を加えうる性能を与えられていた。まさに先進的秘密兵器であった。

→詳細:111ページ

▶使用国:日本 ▶竣工:昭和19年

陸軍が造った幻の潜水艇

三式潜航輸送艇 ゆ1号艇

作戦行動の自由度確保のため、陸軍が独自に、潜水艦を開発。苦難の末完成するが、戦局は逼迫しており、残念ながら活躍する場所は残っていなかった。

→詳細:120ページ

▶使用国:日本 ▶発案:昭和18年

日本戦車初の鋳造砲塔と、長大な戦車砲を備えた中戦車。小型の戦車が主な装備であった日本陸軍に、この戦車が充分配備されていたら、戦局は違った結末を迎えていたはずだ。
→詳細:182ページ

▶使用国:日本 ▶開発開始:昭和18年

米国調査団も賞賛した名戦車

四式中戦車 チト

日本海軍の水陸両用戦車

リモコン式
自爆戦車……!?

ゴリアテ

第二次世界大戦中には複数の無人兵器が開発された。当時の技術では遠隔操縦で複雑な作業をこなすことができず、自爆兵器として運用する方向に流れていった。

→詳細:186ページ

▶使用国:ドイツ ▶試作完成:1942年

ソ連攻略の
鍵を握った
特殊車両

伐開車

ソ連軍を奇襲するために開発された特殊車両。九七式中戦車の車体に巨大な鉄の角を取り付け、樹木を押し倒し排除することを目的に開発された。

→詳細:146ページ

▶使用国:日本 ▶登場:不明

潜水艦で隠密輸送され、兵員とともに上陸作戦が実施可能な戦車として、海軍が陸軍に開発を依頼して作られた。フロート付きの水陸両用戦車だ。

→詳細:116ページ

▶使用国:日本 ▶開発:昭和16年

特二式内火艇

巨大兵器 001

秘録 陸空の超兵器 全長比較

FULL LENGTH COMPARISON

常識を覆す超巨大奇想兵器の数々をご紹介しよう!!

ボーイングB29
「スーパーフォートレス」
アメリカ

中島超重爆撃機
「富嶽」日本

01 巨大列車砲 ドイツ
「ドーラ」
全長:28.95m 全幅:不明
重量:1350t →151ページ掲載

04
「100t戦車」日本
全長:10m 全幅:4.2m
重量:100t →99ページ掲載

08 重駆逐戦車 イギリス
「A39トータス」
全長:10m 全幅:3.91m
重量:78t →79ページ掲載

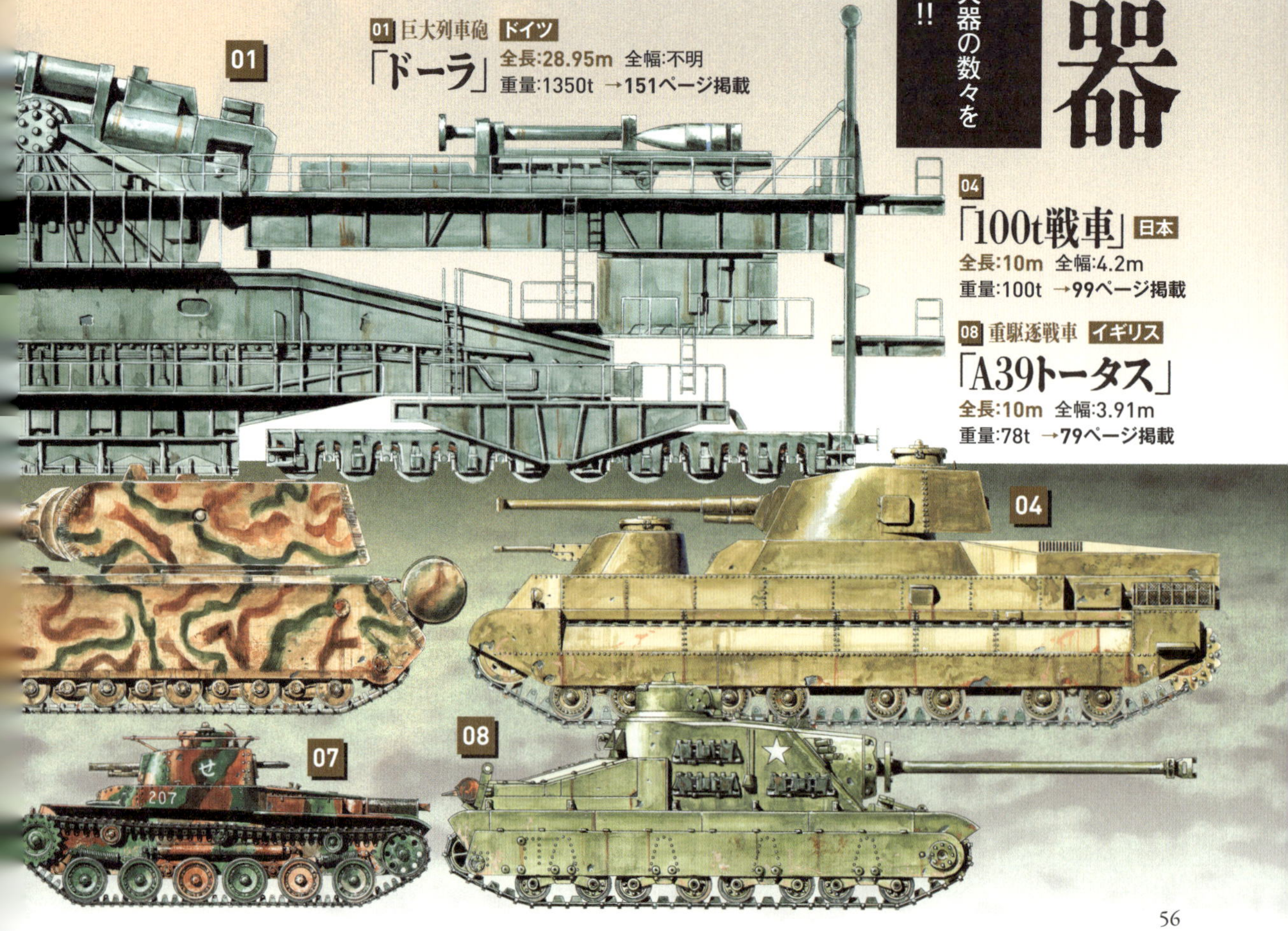

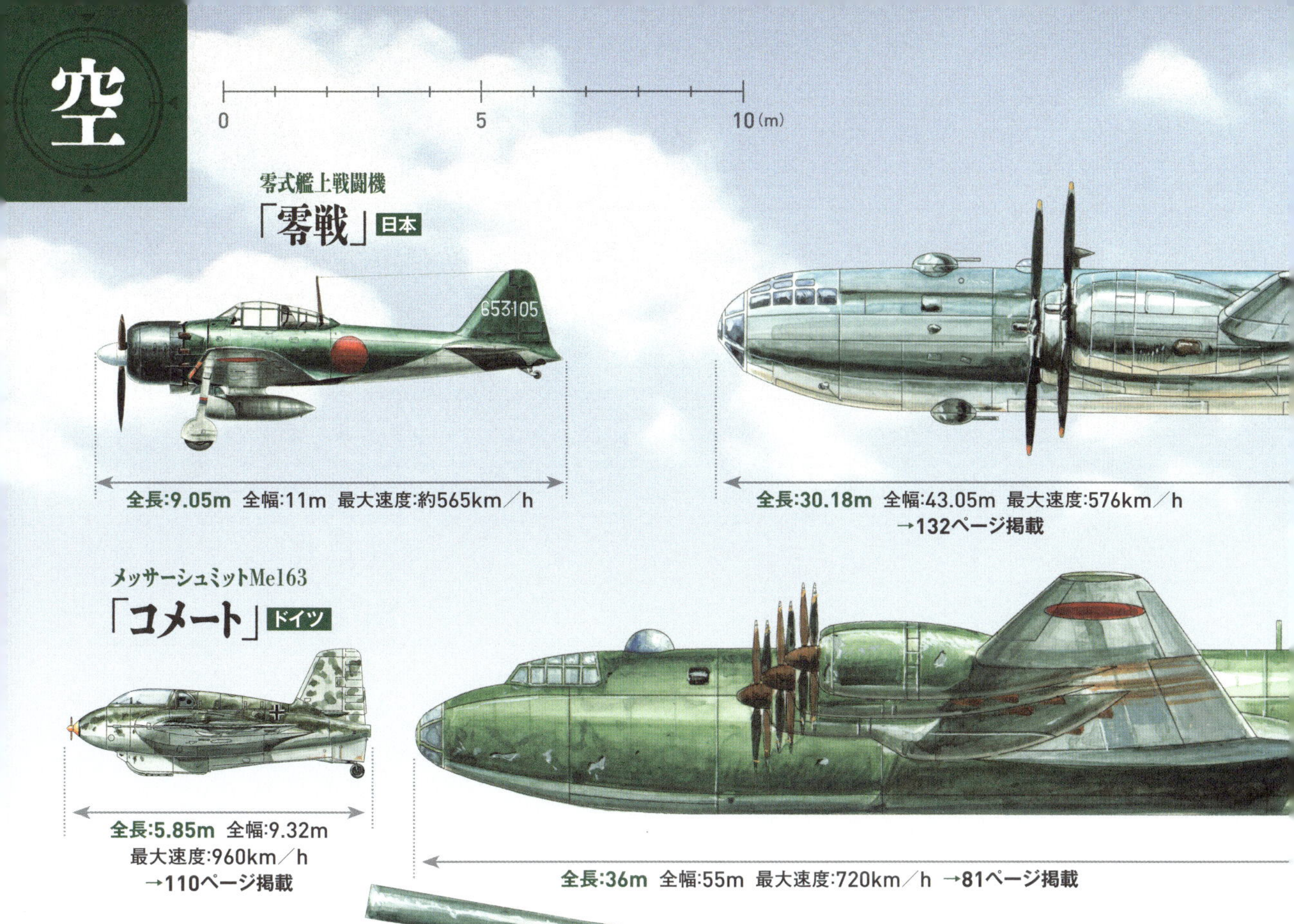
空
0
5
10(m)
零式艦上戦闘機
「零戦」日本
653105
全長:9.05m 全幅:11m 最大速度:約565km／h
全長:30.18m 全幅:43.05m 最大速度:576km／h
→132ページ掲載
メッサーシュミットMe163
「コメート」ドイツ
全長:5.85m 全幅:9.32m
最大速度:960km／h
→110ページ掲載
全長:36m 全幅:55m 最大速度:720km／h →81ページ掲載

陸
0
5(m)
02 巨大自走臼砲
「カール」ドイツ
全長:11.37m
全幅:3.16m
重量:124t
→189ページ掲載
03 超重戦車
「マウス」ドイツ
全長:10.09m
全幅:3.67m
重量:188t
→100ページ掲載
06 超重戦車
「ティーガー」
ドイツ
全長:8.66m
全幅:3.79m
重量:57t
07 九七式中戦車
「チハ」日本
全長:5.55m
全幅:2.33m
重量:15t
「兵士」
身長:1.7m
02
03
05
「T28」アメリカ
全長:11.12m 全幅:4.39m
重量:86.1t →79ページ掲載
05
06
213

 画：吉原幹也

巨大兵器 002 秘録

世界の超巨大軍艦 全長比較

FULL LENGTH COMPARISON

本誌掲載の超兵器のなかから、「超巨大」の名に恥じない怪物兵器たちを大きさ比べ!!

氷山空母
「ハボクック」イギリス

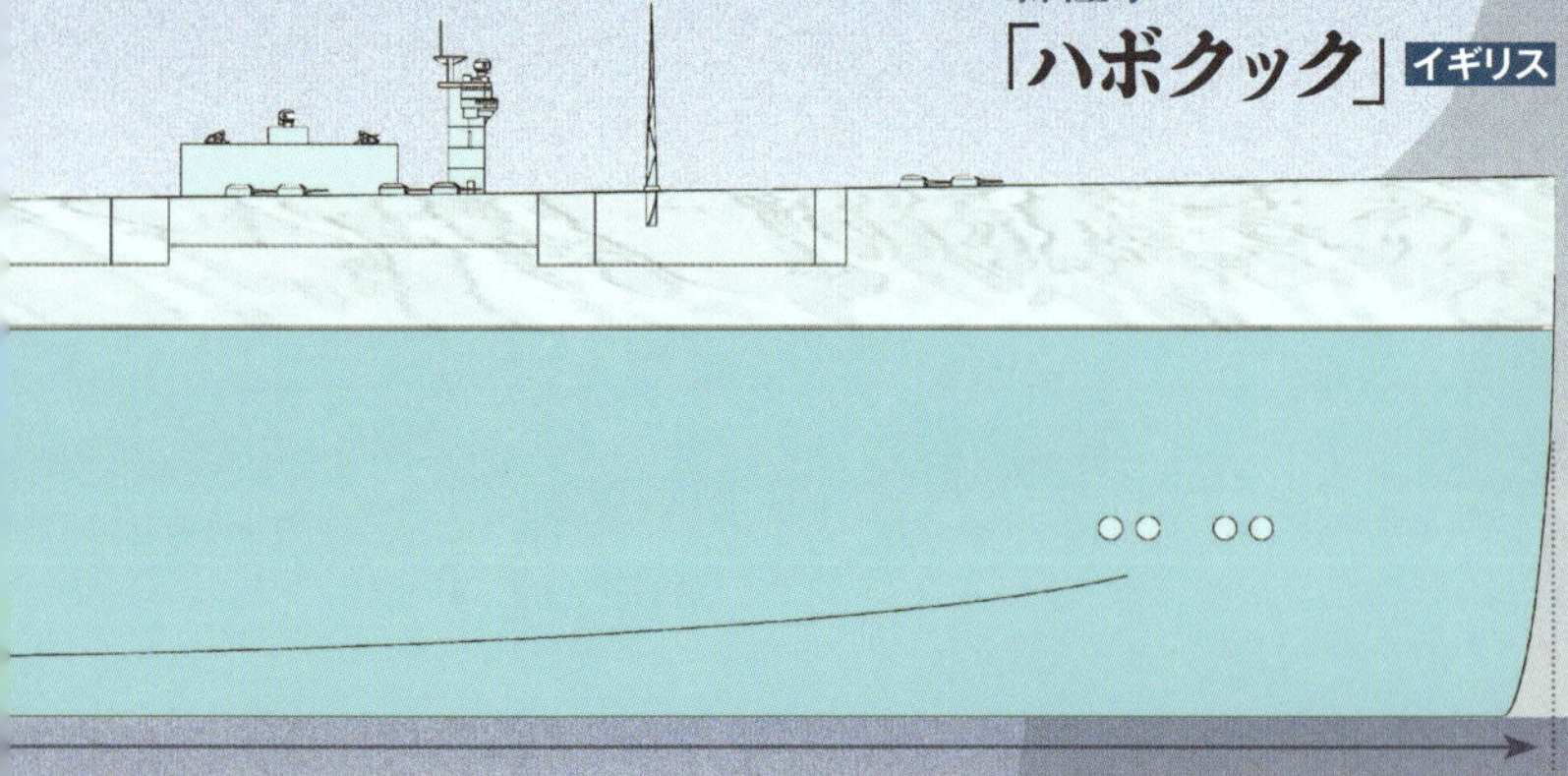

「軍艦島」
(480m)

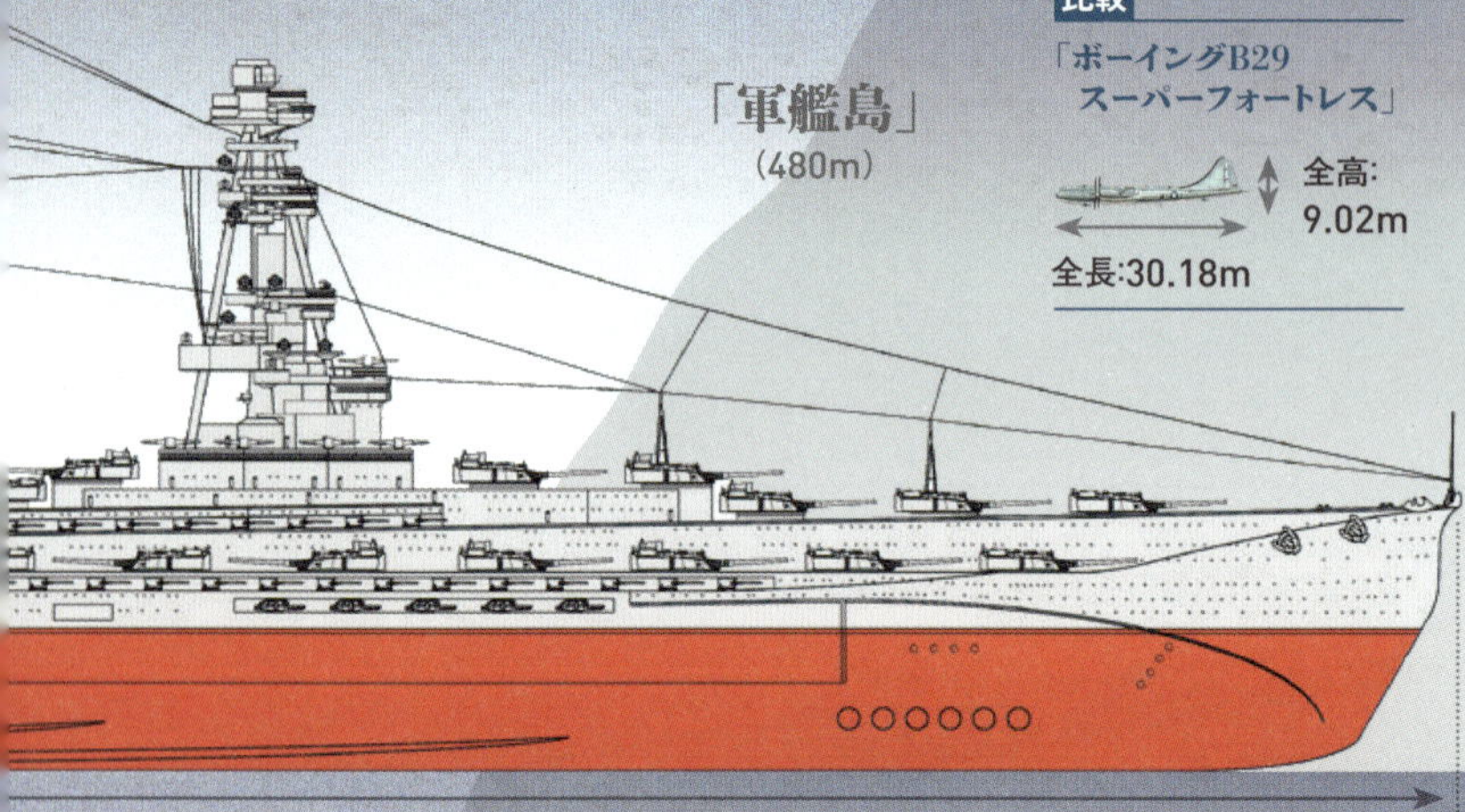

比較
「ボーイングB29 スーパーフォートレス」

全高:9.02m
全長:30.18m

「ライオン」級
イギリス

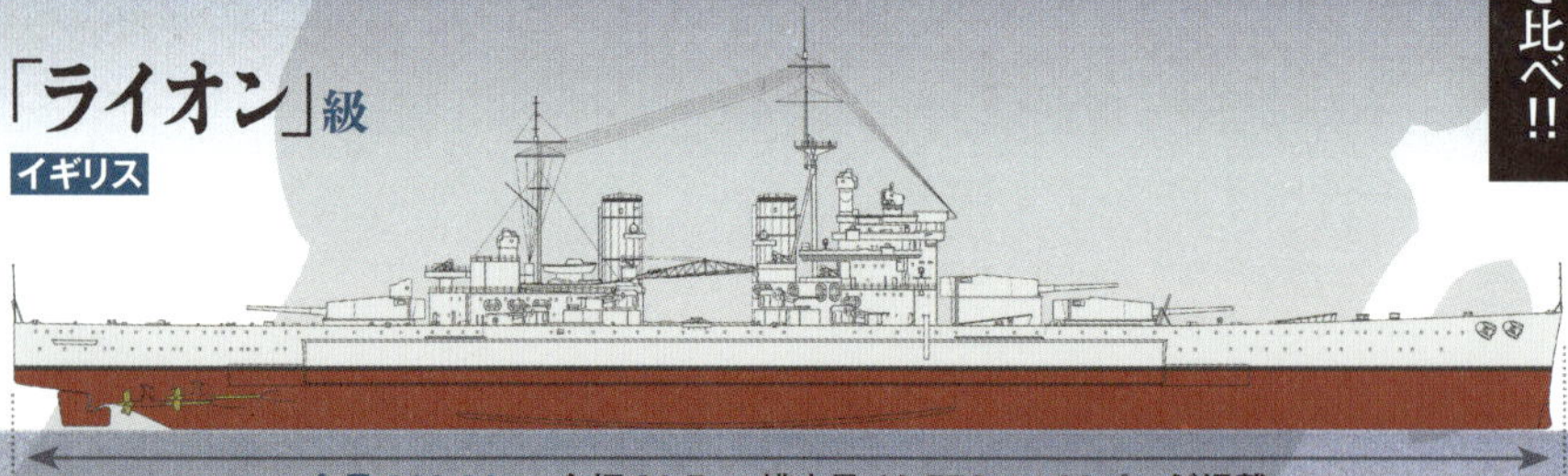

全長:239.26m 全幅:31.7m 排水量:40,550t →90ページ掲載

「超大和」型
日本

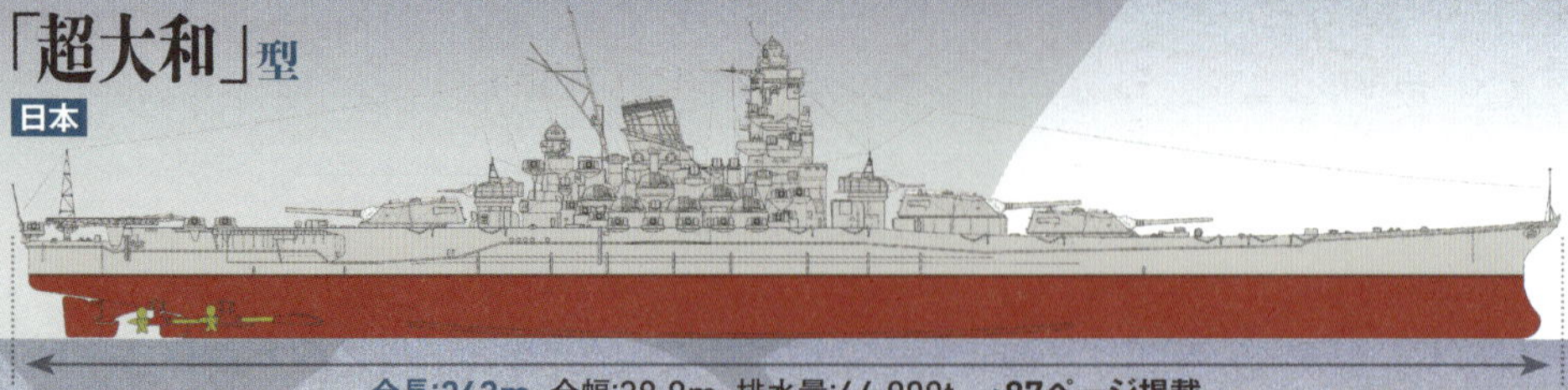

全長:263m 全幅:38.9m 排水量:64,000t →87ページ掲載

「モンタナ」級
アメリカ

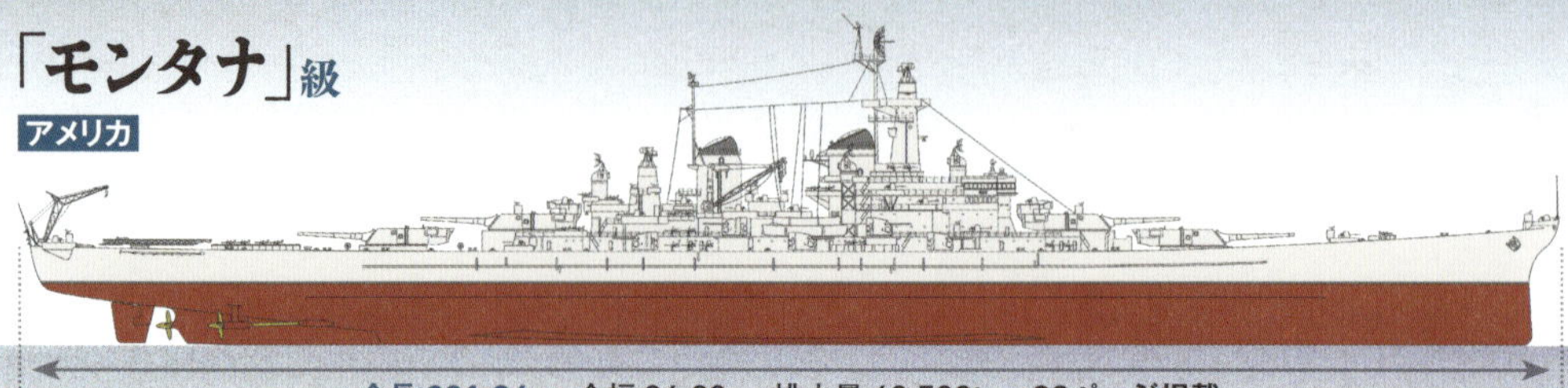

全長:281.94m 全幅:36.88m 排水量:60,500t →89ページ掲載

図:神奈備祐哉

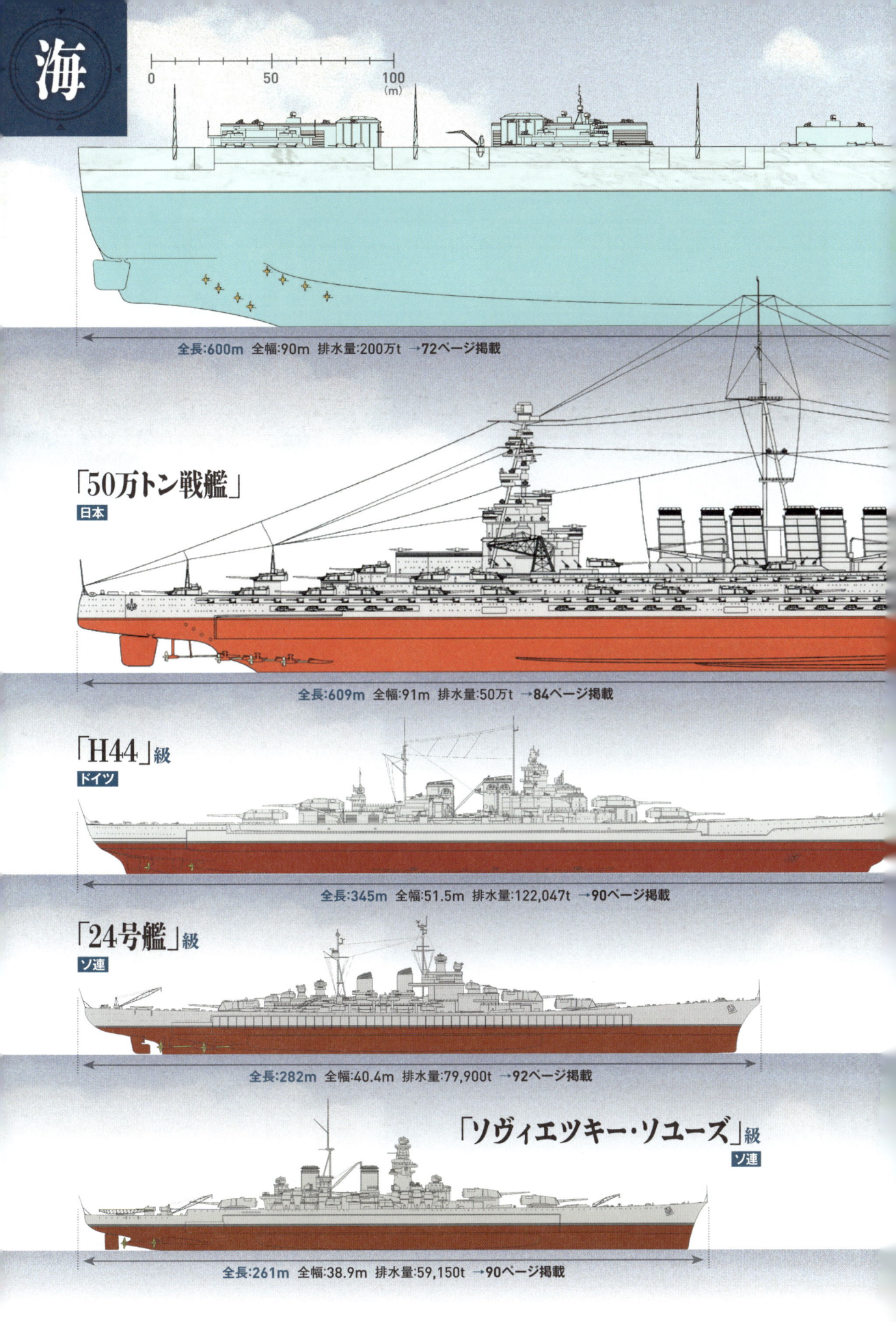

海

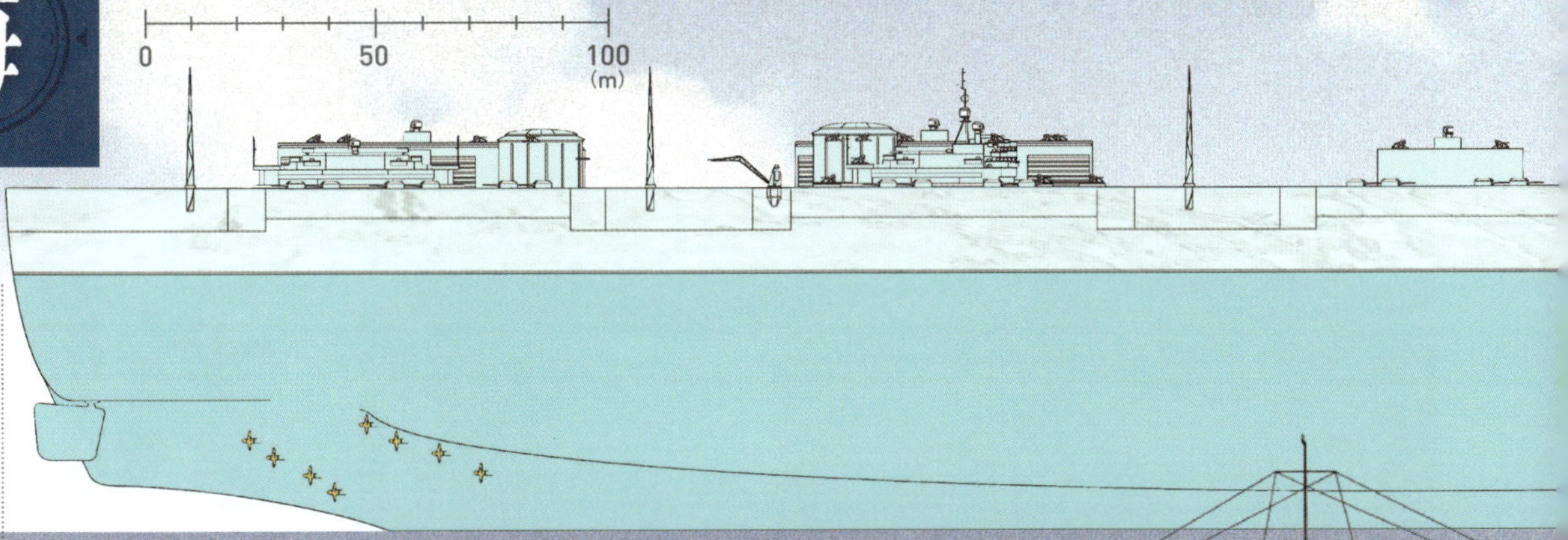

全長:600m　全幅:90m　排水量:200万t　→72ページ掲載

「50万トン戦艦」

日本

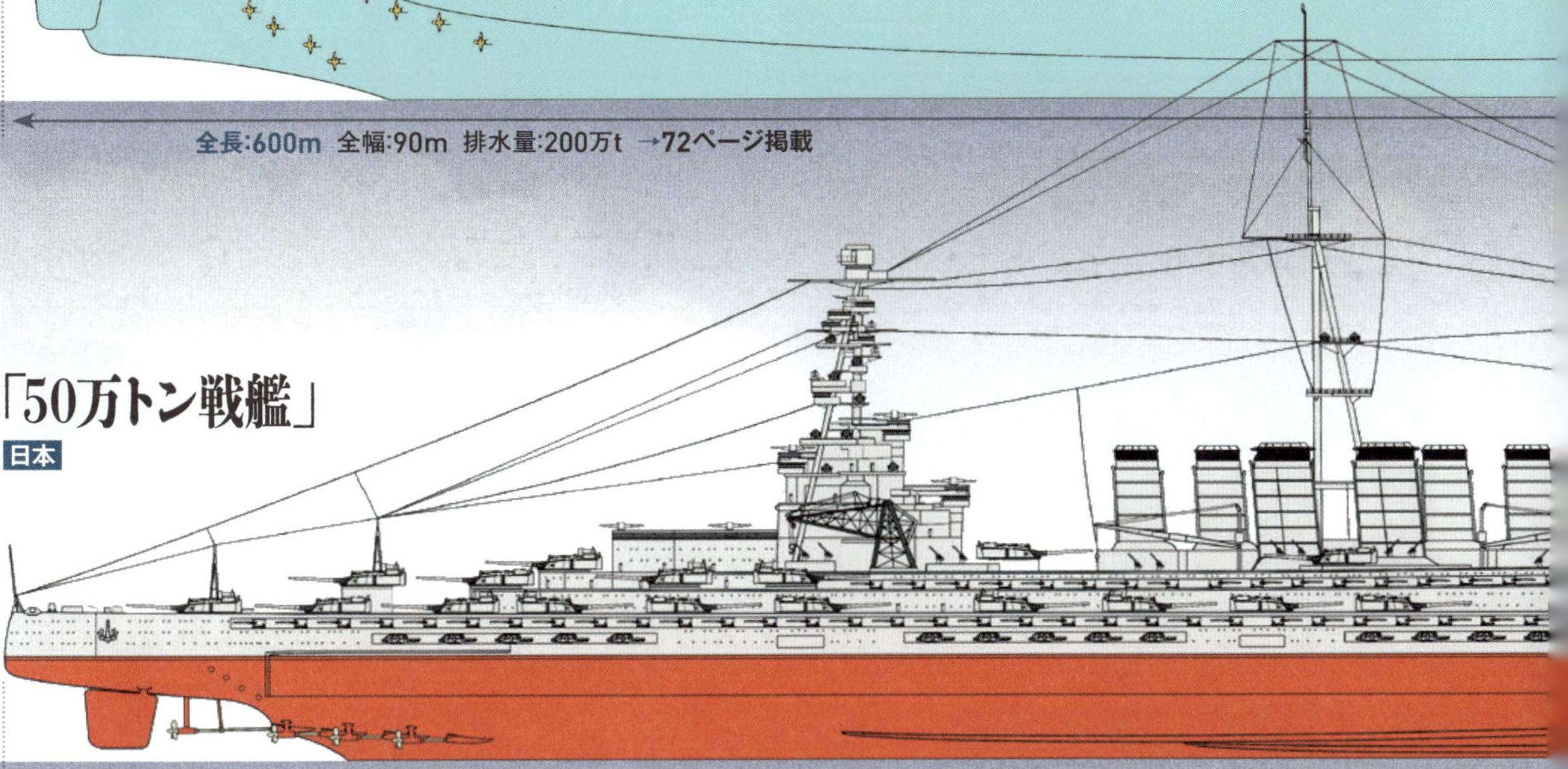

全長:609m　全幅:91m　排水量:50万t　→84ページ掲載

「H44」級

ドイツ

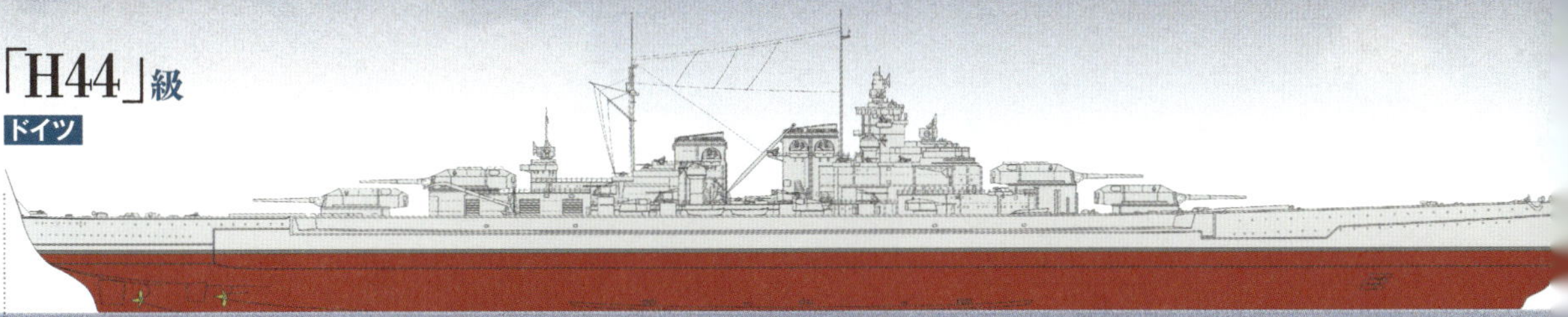

全長:345m　全幅:51.5m　排水量:122,047t　→90ページ掲載

「24号艦」級

ソ連

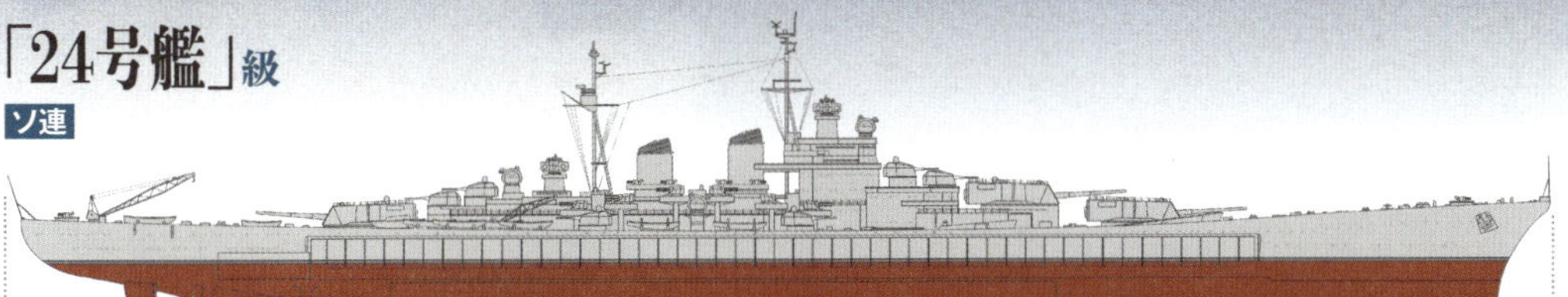

全長:282m　全幅:40.4m　排水量:79,900t　→92ページ掲載

「ソヴィエツキー・ソユーズ」級

ソ連

全長:261m　全幅:38.9m　排水量:59,150t　→90ページ掲載

世界に現存する超戦車

ロシアに巨体を休める超重戦車

マウスは分厚い装甲で覆われた最強の怪物だ。前面装甲は、車体200㎜、砲塔215㎜もあった。（クビンカ）

マウスの重量を支えるため、巨大なキャタピラの幅は1100㎜もあった。キャタピラの左右、フェンダー部も装甲で囲まれている。（クビンカ）

世界にただ1両の重自走臼砲カールだ!!

これぞ世界最大級の陸戦車両、60センチ重自走臼砲カール。堅固な城塞や要塞破壊するための巨砲を自走、というより移動可能なキャタピラ車両に搭載したまさに怪物だ。たった6両しか作られなかったうちの貴重な生き残りである。（クビンカ）

ティーガーの先祖となるVK3001（H）の試作車体を、流用して12.8センチカノン砲を搭載した重自走砲・V型装甲自走砲架。わずか2両しか製作されなかったが、ロシアで使用され多大な戦果をあげたという。もちろん現存するのはこれのみである。（クビンカ）

戦後80年、世界中で当時の戦車が保存され、見学が可能だ。しかし、なかにはめったに行けない博物館と戦車も存在する。ここでは、超重量戦車マウスほか日本では見られない戦車の数々を、軍事ライターの斎木伸生氏が紹介する。90年代取材当時の、照明などない環境で撮影された写真からは、かえって臨場感が伝わってくることだろう。

クビンカ博物館に現存するドイツ軍のモンスター戦車「マウス」

ポルシェといえばだれもが、高性能のスポーツカーを思い起こす。しかし、その創設者ポルシェ博士が第二次世界大戦中、ドイツ軍のモンスター戦車を開発していたことはあまり知られていない。その戦車こそが12・8センチの巨砲を主砲とし、車体砲塔全周を215〜160ミリという分厚い装甲で包んだ、重量188トンの怪物「マウス」（ネズミとはなんたる皮肉！）であった。

敵の塹壕《ざんごう》を踏み潰し、トーチカを打ち倒して前進する、陸上戦艦というべき無敵重戦車だ。だがこの怪物は戦争中たったの2両だけが製作されただけであった。これらは戦闘に参加することもなく、ドイツ軍自身の手で爆破され、そ

取材・撮影・文：斎木伸生

第二次世界大戦中イギリス軍が開発した最強の怪物がこれ、超重装甲戦車トータスである。主砲には限定旋回式の32ポンド（口径94ミリ）砲を装備し、亀の甲羅のような装甲厚は最厚部で225㎜もあり、重量は79.252tにも達した。戦争に間に合わず試作に終わった。（ボービントン）

ドイツ軍は大戦末期にバッフェントレーガー（武器運搬車）と呼ばれる車両を開発したが、そのひとつ、38（d）の車体（38（t）戦車をベースとした改良車体）使用の8.8センチ自走砲。試作ながらなんとベルリンで実戦投入されたという。（クビンカ）

第二次世界大戦中ドイツ軍が生み出した最強の駆逐戦車ヤークトティーガー。ティーガーⅡをベースとし12.8センチ砲に前面250mmの装甲を持つ化け物だった。たった77両しか生産されなかったなかでも、展示品はポルシェ式走行装置を装備した珍品だ。（ボービントン）

シュトゥルムティーガー、トータス……貴重な重戦車がぞくぞく

76.2㎜砲を装備した主砲塔ひとつに、45㎜砲を装備した副砲塔2つ、機関銃塔2つを装備した怪物、多砲塔戦車として有名なロシアのT35重戦車。世界でたったひとつ、ここにしかない貴重な車両だ。（クビンカ）

これは珍品というよりゲテモノのTOG2。見るからに古臭い足回りに、ぶかっこうな車体と砲塔、まさにイギリスならではのデザインセンスだ。第一次世界大戦型の陣地突破用戦車だが、正真正銘第二次世界大戦中に、真剣に開発されたものである。（ボービントン）

ティーガー重戦車はすでに充分化け物だったが、その車体を使用した桁外れの化け物が製作された。それがシュトゥルムティーガーで、ティーガーに固定戦闘室を設けて、なんと38センチという巨大なロケット砲を装備したものだ。たった18両生産されたなかの、貴重な残存車両がこれだ。（ムンスター／コブレンツ）

の一生を閉じた。

　こうして消え去ったはずの怪物が、世界各地の博物館などに現存していたのだ！

世界にただ1両の重自走臼砲カール!!

世界にはたくさんの軍事博物館がある。ここではこれまで取材した世界の軍事博物館で見つけた、数々の超重戦車を紹介する。

　なかでも珍しいものが集められているといえば、やはりロシアのクビンカ戦車博物館（現パトリオットパーク）だろう。この博物館は、博物館とは名ばかりの軍の研究施設の倉庫といってもよい施設だ。展示物の名前をあげればカール、バッフェントレーガー、T35などマニア垂涎のものばかり。

　一方、イギリスのボービントンもすばらしい博物館として有名だ。ここにはヤークトティーガー、TOG2、T14、トータスといった怪物たちが、巨体を休めている。

　そしてドイツにある、ムンスター戦車博物館もお薦めだ。特にシュトゥルムティーガーは、ティーガーから生まれた怪物だ（撮影時はコブレンツ軍事博物館所蔵）。

超兵器 世界ルポ

国立アメリカ空軍博物館に見る

米国収蔵の知られざる超兵器

第二次世界大戦時の超兵器が数多く展示されている世界最大の航空博物館。隣接する米空軍滑走路へ降り立ち、その後眠りについた超兵器たちの姿をリポートする！

世界最大規模の博物館でトンデモ兵器を見た！

アメリカ、オハイオ州デイトンにある「国立アメリカ空軍博物館」は４００機以上の機体を保有する世界最大規模の航空博物館である。スミソニアンが民間機を含めて展示数３５０程度であるから、軍用機博物館としては文字どおり世界一である。

収蔵品もライト兄弟のミリタリーフライヤーから始まり、第一次大戦機、第二次大戦機から現代の最新鋭機まで網羅している。米軍は堅実な（？）兵器が多いイメージがあるが、館内を見渡すと米国もトンデモ兵器が意外に多いことがわかる。外国から入手したもの、試作されたが実用化しなかったもの含めその展示物は幅広い。その一部を紹介しよう。

誘導爆弾

フリッツXをベースに作られたいくつもの誘導爆弾。左はVB9誘導爆弾「ロック」。第二次大戦中に開発が開始された。1000ポンド（450キロ）爆弾をベースに、レーダー誘導で投下した。なお、ロックシリーズは複数のタイプがあり、熱探知式、光探知式があったが1945年に開発が終了した。

フリッツX

ドイツで製造された誘導爆弾。通常の徹甲弾を改造して生産された。水平爆撃する母機から投下され、爆弾手が目視で導いた。操縦のため、爆弾側に舵が取り付けられているが、飛行機やのちのミサイルと違いスポイラー方式を採用している。フリッツXは枢軸を離脱したイタリア海軍の戦艦「ローマ」を撃沈、「イタリア」も大破させている。

イタリア戦艦を撃沈した超音速誘導弾

ベルX5

終戦時、ドイツから接収した試作機、メッサーシュミットP1101をベースに試作した機体。P1101は戦闘機としては初めての可変翼機（主翼の角度を変えられる）であったが、地上でしか後退角を変更できない問題があった。アメリカではさらに改良を加え、電気モーターで飛行中に翼を動かすことに成功。しかし、飛行試験の際に試作二号機がスピンして墜落。安定性の問題から実用化は見送られた。

ルールシュタールX4

B17迎撃を目的にドイツで開発された（125ページ参照）。誘導方式は目視、有線誘導である。発射母機のパイロットが射程距離まで接近して発射、敵を追尾しながらジョイスティックで操縦する。接近して爆発させ、衝撃と破片で撃墜する計画だった。しかし、母機を操縦しながらコントロールするのは困難であり、のちに音響式近接信管に変更された。

ルーン

ドイツ軍のV1飛行爆弾（125ページ参照）をアメリカが接収、コピーしたもの。アメリカの工業力が背景にあったとはいえ、短期間で1000発の大量生産を実現している。左の写真は、エンジンの吸気口を拡大したもの。V1号の吸気口は間欠的に開閉する横長のシャッターで覆われていたが、ルーンは網状になっている。

コンベアB36J ピースメーカー　B29より巨大な爆撃機

1941年に試作が指示された爆撃機。アメリカ国内からヨーロッパを爆撃するため、爆弾10000ポンド（45トン）を積んで、10000マイルを飛ぶテン・テン・ボマー（10000×10000爆撃機）計画にもとづいた機体である。大戦中、コンベア社（コンソリディーデッド・ヴァルティ）の生産主力がB24にまわされたため開発は遅れ、完成は1945年8月となった。完成後は日本攻撃に使用される予定であった。初飛行と実用化はさらにずれこんでおり、推力の不足を補うため、のちにジェットエンジンを4基追加して実用化となった。

P82B ツインムスタング

長い航続距離を持ち爆撃機の護衛に最適であったP51を改良し、飛行時間が長くてもパイロット2人が交替で操縦できるようにしたのがツインムスタングだ。主翼と水平尾翼部分で繋がっているのがわかる。写真の機体は1947年にホノルル〜ニューヨーク間を14時間32分かけて飛行した、無給油長距離飛行のレコードホルダーである。

2機のP51戦闘機を横につないだ戦闘機

大気圏を突破する距離爆撃研究機

ボーイングX20 ダイナソア

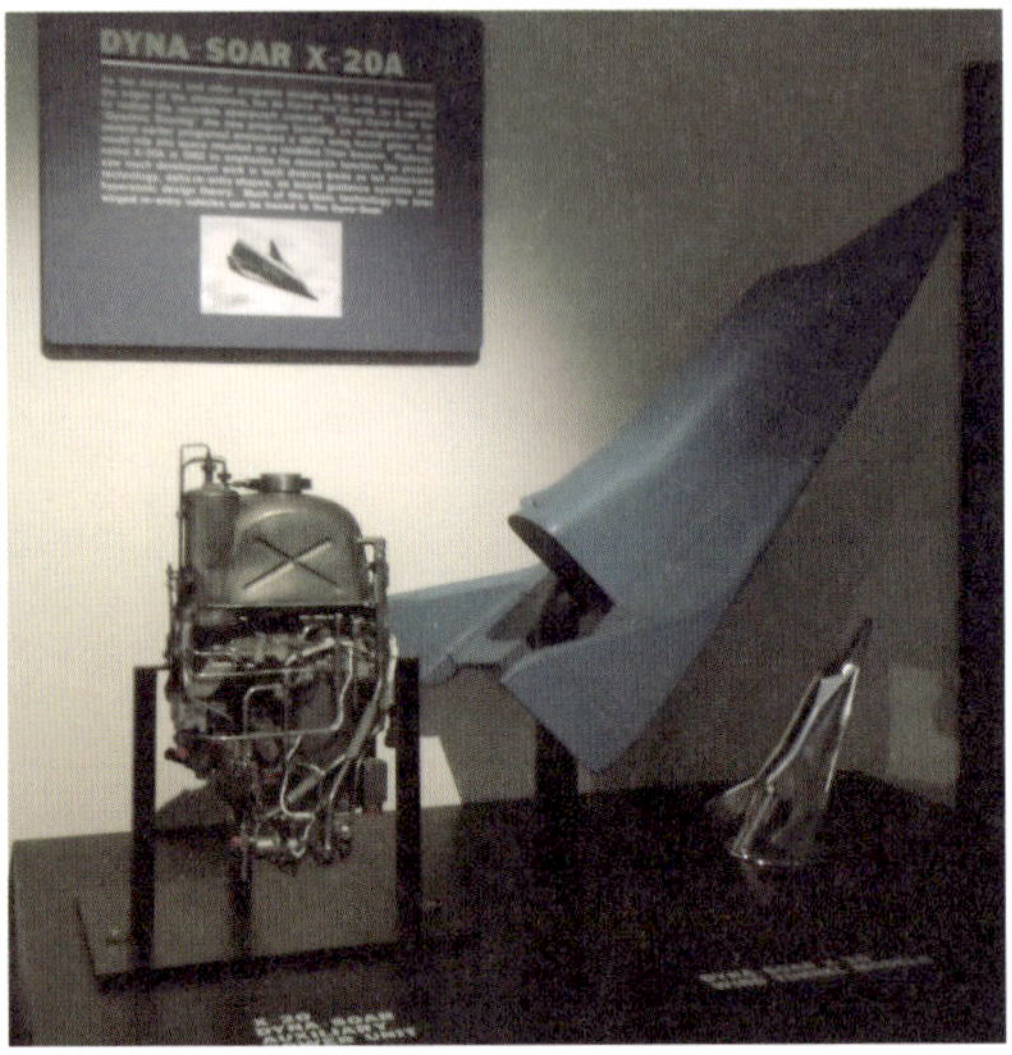

X20は、ロケットで打ち上げ、大気圏を跳躍しながら地球の裏側まで到達して核攻撃を行なう機体の研究機だ。ドイツが開発していた「ゼンガー」(174ページ参照)に影響を受けているといわれ、実物大モックアップが製作され、パイロット6名の選抜も行なわれたが、費用対効果が低いとして中止された。モックアップも廃棄されたため、この風洞模型がX20の姿を伝える唯一の立体資料である。

悪魔の破壊力を持つ長崎型核爆弾

Mk.3 ファットマン

いわゆる長崎型核爆弾(140ページ参照)。初の核実験であるトリニティ実験や、広島型原爆は一点ものの兵器であったが、ファットマンは戦後も生産が続けられ120発が量産された。核兵器のコアとなる核物質は生産に手間がかかり高価なため、のちに取り出して水爆など、より強力な爆弾に転用されている。

VB6 フェリックス

VB6 フェリックスと呼ばれる1000ポンド誘導爆弾。米国で移動する目標を攻撃するために研究された。赤外線センサーを使用する熱線誘導方式だったが、太陽熱の反射に撹乱されるため、好天時は使用できないという欠点があった。戦争は終結したため、完成しないまま、計画は中止された。

CONTENTS

超兵器3DCG画報

超兵器3DCG図鑑

第一章 空前の奇想兵器計画

第二章 戦場に現れた奇想兵器

第三章 未完の奇想兵器たち

3DCG
赤城潤一

表紙&本文デザイン
土谷英一朗（Studio BOZZ）
さとうだいち

本文DTP
有限会社エムアンドケイ

イラストレーション
浅田隆／沖一／おぐし篤
神奈備祐哉／衣島尚一
こがしゅうと／霜方降造
長谷川正治／原田弘和
牧田哲朗／松田大秀
吉原幹也／吉野泰貴
鷲尾直広

写真&資料提供
潮書房
株式会社ショーダクリエイティブ
日立製作所笠戸工場
文殊社／青山智樹
斎木伸生／佐山二郎
野原茂／USN／PD／UKG
オオタシンイチ

取材協力
陸上自衛隊土浦武器学校

編集協力
松田孝宏（オールマイティー）
井出倫
株式会社ジェネット

著者一覧／伊藤龍太郎
伊吹秀明／内田弘樹
衣島尚一／黒井文太郎
斎木伸生／佐原晃
霜方降造／鈴木ドイツ
瀬戸利春／中西豪
林譲治／堀場亙
松代守弘／松田孝宏
山本義秀／横山信義
吉田親司

第一章

空前の奇想兵器計画

世界編 ◆ JAPAN／WORLD

史上最大の氷山製巨大空母

氷山空母「ハボクック」

計画国 イギリス／アメリカ／カナダ

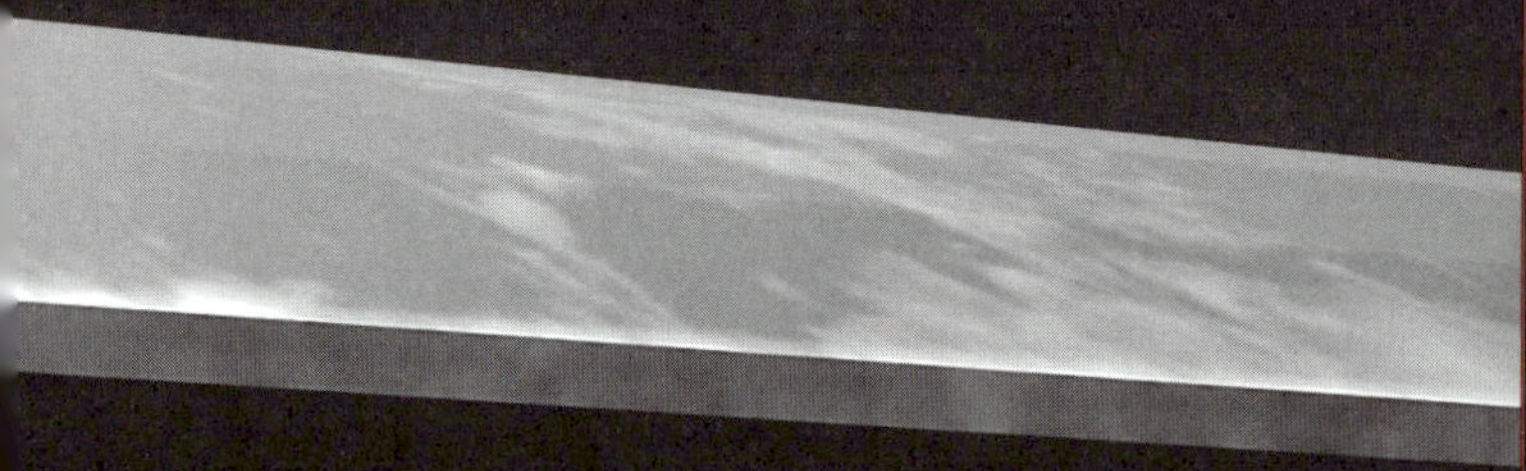

1912年、多くの人命を奪った豪華客船「タイタニック」号の遭難を契機に設置されたのが、インターナショナル・アイス・パトロールだ。これは、船舶の航海に危険をおよぼすような危険な氷山の情報を、発信しつづけている国際機関である。

この機関が、危険な氷山を爆破処理しようとして失敗したというニュースを聞いた男が、イギリスにいた。彼の名はジェフリー・N・パイク。ユダヤ人の家系というだけで、陰惨な迫害を受けたことを跳ね返すように勉学に励み、科学者として人生を歩みはじめた人物だった。

ときに第二次世界大戦のさなか。大西洋を航行する輸送船団が、独海軍のUボートによって甚大な被害を被っていた。Uボートが、まさに「やりたい放題」に暴れて猛威を振るっていた時期である。

そこにニュースで氷山の頑丈さを聞いたパイクが、氷山そのものを航空母艦とするアイデアを提案する。そのプランとは、植物繊維を混入した溶けにくく強靭な氷（彼の名をとってパイクリートと呼ばれた）を素材にして人工的に氷山を作り出し、航空援護が難しい海域での作戦に利用するというものであった。その長さ600メートル、幅90メートルにして、排水量は200万トン。艦内には多数の冷却機を装備して氷の船体を維持する。外装式の推進器を取り付けて外洋航行を可能にし、爆弾も魚雷も無効にする。

巧妙なUボートの襲撃により欧州向けの輸送船団が、耐えられないほどの被害を受け、各地で苦境に陥っていた連合軍はこのアイデアに飛びついた。こうして、米国とカナダの3カ国共同プロジェクトとして「ハボクック計画」の実験が開始された。

実物を忠実に縮小した実験船が建造され、カナダ内陸部にある湖に係留された。その結果は期待を裏切るものだった。が、強靭なはずのパイクリートは予定された強度を発揮せず、なおかつ涼しいカナダの気候においても溶けやすいことが判明したのである。事態を憂慮した各国の政府は、この計画に科学者を追加招集して研究を続けた結果、ようやく実用に耐える素材が開発された。

しかし安価に、かつ容易に入手できる自然氷ではなく、製造に手間のかかる特殊な氷を使うため建造期間が長期化することが判明。これらの要因によって費用が高騰することが確実となる。

一方、長時間の滞空が可能な飛行船での洋上哨戒や、飛行艇によるパトロールが強化。潜航しているUボートの潜望鏡を探知できるほどの高性能レーダーが開発されたこと、巨大な工業力を発揮して「週刊空母」と呼ばれる、低速小型の商船改造ながらも護衛に適した航空母艦が大量生産されて、実戦配備され始めたことによって、「ハボクック」の必要性は低下。氷の空母「ハボクック」は文字どおり凍結され、二度と日の目を見ることはなくなってしまった。

3DCG：赤城潤一

【「ハボクック」要目】
排水量：200万t ／ 全長：600m
全幅：90m ／ 最大速度：7kt

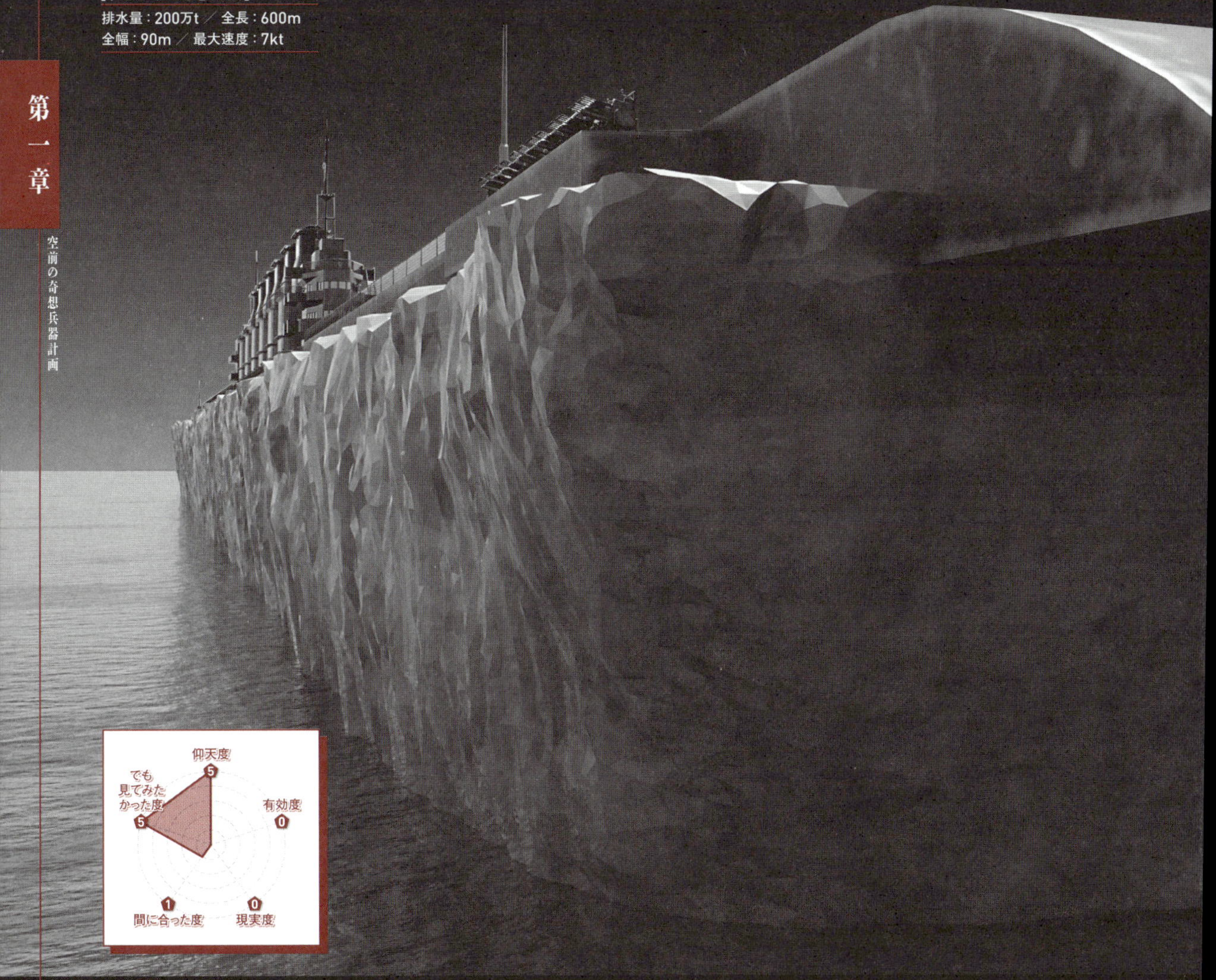
仰天度 5
有効度 0
現実度 0
間に合った度 1
でも見てみたかった度 5

COLUMN

氷山空母計画とドイツの潜水艦

文：伊吹秀明

氷山空母が計画される契機のひとつとなった、ドイツ海軍のUボート。一時期は潜水艦隊司令官デーニッツがヒトラーに「大量のUボートがあればイギリスを屈服させることができる」と進言するほどの猛威をふるった。しかし、連合軍の航空機やレーダーの発達により、潜水艦の被害が急増したドイツ海軍では、水中速度と潜航時間を大幅に向上させた新型Uボートの開発に着手した。それがワルター（ドイツ語読みだとヴァルター）機関搭載型と大容量電池搭載型のUボートである。

過酸化水素を利用したワルター型は電池を充電するために浮上する必要がなかったが、技術的に実用化が難しく、電池搭載型のエレクトロ・ボートが「XXI型」として優先的に建造されることになった。

新型Uボートは、従来の潜水艦をはるかに凌駕する兵器として期待された。しかし、連合軍の爆撃によって工場施設や輸送網が破壊され、建造は遅々として進まなかった。ようやく完成させた120隻も、油圧系などにトラブルが続出して戦列化が遅れた。結果として、終戦直後にわずか2隻が哨戒任務に出撃したのみである。もし氷山空母が実現し、これを十分な数の新型Uボートが襲ったらいかなる結果になっただろうか。

エレクトロ・ボートには小型の「XXⅢ」型もあり、こちらは大戦末期に英本土沿岸で商船5隻撃沈の戦果をあげている。

◆ 氷山空母「ハボクック」（イギリス／側面図）

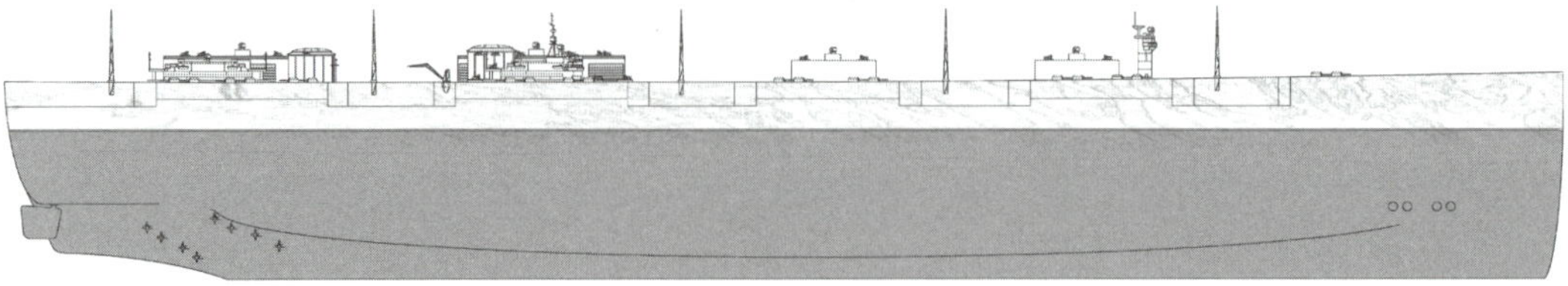

全長 600m

◆ 戦艦「大和」（日本／側面図）

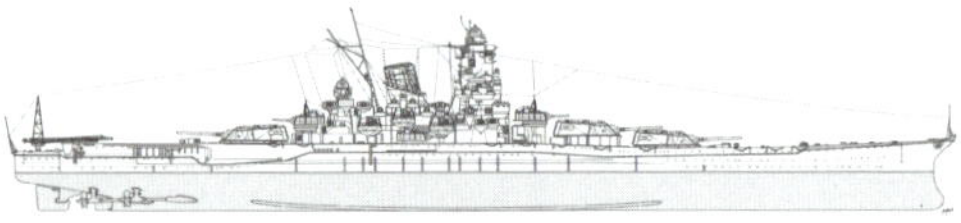

全長 263m

◆ 航空母艦「ミッドウェー」（アメリカ／側面図）

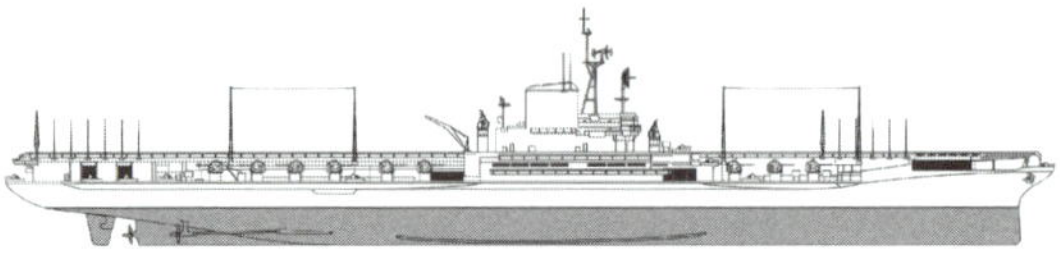

全長 295m

◆ 氷山空母「ハボクック」（イギリス／上面図）

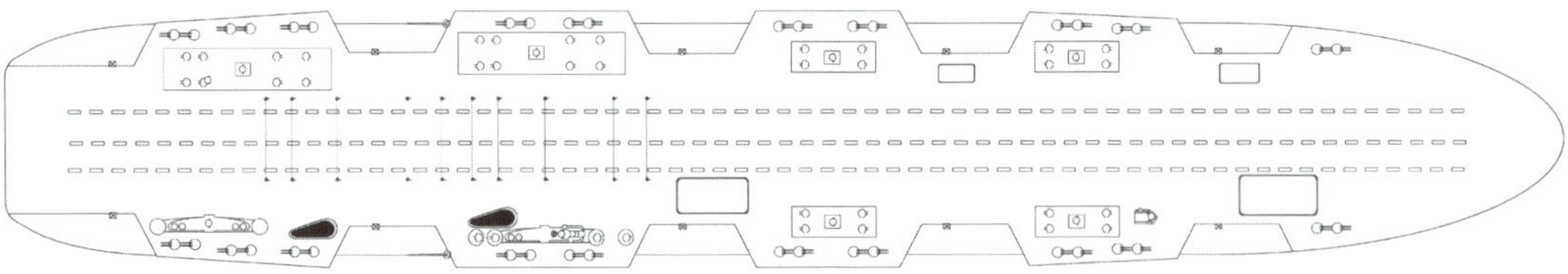

全長 600m

◆ 戦艦「大和」（日本／上面図）

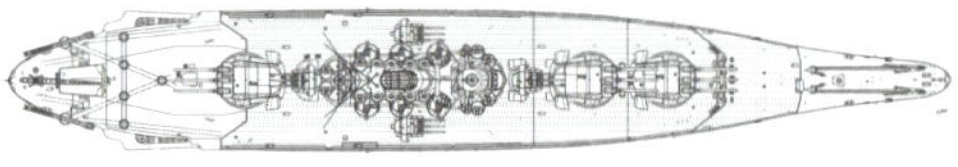

全長 263m

◆ 航空母艦「ミッドウェー」（アメリカ／上面図）

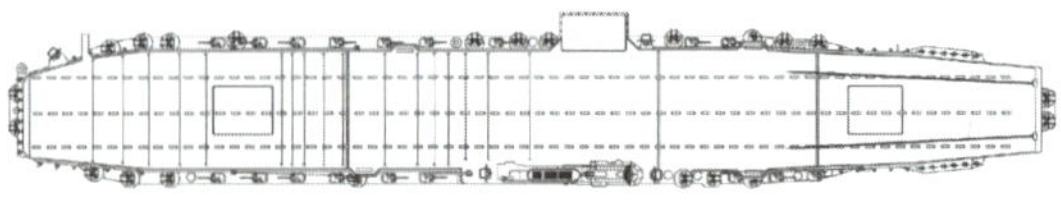

全長 295m

不沈戦艦「大和」、1945年就役の巨大空母「ミッドウェー」と比べても、氷山空母「ハボクック」の突出した大きさは際立っている。完成したとしても、どう運用するつもりだったのだろうか……。「ハボクック計画」を提案したジェフリー・N・パイクは終戦の3年後、自ら人生に終止符を打ってしまった。パイクに対する評価はさまざまだが、陸のない大洋に足場を構築するという思想は、巨大浮遊構造体（メガフロート）の基礎とも言える。

図：神奈備祐哉

世界編 ◆ JAPAN／WORLD

計画国 ドイツ

▼ナチス・ドイツ円盤機

「フリューゲラート」「ハウニブ」

ナチス・ドイツが戦前から航空戦力の有効性を認め、大戦中に数々の名機を実戦へ投入したのは周知のとおりである。

それらのなかでも「円盤機」は、戦前からジェットやロケット兵器の開発と並行して進められていた形跡がある。

特にAS6円盤翼機は、実機が連合軍に接収されている。しかし、これは単に翼が円盤型で変わった形をした飛行機、という程度の代物にすぎない。

本命として異彩を放つのが、「フリューゲラート」と称する全翼回転式円盤型機だろう。この機体は小型のI型から大型のⅢ型まで、各種バリエーションを含めると7種が確認されている。動力としてはすでに初期段階の実用に至っていたジェットエンジンのうち、BMW003Aターボジェットの推力を大幅に上げた改良型を採用予定だったという。このエンジン1～2基を機体下部へ搭載し、強力なジェット排気を上方に取りつけられた回転翼に向けて噴射。翼を回転させ、揚力および推進力を得て飛行する機構であったようだ。

この機体はオートジャイロ機の拡大版という見方もでき、VTOL機としての運用が可能だ。さらに、推定速力は音速に匹敵し、余裕のある機体容積と機体全体が揚力を生むため、離床《りしょう》推力も大きいと推測される。厚い装甲を施した状態でも、大型爆弾や火砲を搭載できる。またVTOL機であるため、滑走路を必要としないメリットもあった。

【「フリューゲラート」Ⅲ型 推定要目】

直径：24m ／ 重量：40t
武装：不明 ／ 乗員：不明

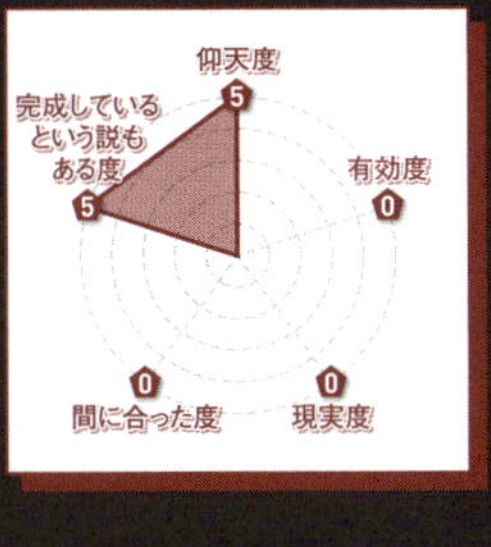
仰天度
5
有効度
0
現実度
0
間に合った度
0
完成しているという説もある度
5

3DCG：赤城潤一

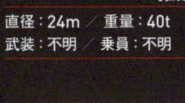

はたして実在したのか

そして、究極の円盤機が「ハウニブ」だ。これは「V7計画」で開発された機体で、重力・慣性制御と超高効率エネルギー変換の複合動力機関を装備していたとされている。しかも、動力源には化石燃料や核燃料などとはまったく異なる物質を用いているらしく、この機関の実用に至る正確な理論は、現在も公には解明されていない。これがハウニブの信憑性に大きな疑問を投げかける要因となっている。

また、重装甲・大火力の機体でありながら、音速を超えての飛行が可能だったといわれているが、これも真偽のほどは判然としない。

ハウニブにも多くのバリエーションが存在し、ヴリル、ヴリル・アイン、ハウニブI、ハウニブII、ハウニブIII、ポルシェ・ハウニブ、ヤクト・ハウニブ、ヴリルオーディンと呼ばれる各種機体が製造され（たという説もある）、共通武装として、戦車の砲塔を円盤下部へ逆さに1基～4基装備していたという。

あちこちで語られる「フー・ファイター」遭遇事件が、ハウニブの目撃例かもしれない。

解かれぬ謎

ドイツがこれらの超技術をどのように開発したのかは、終戦期と戦後の米ソによる機密略奪の混乱により、今も謎のままだ。おそらくは、今後も謎が解明されることはないだろう。

しかし超技術兵器といえども、少数が完成した程度では、押し寄せる連合軍を前には結局、潰《つい》え去るしかない運命だったのだろう。

ドイツ円盤機の、悪夢のごとき編隊飛行の図。左上がハウニブII、その下がハウニブI、右がハウニブIII。

イラストは「ハウニブII」想像図だが、このような脚を装備していたか否か、明確な資料は公表されていない。

【「ハウニブII」推定要目】

直径：26m ／ 全高：11m
武装：戦車砲塔 ／ 乗員：20名

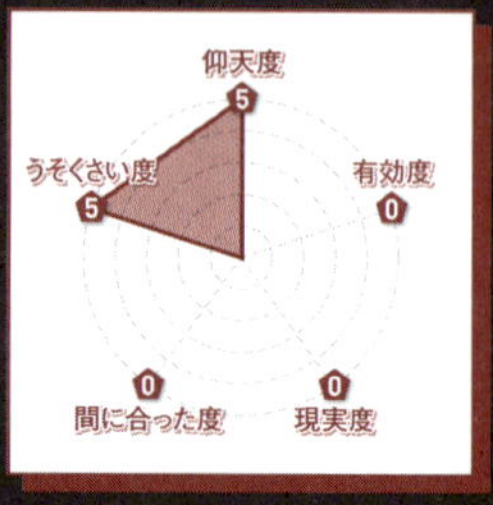

仰天度 5
有効度 0
現実度 0
間に合った度 0
うそくさい度 5

イラスト：霜方降造、長谷川正治

COLUMN

円盤機をめぐる黒い霧　文：霜方降造

ナチスが円盤機開発にこだわった理由は不明だが、いくつかの推測が可能である。

代表的な説が、爆撃機を過信したヒトラーが、大量の爆弾搭載が可能な面に着目し開発推進を指示したという説。

ゲーリング国家元帥が、ロケット兵器の管轄を陸軍に奪われたため、より高性能の円盤機を開発して空軍の発言力を取り戻そうとしたという説。あるいは当時、最先端のロケット兵器開発機関の指揮官だったドルンベルガー少将が、それまでの航空機概念を超える機体を開発し、陸海空の新兵器開発をも一手に収めようとした説。

はたまた、ヒムラー親衛隊長官がゲーリングの権力を削ぐことができるうえ、自分自身の政治権力強化が可能な円盤機開発を支配し、さらに武装親衛隊に空軍戦力を加えようとしたという説。等々……。

結局、軍事面よりも政治が絡んで開発は進んだが、権力闘争がなければ円盤機はもっと早く、効果的な形で戦場に登場したかもしれない。

「ハウニブ」バリエーションに共通した特徴として、戦車の砲塔の装備があげられる。
イラストはヤクト・ハウニブの想像図。

世界編 JAPAN／WORLD

計画国 アメリカ／イギリス／ドイツ

幻に終わった世界の超重戦車

「E100」「ラーテ」「T28」「トータス」

幻の超重戦車とは!?

読んで字のごとく、重戦車をも超越した戦車、それが超重戦車だ。そしてもうひとつ、本稿で取りあげる超重戦車の定義に加えたいことがある。

それはその存在が「幻の存在」であることだ。

すなわち、「実戦に参加していない」ということである。

そうなった理由はさまざまだが、それが開発途上で終戦となったせいであれ、実用に耐えないとして放棄されたのであれ、ともかく存在が幻で、一度も戦ったことがなく、なおかつ重戦車をも圧倒する装甲と火力をもった戦車――それをここでは幻の超重戦車と呼ぶことにしたい。

標準型? E100

戦車といえばドイツ。ドイツといえば戦車。そのドイツが産み損なった超重戦車が、E100だ。Eシリーズの Eとは、ドイツ語で「標準型」を意味する。

1944年に超重戦車の計画そのものが破棄されたため、E100の開発もまた中止されてしまった。だが、アドラー社の技師3名

3DCG：赤城潤一

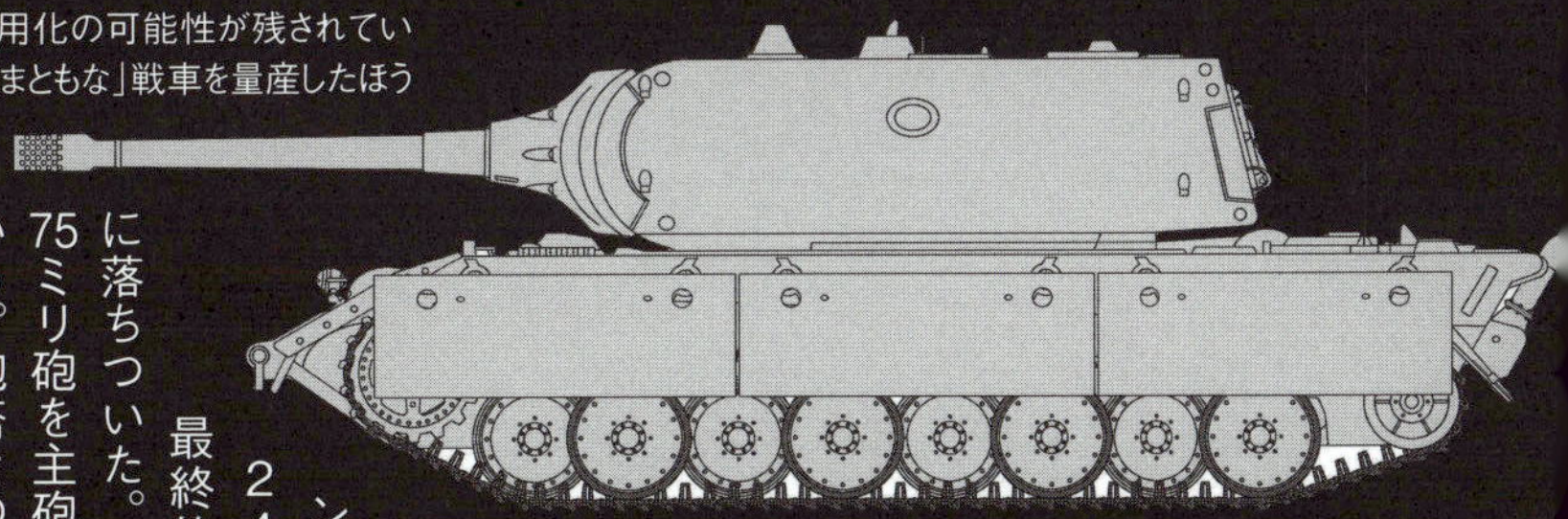

E100は、ラーテなどに比べれば実用化の可能性が残されていた。しかし、パンターなりティーガーなり、「まともな」戦車を量産したほうがはるかにメリットが大きかったといえよう。

によってその後も細々と開発は継続され、のちに進攻してきた米軍によってその試作車が接収されることとなった。

E100は、スペック的にはその名称が示すように100トンを超える自重を持ち（推定戦闘重量140トン）、最大装甲厚は240ミリ、主砲は最終的に150ミリ砲に落ちついた。また、副砲として75ミリ砲を主砲と並列に搭載している。砲塔そのものはマウスと同型のものが使用され、共通化が図られている。

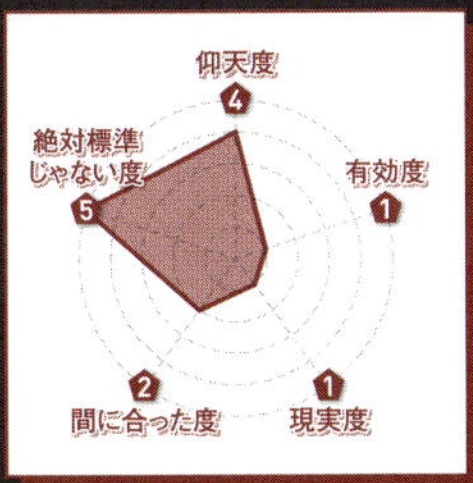
仰天度 4
有効度 1
現実度 1
間に合った度 2
絶対標準じゃない度 5

【「E100」要目】
全長：10.27m ／ 全幅：4.48m
重量：140t ／ 装甲：240mm（前面）
武装：15cm砲×1、7.5cm砲×1、7.92mm機銃×1

なお、わざわざ主砲なみの副砲が搭載されているのは、搭載弾数の問題が大きいと思われる。計画では150ミリ砲搭載時の搭載弾数は20発程度となっており、これではいかにも少ない。

実現可能性という意味では、E100はかなり完成に近づいていた車両といえるだろう。もっとも、終戦間際のドイツにこの戦車を量産させるだけの工業力が残されていたかどうかは、はなはだ疑問であるが……。相当なガソリン食いであることからも、運用に困る代物だった可能性は高い。

移動要塞「ラーテ」

さて、ドイツといえばもうひとつ、「ラーテ」の存在も忘れてはならないだろう。これはもう、戦車というよりは地上戦艦もしくは移動要塞とでも呼ぶべきもので、こんなものを本気で考えていたというだけでも恐ろしく（楽しく）なってしまう。もちろん実用化されたわけではなく、あくまでも計画があったにすぎないが、予想重量1000トン、主砲には戦艦の28センチ砲を流用するというトンデモ兵器であった。

もっとも仮に作られたとしても、その重量のおかげでまず動くことなど不可能だっただろう。また、これだけの重量では機動性などなきに等しく、航空攻撃に対してはほとんど無力であったと思われる。あれこれ考えると、やはりラーテは「妄想」兵器の域を出ないように思われる。

その他の超重戦車

もちろん、超重戦車はドイツだけの専売特許ではない。まず、アメリカが開発したのがT28で、これはノルマンディー上陸作戦をはじめ、堅固な要塞線を突破する目的で開発が進められたものだ。そのため、主砲には105ミリ砲を搭載し、正面装甲厚は300ミリに達している。しかし、試作車両の完成が第二次世界大戦後の1945年12月であり、無用の長物と化した同車は1947年に開発が中止された。

同じく連合軍の重戦車として開発されたのがイギリス軍のトータス重戦車で、こちらは対戦車戦闘を主目的に開発されている。ちなみにじつはT28もトータスも全周旋回砲塔をもたないために、厳密にいえば「戦車」ではなく、突撃砲や戦車駆逐車と呼称するほうがより正確である。

図：神奈備祐哉

ティーガーと比べると、その巨体が実感できるラーテ。しかし作ったところで、残念ながら戦局に寄与することは、まずなかったにちがいない。

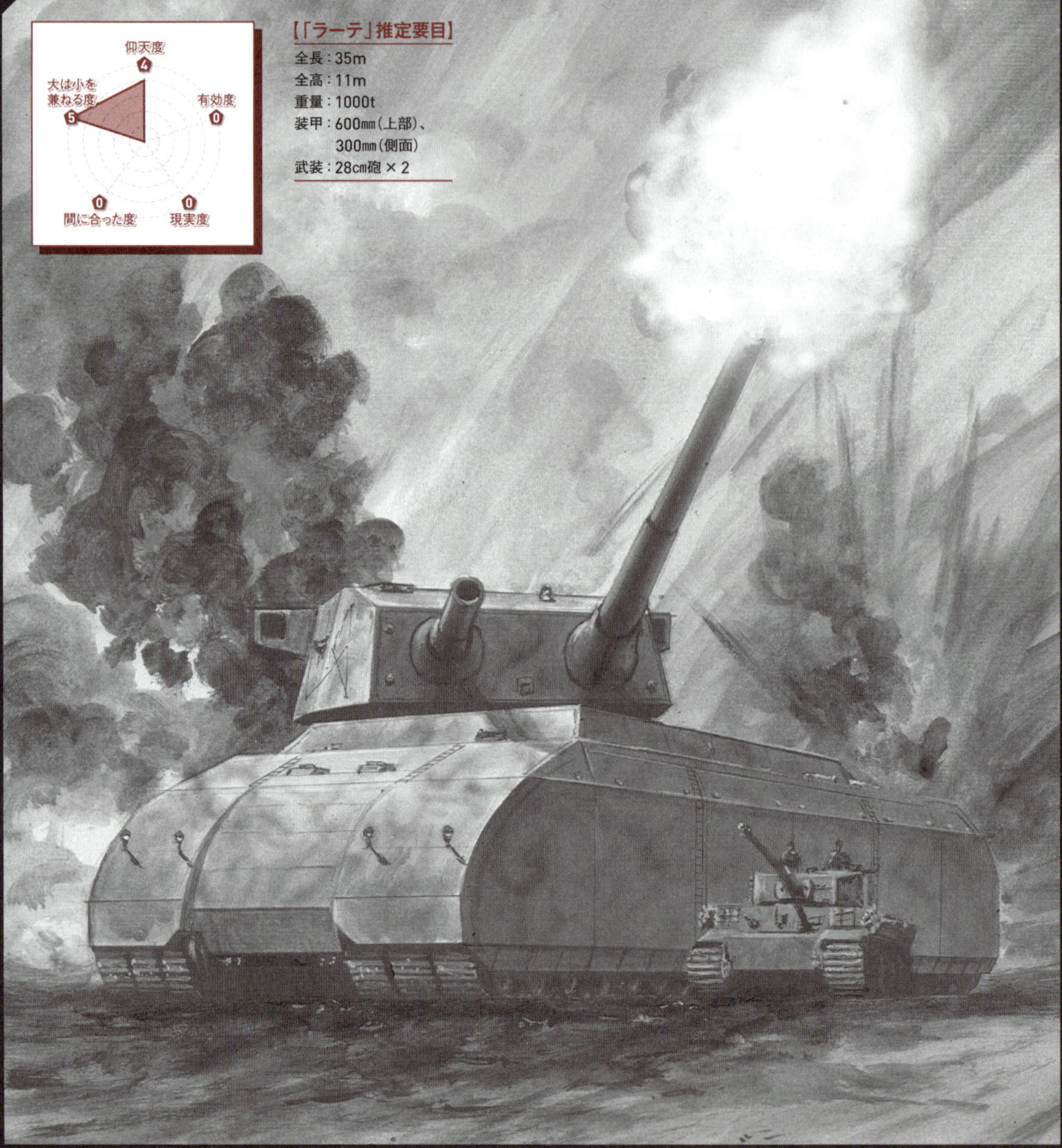
仰天度 4
有効度 0
現実度 0
間に合った度 0
大は小を兼ねる度 5

【「ラーテ」推定要目】

全長：35m
全高：11m
重量：1000t
装甲：600㎜（上部）、300㎜（側面）
武装：28㎝砲 × 2

COLUMN

ソ連に重戦車なし？

文：堀場亙

戦車王国であるソ連には意外にも「超重戦車」と呼べるような戦車は存在しない。あえて当てはめるとすれば多砲塔戦車のT35やKV2あたりだろうか。

しかし、どちらの戦車も実戦参加しているうえに、そこそこは使える兵器だったようだ。少なくとも使い方さえ間違えなければ、敵に対して充分以上の威圧と損害を与えることができた。

WWⅡ初期においては、これらの戦車は明らかにオーバースペックのバケモノ戦車、すなわち超重戦車以外の何ものでもなかった。だが、実際に運用してみると、メリットよりもデメリットのほうが多いことがわかってきた。たとえば多砲塔戦車などは一見すると「強そう」ではあるのだが、戦場において多くの砲塔をばらばらに運用することなどまず不可能で、そのうえ口径の違う砲弾をそれぞれ搭載しなければならないという無駄もある。

結局、ソ連軍は「超重戦車」の無駄に気がついて、その開発に見切りをつけた。ある意味で、それが戦車王国として君臨しえたゆえんなのかもしれない。

イラスト：浅田隆

日本編 ● JAPAN／WORLD

計画国 日本

B29を凌駕する超巨人機

中島超重爆撃機「富嶽」

米本土を爆撃せよ！起死回生の「Z飛行機」計画

驚くべきことに、日本にもB29を凌ぐ爆撃機を開発し、米本土を爆撃する計画が実在した。「Z飛行機」、もしくは富嶽と呼ばれる爆撃機開発計画がそれだ。

発端は昭和17年、中島航空機社長の中島知久平が提唱したひとつの計画にまでさかのぼる。

航空産業に造詣の深い中島は、ミッドウェー海戦の敗戦から悪化する戦況を憂慮《ゆうりょ》、逆転の秘策として超大型爆撃機を開発し米本土を直接たたくことを発案したのだ。

彼は計画の要となる爆撃機を「Z飛行機」と名付け、開発チームを自ら組織して研究を開始した。

この「Z飛行機」は、おおまかには以下の3種類に大別される。

①1トン爆弾20発を搭載し、高度1万メートル以上を飛行、米本土を爆撃する「Z爆撃機」

②96挺以上の20ミリ機銃を装備した地上施設・航空機攻撃用の「Z掃射機」

③武装落下傘兵200名を搭載する「Z輸送機」

中島はこれら「Z飛行機」のうち最初に「Z爆撃機」を開発、その改良型として「Z掃射機」「Z輸送機」を生産するつもりだった。

また昭和18年になると、中島は「Z飛行機」を用いた対米戦計画案として、日本の脅威となる敵基地と機動部隊を潰滅《かいめつ》させ、その後に米本土への戦略爆撃と直接進攻を行なうという「必勝戦策」を陸海軍に提案している。

この時期の「Z飛行機」は、通常のエンジンを2基タンデムで連結した、空冷四重星型36気筒エンジンハ五四を6基装備、爆弾10トンを搭載する巨人機として設計が進んでいた。

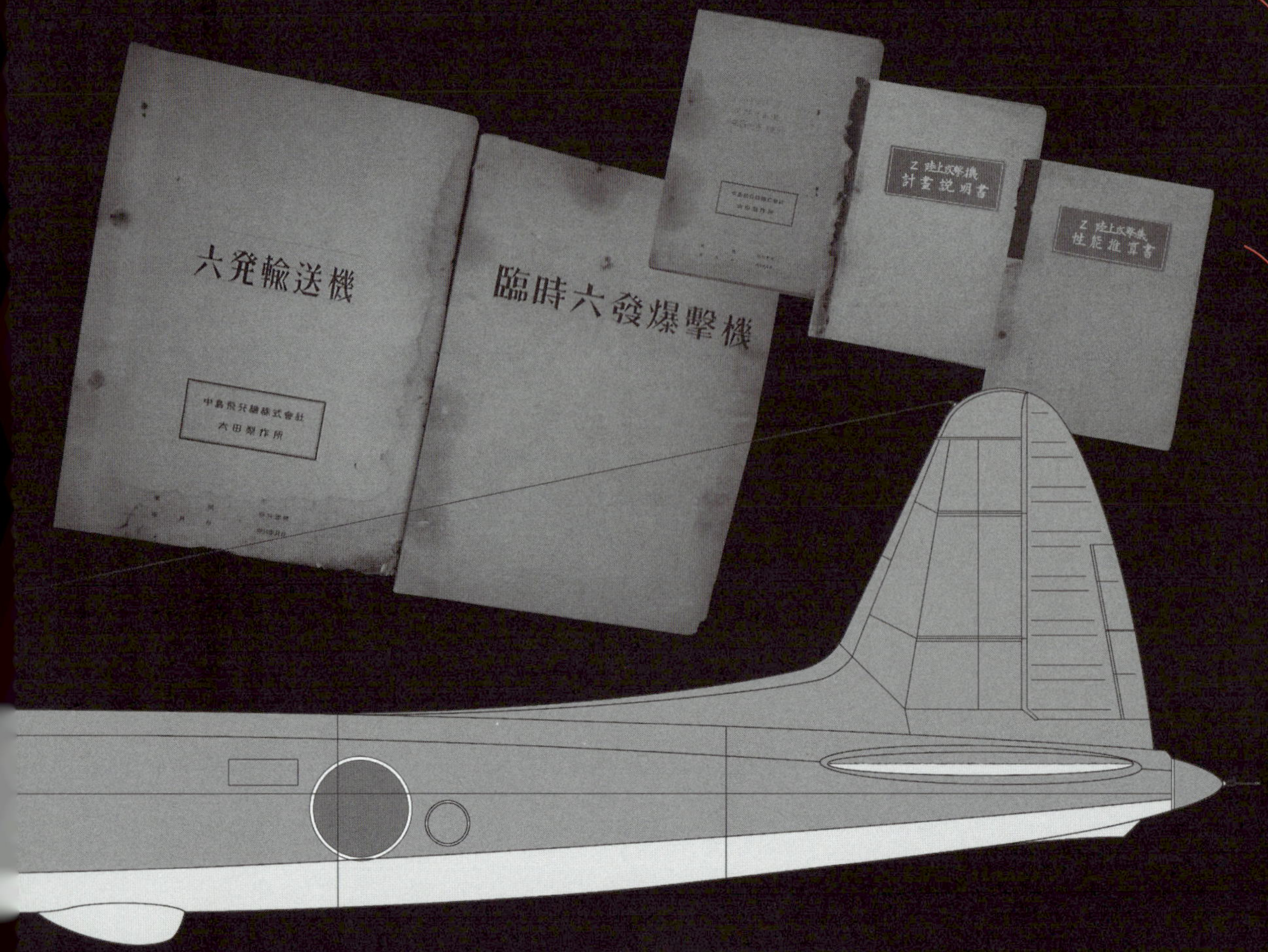

◆ **中島超重爆撃機「富嶽」**（日本）

富嶽の姿は、これまで発表された図面ごとに差異が見られる。この図は、上の図面などの資料を参考に、作成したものである。実際に巨大機B29と比べてもその大きさは1m以上長い（56ページ参照）。

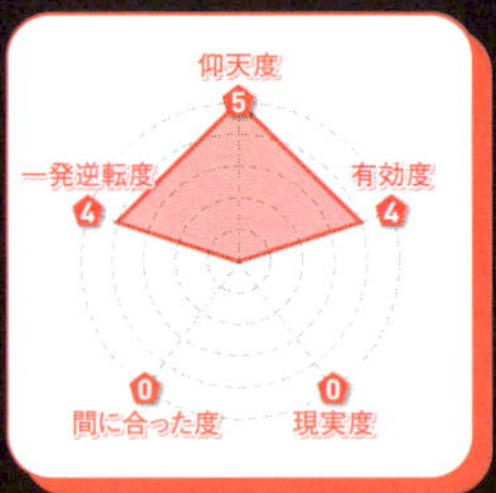

【中島超重爆撃機「富嶽」要目】

全幅：55m ／ 全長：36m ／ 翼面積：240㎡ ／ 自重：49000kg
最大重量：145000kg ／ 発動機：ハ五四×6 ／ 最大速度：720km/h ／ 航続距離：19400km
武装：20㎜機銃 × 2、13㎜機銃 × 6 ／爆弾×20000kg ／ 乗員：7名

空前の5000馬力エンジン・八五四はもちろん完成しなかったのだが、日本が最後まで満足な2000馬力エンジンすら生産できなかった現実を考えれば、「Z飛行機」がいかに驚異的な機体だったか理解できるだろう。

富嶽始動！ だが……

「Z飛行機」と「必勝戦策」には、陸海軍で大きな反対論があった。だが、政界を巻き込んだ中島の訴えにより、昭和18年8月、陸海軍は「Z飛行機」の開発を認可、計画は始動した。機体名称として富嶽の名が出たのは、昭和19年1月、「Z飛行機」改定案の研究が始まってからのことだ。

つまり富嶽とは、「Z飛行機」そのものを指すのではなく、「Z飛行機」をたたき台にした陸海軍共同開発機のことである。ただし、軍は川西が対抗馬として提案した、より現実性の高い6発機案「TB」のほうを評価していたという。こうして陸海軍の正式な開発機となった富嶽だったが、昭和19年以降の戦局は戦争に間に合わない機体の開発を許すものではなく、昭和19年4月に富嶽の開発は正式に中止された。

終戦時、富嶽計画に関連する書類の大半は、米軍の追求を逃れるために焼却されたが、近年にいくつかの資料が発見されている。

図：神奈備祐哉

富嶽の図面の一部。垂直尾翼の形状などが、模型とは異なる。翼端なども、なかなかに興味深い形状だ。(資料提供＝㈱ショーダクリエイティブ)

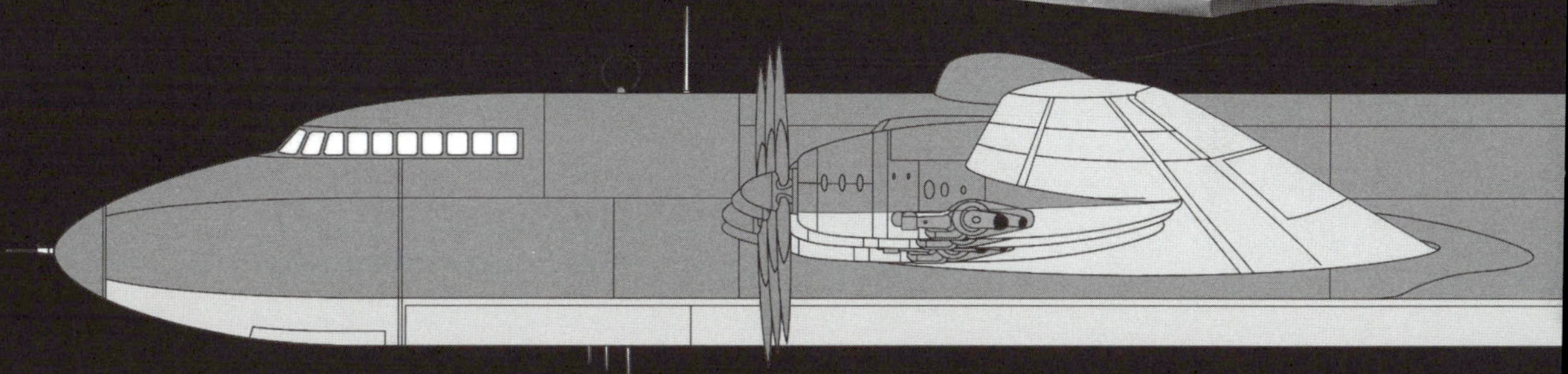

COLUMN

中島知久平と「Z飛行機」

文：内田弘樹

日本にとって前代未聞の規模の機体開発計画だった、中島知久平の立案による「Z飛行機」計画。

結果的に富嶽計画に縮小され、さらには現実的観点から潰えるこの「Z飛行機」計画は、中島自身がそれまでの生涯で航空機へ注いだ熱意の結晶でもあった。

明治17年に生まれた中島知久平は、尋常小学校を卒業後、3年の独学ののちに海軍機関学校へ入学した。中島は学童のころから数学が得意で、その才能が活かせる軍隊は彼にとってうってつけの場所だった。

明治40年に海軍機関学校第15期生となった中島は、航空機に興味を持ち始めた。欧州親善訪問の際にはフランスにまで足を運び航空業界を見学し、明治44年にはすでに航空雷撃の可能性を予言している。

また、横須賀海軍工廠に赴任した際、彼は「巨費のかかる戦艦よりも、雷撃が可能で低コストの航空機を決戦兵器として充実させるべき」という意見書を配布している。この意見自体はあまりに先進的すぎたがゆえに海軍に受け入れられはしなかったが、のちの「Z飛行機」計画につながる構想といえるだろう。

こうした中島の航空機への情熱が実を結んだのが、大正6年の「中島飛行機製作所」創業だった。以後、中島飛行機は中島の主導のもと、日本最大手の航空機会社へと躍進した。

また、中島は政治家としても成功、昭和12年には近衛内閣の鉄道大臣に、その後は政友会総裁の座についた。妄想的な「Z飛行機」が正式に富嶽計画として軍に認められたのは、彼の政治力ゆえであった。

大戦中、中島飛行機は陸軍機の隼や疾風、海軍機の九七艦攻、天山など、幾多の傑作機を量産した。

また、「栄」「誉」などの航空エンジンも大量生産、ライバルである三菱の零戦の量産も請け負っている。しかし、中島の工場で生産された零戦は、「殺人機」とも呼ばれることもあるほどで質が必ずしもよくなく、搭乗員たちに嫌われていたともいわれる。

日本の貧弱な工業資本のもとでは「Z飛行機」も富嶽も、夢のまた夢であったといえるだろう。

戦後、中島飛行機はGHQによって解体され、中島自身もA級戦犯に一時的に指定され、昭和24年に急死した。思えば「Z飛行機」富嶽計画は、中島にとって生涯最後の賭けでもあったのかもしれない。

計画国 日本

「大和」の7倍!? 超巨大戦艦

50万トン戦艦

日本海軍の建艦計画（？）においても、いや世界のどこを見渡しても、これほど気宇壮大な例はないだろう。

全長609メートル、排水量50万トンの巨体に、40センチ連装砲を50基（誤記ではない！）積もうという野望というか夢想を生んだのは、驚くなかれひとりの海軍軍人であった。

金田中佐の野望？

その名は金田秀太郎中佐（当時）。まずは、金田中佐の略歴を見てみよう。明治6年生まれ、明治27年に海軍兵学校を21期で卒業。その後、巡洋艦乗り組みを経て、明治41年には艦政本部へ出仕となる。以降も技術本部員や横須賀工廠造兵部長を歴任した。

そして、金田中佐が50万トン戦艦を提案したのは明治の末期だが、なぜこのような計画が立案されたか？ それは日本が、「貧乏」だったからに尽きる。

もとの発想は、「たくさん軍艦を造る金がなければ、とてつもなく大きい軍艦を1隻浮かべておけばいい」というもので、理にかなっている、といえなくもない……かもしれない。

だがそこは金田中佐、「こんな戦艦あったらいいな」の妄言では終わっていない。

たとえば、50万トンという数字は、91メートルという艦幅から出されている。91という数字にしても波の波長に準拠しており、艦が安定し

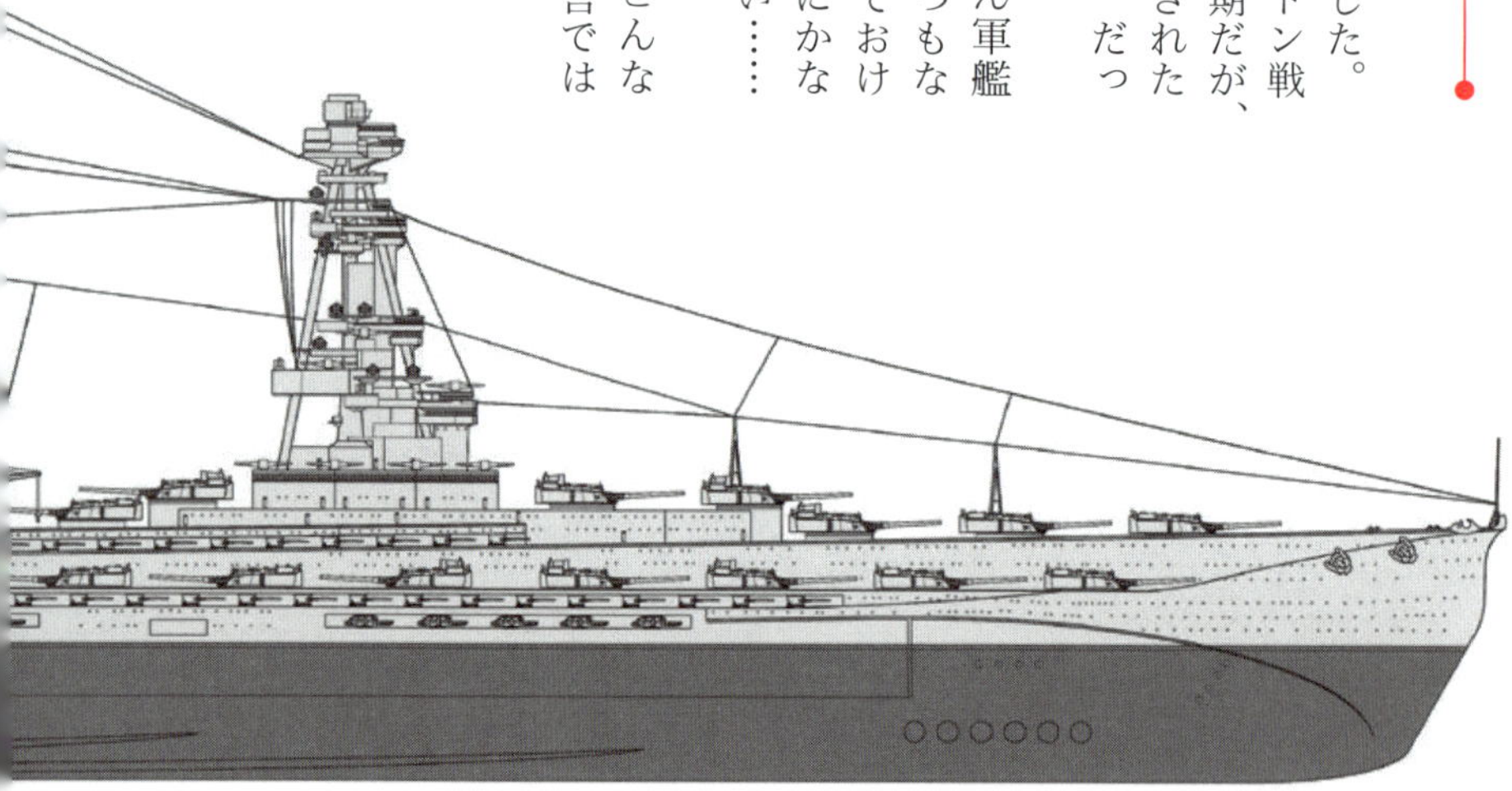

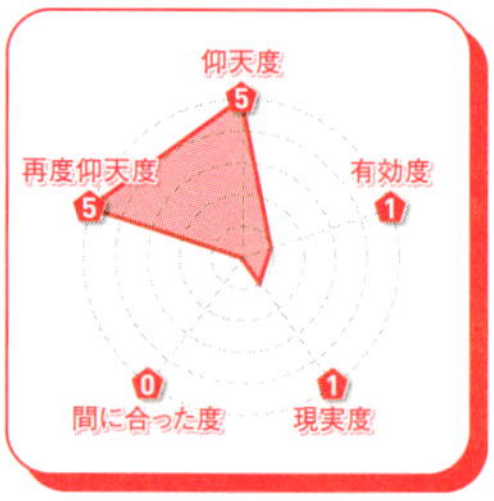

【「大和」要目】
基準排水量：64000t ／ 全長：263m
全幅：38.9m ／ 速力：27kt
武装：46cm3連装砲×3
15.5cm3連装砲×2
12.7cm連装高角砲×12
25mm3連装機銃×29
乗員：2500名

◆ 戦艦「大和」（日本）

最大最強、不沈を自負した戦艦「大和」……なのだが、怪物のような巨艦と同縮尺で並べてみると、その姿は子どものようにすら見える……。

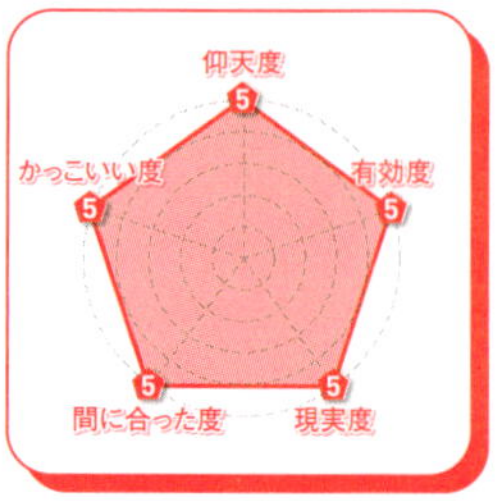

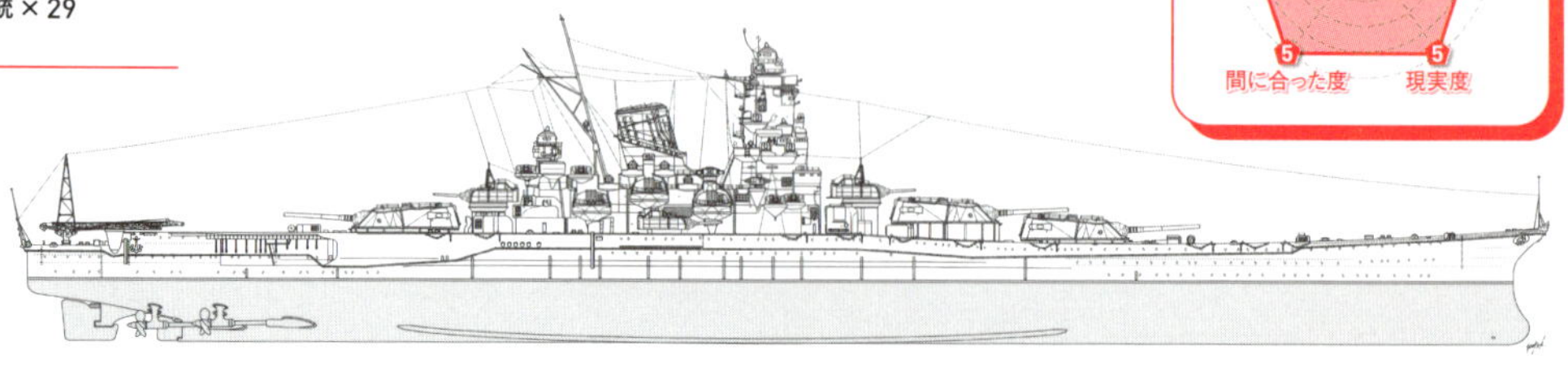

図：神奈備祐哉

た状態で砲撃をするには波長よりも長い艦幅が必要であった。

つまり、50万トンの排水量も、609メートルの全長も、すべては「91」から導き出されたのだ。

50万トン戦艦もし戦わば！

しかしながら、やはり中佐の発想は当時としては（現代でも）斬新すぎたようだ。

明治末期はイギリスの「ドレッドノート」登場のおかげで世界中の戦艦が陳腐化し、日本海軍では初の超ド級巡洋戦艦「金剛」を、当のイギリスの建造によって保有したばかりの時期である。当時は世界最強の巡洋戦艦と謳《うた》われた「金剛」だが、その主砲は口径36センチ。一方50万トン戦艦では、連装40センチ主砲を50基、計100門も配備するというのだ。

さらに14センチ単装砲が200門、魚雷発射管は200門だったというが、これらの弾薬確保などは、どう考えていたのだろうか。

くわえて1万人もの乗員を食わす食料、40ノットの速力を出すつもりだった機関はどうする予定だったのか……など、考えるほど夢想といわざるをえない。

100歩ゆずって完成したとしても、燃料不足やこの巨艦の建造のため、ほかの戦艦はもちろん、空母や駆逐艦など脇を固める艦艇が大幅に不足するに悩まされるなど、マイナス要因ばかりが想像できる。

計画倒れとなったのは、ここまで言を重ねなくとも、当然のことであったのだ。

◆ 50万トン戦艦（日本）

日本海軍の伝統的思想となった「個艦優勢」の究極ともいえる巨体。だがやはり、あらゆる面で無理と無茶がありすぎた。もし完成して運用したとしても、膨大な乗員の指揮統制など、目に見えない問題が続出しそうだ。

【50万トン戦艦要目】

排水量	：500000t
全長	：609m
全幅	：91m
速力	：42kt
武装	：40㎝連装砲 × 50
	14㎝単装砲 × 200
	10㎝単装砲 × 100
	魚雷発射管 × 200
乗員	：12000名

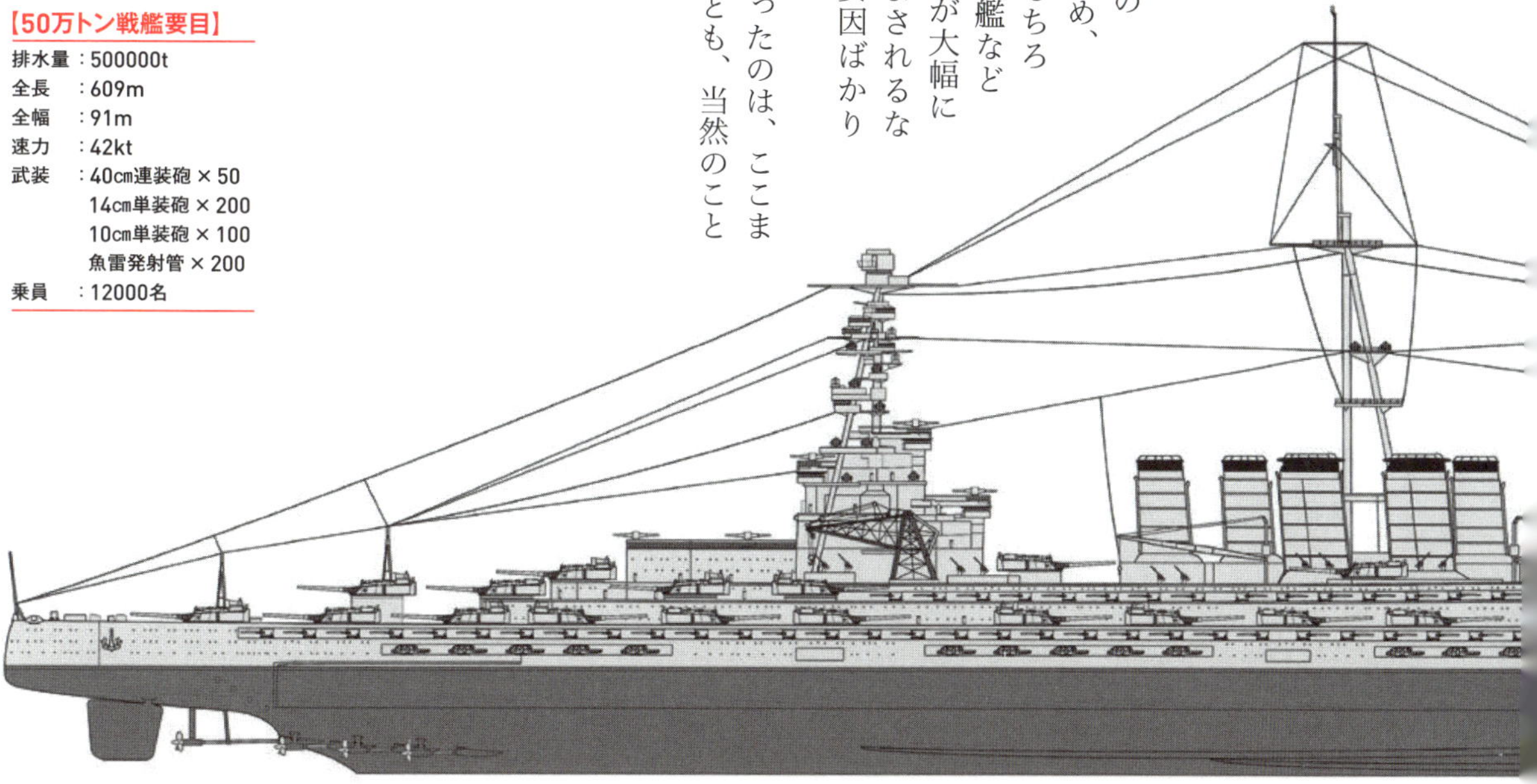

COLUMN

トン数のマジック

文：山本義秀

7万トンの豪華客船、クイーンエリザベス2世号。たしかに巨大である。しかし「6万トン強の戦艦『大和』よりも大きいよな」と思ったとしたら、間違いではないけれどダウト。

軍艦と一般の船舶は、大きさを表わす排水量の計算方法が違う。

難しい法律と計算式はあるが、ごく簡単に説明すると一般の船舶の大きさを表わす「総トン数」は、どれだけの貨物や旅客が搭載できるかという数値である。

たとえば、1万総トンの貨物船は、1万トンの荷物を積める容積があり、かつ、沈没しないで自力航行して、この荷物を運べるだけの大きさがあるということだ。

一方、軍艦の排水量は軍艦の重さそのものを示す。こちらも基準が複数あるので詳細は略すが、単純にトン数の数字で比較すると軍艦は、一般の船舶よりもはるかに小さくなってしまうことになる。一般の船舶の考えかたで50万トン戦艦を考えたら、さて総トン数はどれだけになるのだろうか？

計画国 日本

▼地上最強！ 戦艦「大和」の系譜

戦艦「大和」計画案と改「大和」型

世界最大、最強を自負しながら、ついに一度も敵戦艦と交戦することなく航空機に撃沈されてしまった戦艦「大和」。その建造計画の着手は、昭和12年までさかのぼる。

当時、日本、アメリカ、イギリスなどで取り交わされていたワシントン条約によって、各国の戦艦保有量や武装（主砲口径など）に制限がなされていた。今とは違い、戦艦をどれだけ持っているかが一国の国力と威信となっていた時代で、当時の戦艦は現代の核兵器にも等しい存在だったのである。

「A-140」胎動

「大和」建造前の試案は昭和8年ごろから提出されているが、原案と呼べる最初の具体的な形は、艦政本部の福田大佐らがまとめた「A-140」案である。

最大の特徴は、3基の主砲塔が前部に集中していた点にある。

また、実在した「大和」の欠点のひとつと指摘されていた速力（27ノット）も、この時点では31ノットと高速が予定されていた。

ちなみに前部へ集中した砲塔配置はイギリスの「ネルソン」級戦艦などで採用されており、砲塔直下の弾薬庫を一カ所にまとめ、防御区画を小さくできるメリットがあった。

一方で、（当然ながら）後方に撃てない、過剰な爆風が発生するなどのデメリットも考慮された結果、我々が知る前方に2基、後方に1基という主砲配置に落ちついた。速力も「29～24ノットで」という軍令部の要求を満たす、27ノットとなった。そして基準排水量6万2315トン、全長253メートルの「A-140F5」案が最終原案となり、戦艦「大和」誕生の道が開かれた。

幻の戦艦「信濃」

昭和17年6月、ミッドウェー海戦で航空母艦4隻を喪失した日本海軍は、建造中だった「大和」型戦艦3番艦「信濃」を、航空母艦へ改装することにした。

◆七九八号艦

「七九八号艦」の主砲以外の武装は、長10センチ連装高角砲が10～12基予定されていた。

【七九八号艦要目】

基準排水量：64000t
全長：263m
全幅：38.9m
速力：27kt
出力：80000hp
航続力：7200浬（16kt）
武装：50cm連装砲×3、
15.5cm3連装砲×2、
10cm連装高角砲×10～12予定

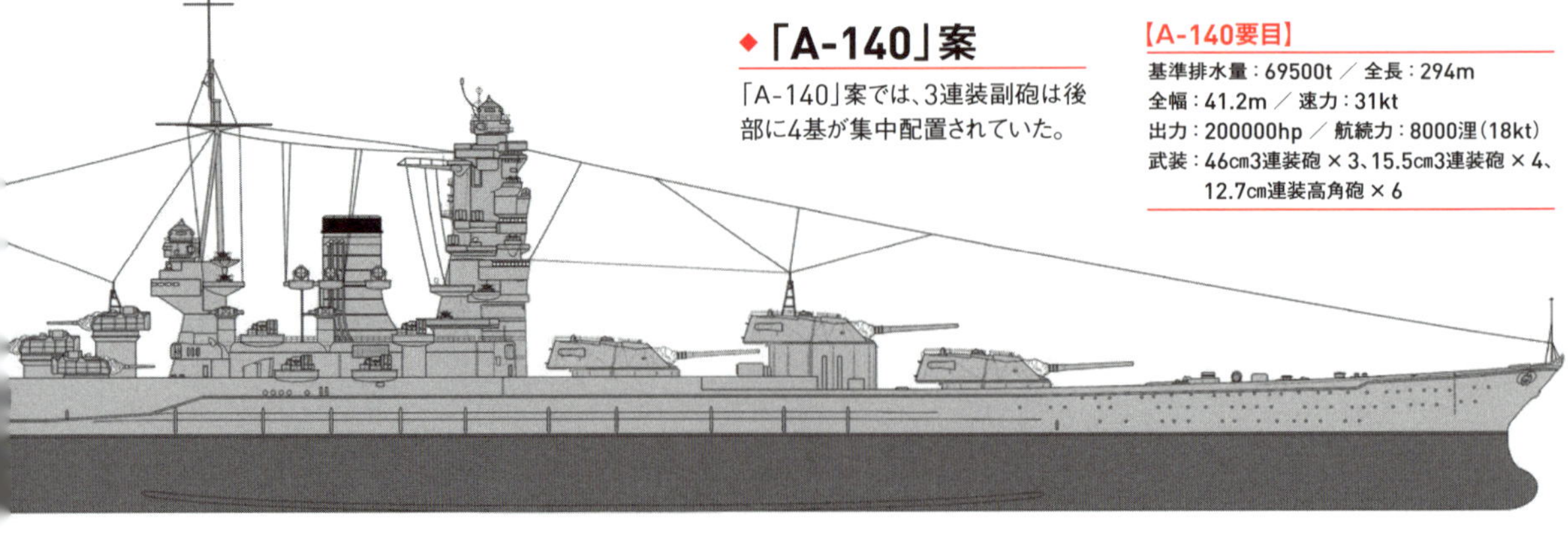

◆「A-140」案

「A-140」案では、3連装副砲は後部に4基が集中配置されていた。

【A-140要目】

基準排水量：69500t／全長：294m
全幅：41.2m／速力：31kt
出力：200000hp／航続力：8000浬（18kt）
武装：46cm3連装砲×3、15.5cm3連装砲×4、
12.7cm連装高角砲×6

イラスト：神奈備祐哉

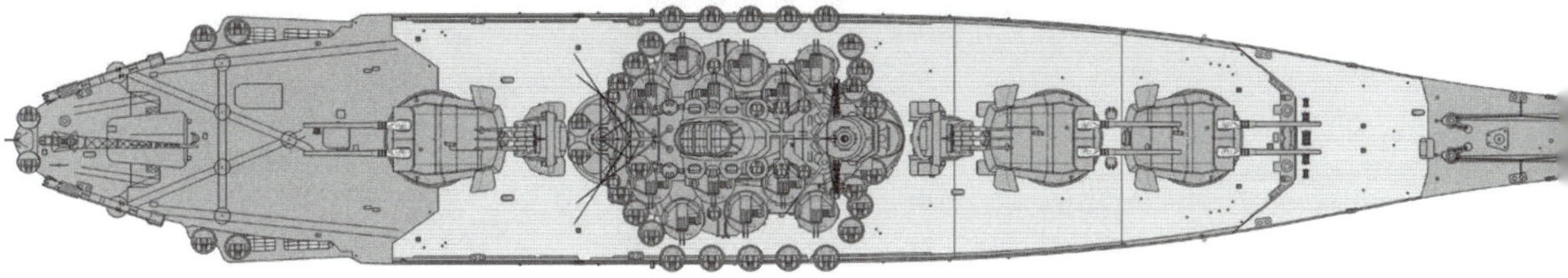

しかし空母となった「信濃」は昭和19年11月19日に、アメリカ潜水艦の雷撃で、もろくも沈んでしまう。

予定どおり戦艦として完成していたなら、外観は「大和」と大差はないものの、防御面では「大和」の弱点とされた副砲防御の強化、水中の爆発に対抗するため艦底を部分的に三重にするほか、「大和」「武蔵」の過剰すぎる装甲箇所を削減するはずであった。

「大和」型バリエーション

昭和17年立案の㊄計画で次に建造が計画されたのが、七九七号艦で「信濃」の改良型とされていた。

こちらは兵装面が顕著に変わっており、副砲は最初から2基（「大和」は当初4基）、高角砲は性能優秀な長10センチ高角砲を、10～12基搭載する予定となっていた。防御も三重底の艦底とされ、艦首と艦尾には防御壁を追加するなど、水中防御にはいっそうの強化が図られていた。

竣工は昭和22年の予定であり、七九七号艦は改「大和」型とも称されている。

さらに㊄計画で計画された「七九八号艦」「七九九号艦」は50センチ連装主砲3基の搭載が予定されていた。いわゆる超「大和」型である。

この背景には、アメリカ軍が昭和20年までに「アイオワ」級戦艦6隻を揃えると予想した日本海軍が、本来予定していた「大和」型戦艦4隻（「大和」「武蔵」「信濃」「一一一号艦」）だけでは戦力不足と判断したことがあげられる。この4隻にくわえ、先述の改／超「大和」型が3隻。つまり、7隻もの「大和」型戦艦が誕生する可能性もあったわけだ。

伊藤正徳氏の名著『連合艦隊の最後』によれば、51センチ砲を持つ10万トンクラスの大戦艦も予定されていたという。「紀伊」「尾張」ほか4隻が検討されていた、とする資料もあり、「大和」クラスが11隻も誕生する可能性には、見果てぬロマンをかき立てられる。

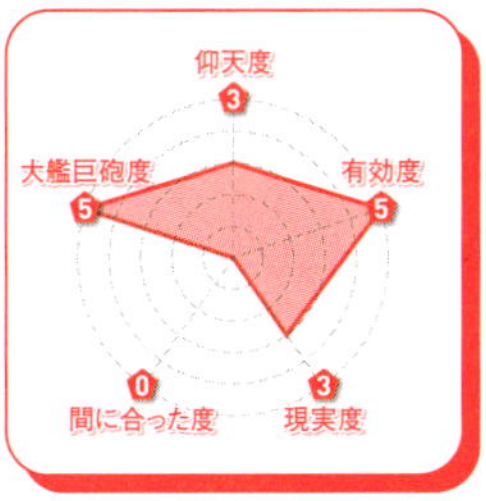
仰天度
3
有効度
5
現実度
3
間に合った度
0
大艦巨砲度
5

呉軍港で建造中の戦艦「大和」。予定どおりだと、この調子で続々と同型艦ができるはずだった!?

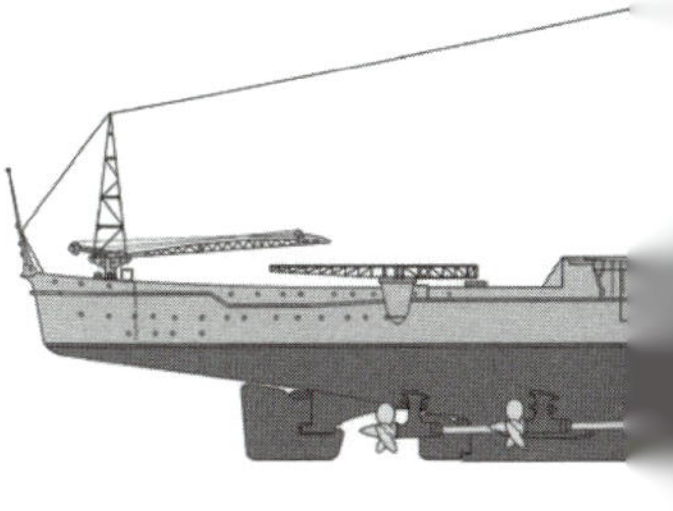

世界編 ◆ JAPAN／WORLD

▼各国の超巨大戦艦計画

「モンタナ」級／「ライオン」級／「H」級「ソヴィエツキー・ソユーズ」級

計画国 アメリカ／イギリス／ドイツ／ソ連

リヴァイアサンの黄昏

日本海軍最大にして最後の戦艦たる「大和」は、大戦末期の沖縄特攻作戦において航空機により撃沈された。

坊の岬沖において、アメリカ機動部隊の集中攻撃を受けて「大和」が沈没した事実は、日本海軍の終焉を示す。それと同時に、戦前に列強各国が信じていた大艦巨砲主義——戦艦こそが海軍の主力であり、戦争は戦艦同士の砲撃戦の勝敗で決せられるという思想の、終焉をも示すこととなった。

なにしろ、史上最大の巨大戦艦ですら、航空機には歯が立たないことが証明されてしまったのだ。となれば、建造に手間も金もかかる戦艦などいらないという結論になるのは自明の理だ。

この原則は戦後、そしてもちろん冷戦期においても貫かれることになり、現代において戦艦は完全な絶滅種となっている。1991年の湾岸戦争に参加したアメリカの「アイオワ」級戦艦が、実戦に参加した最後の艦である。

だが、第二次世界大戦直前、世界の海軍の多くはそう考えてはいなかった。太平洋で正面切った空母戦を、幾度も展開することになった日米両国ですらも例外ではない。

彼らは戦艦こそが海の女王と考え、建造に邁進した。その努力は第二次世界大戦が勃発し、各国最後の戦艦が出揃ったのちも継続さ

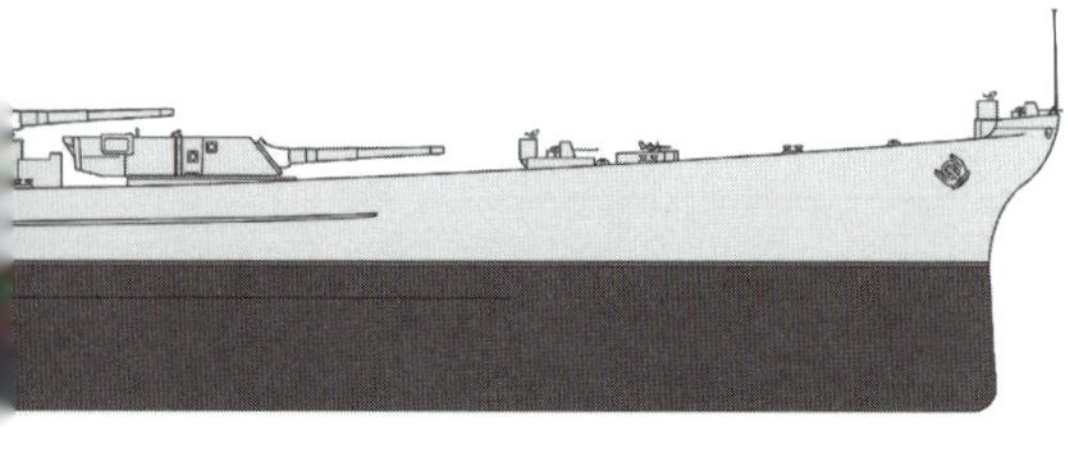

図：神奈備祐哉

れる。実際にはほとんどが机上プランだけに終わっているが、どの計画も大艦巨砲主義の掉尾《ちょうび》を飾るにふさわしい巨大戦艦ばかりだった。戦艦の建造は国家規模のプロジェクトであるから、ある意味で未完成戦艦こそ超兵器のなかの超兵器といえるだろう。

ここでは、そんな各国が最後に計画した未完の巨大戦艦たちを紹介したい。

「モンタナ」級（アメリカ）

東の横綱が「超大和」型戦艦ならば、西の横綱はアメリカ海軍の未完成艦、「モンタナ」級戦艦である。

「モンタナ」級はアメリカ海軍が戦前、「アイオワ」級の次に建造しようとしていた戦艦であった。計画された理由はただひとつ、日本海軍の「大和」型に対抗するためだった。

太平洋戦争直前、アメリカは日本海軍が新鋭戦艦を建造中であることを察知していた。ただもちろん、「大和」は徹底的な機密保持のもとで建造されていたため、その全貌を知ることは、さすがのアメリカ海軍にもできなかった。

「モンタナ」級は排水量6万トンの船体に40センチ3連装砲塔4基、合計12門の主砲を載せ、速力28ノットという基本スペックを持つ。これは、「大和」の影響で決定されたスペックだといわれる。アメリカ海軍は、「大和」を40センチ砲戦艦だと思っていたのだ。

そもそも「アイオワ」級は、日本海軍の高速戦艦「金剛」型に対抗するために生み出されており、「高速（巡洋）戦艦」という性格が強い。むしろ「モンタナ」級は、条約型戦艦として戦前に完成した「ノースカロライナ」級、そしてその発展型として登場した「サウスダコタ」級などに連なる、純粋に敵戦艦との砲撃戦のために建造された「戦艦」の流れを汲んでいた。つまり、「モンタナ」級は正真正銘の、アメリカ最強の「戦艦」となるはずだったのだ。

「モンタナ」級の最大の特徴は、アメリカ戦艦が抱えていた「パナマ運河を通過できない艦幅の戦艦は作れない」という問題を初めて無視した戦艦であることだ。

「モンタナ」級はそのスペックを見てもわかるとおり、「大和」型、「超大和」型のライバルにふさわしい戦艦だった。火力は40センチ砲12門と強力で、さらに一発一発の破壊力も、「スーパーヘビーシエル」と呼ばれるアメリカ独自の大重量徹甲弾の使用で、他国の同サイズの砲よりも強力だ。防御力も「大和」型に匹敵するほど高いといわれ、もしかすると、総合的な性能ならば、ダメージコントロール能力に優れる「モンタナ」級のほうが優越したかもしれない。

1940年度計画で、「モンタナ」級は5隻の建造を計画。しかし、1943年7月に建造中止となった。

なお、アメリカ海軍は「モンタナ」級を超える戦艦の研究も行なっていたが、こちらもペーパープランのみで消えている。

【「モンタナ」級要目】

基準排水量：60500t
全長：281.94m
全幅：36.88m
速力：28kt ／ 出力：172000hp
航続力：14000浬（15kt）
武装：40cm3連装砲×4、12.7cm高角砲×10、40mm4連装機銃×10
乗員：2149名

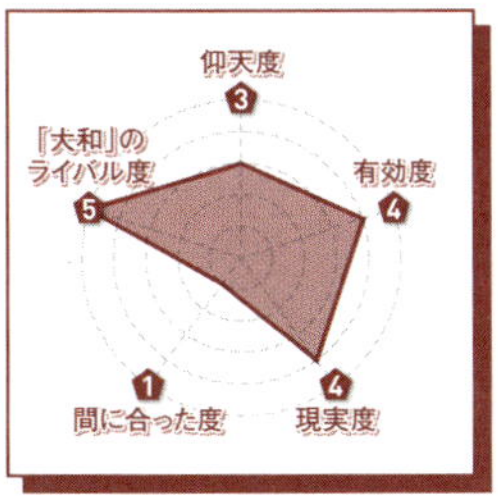

仰天度 3
有効度 4
現実度 4
間に合った度 1
『大和』の ライバル度 5

◆「モンタナ」級（アメリカ）

「大和」の真のライバルといえるのは、この「モンタナ」級戦艦であろう。攻走守のバランスが卓越している。

「ライオン」級（イギリス）

欧州の海軍大国イギリスでも、大戦中に新鋭戦艦の建造計画が進められ、「ライオン」級という名を与えられていた。

「ライオン」級は、主敵をドイツ海軍の「ビスマルク」級戦艦に定める。基本的な設計は、第二次世界大戦前後にあいついで完成した「キング・ジョージV世」級（以下「KGV」級）の拡大版であり、火力も「KGV」級の36センチ砲8門から、40センチ砲9門に強化される予定であった。

「KGV」級は当初、36センチ砲10門か、もしくはそれ以上の大口径砲を積むことを予定していたのだが、ロンドン軍縮条約の結果、実現できずに終わる。

つまり、「ライオン」級は、「KGV」級という「戦艦のようなもの（イギリス首相チャーチルの弁）」で我慢せざるをえなかったイギリス海軍が望んだ、理想の戦艦だった。結局、第二次世界大戦の勃発により建造は中止されたが、イギリス海軍はこの設計を活かし、戦後に世界最後の戦艦「ヴァンガード」を完成させる（92ページ参照）。

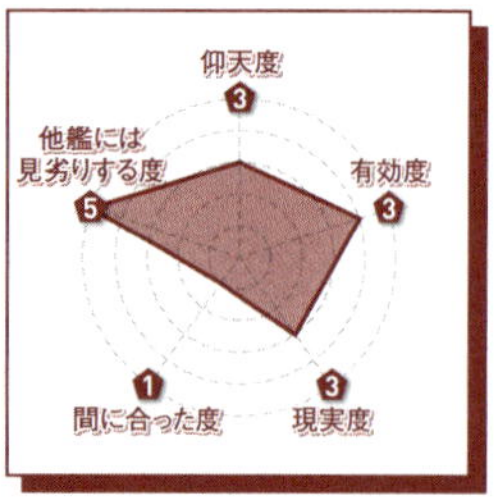

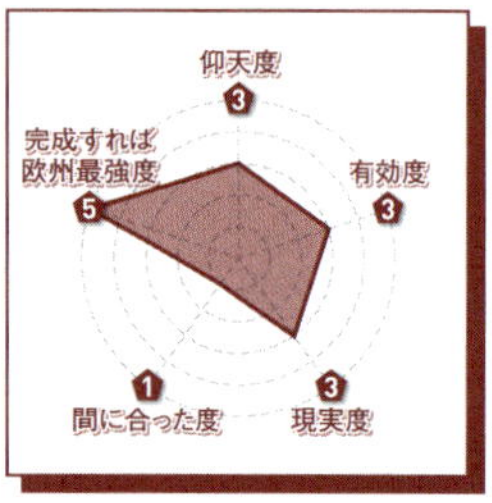

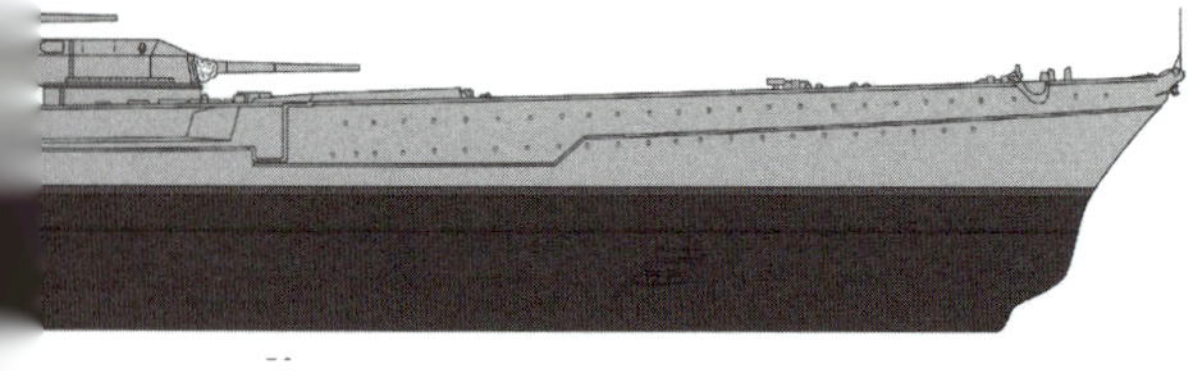

「H」級（ドイツ）

「ライオン」級が「ビスマルク」級を主敵とした艦ならば、ドイツ海軍の「H」級戦艦は、「KGV」級を主敵とした未完成艦だ。

「H」級は、ベルサイユ条約廃棄後の建艦計画、「Z計画」がルーツ。「Z計画」は、ドイツ海軍がイギリス海軍に対抗できる兵力を揃えるために立案された。ドイツ海軍は「ビスマルク」級に続き、6隻の「H」級の建造を計画する。

このうち、「H」「J」のコードネームを持つ2隻は、大戦直前に実際に起工され、「フリードリヒ・ディア・グロッセ」「グロス・ドイッチェラント」と名づけられる予定だったが、「H」級も大戦の勃発と同時に建造中止となり、未完成艦に名を連ねることとなる。

しかし、ドイツ海軍は、この後も新鋭戦艦の設計を研究し続け、なかでも最大クラスのものは「H44」級と呼ばれる、51センチ砲8門を装備した12万トンの怪物として設計。ただし、この設計案はラフスケッチレベルで、大戦中のドイツ海軍に建造の余裕はなかった。

また、「H」級は、装甲配置思想が第一次大戦レベルのため、中距

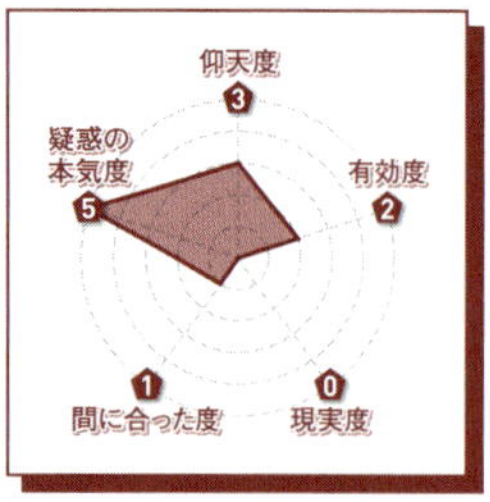

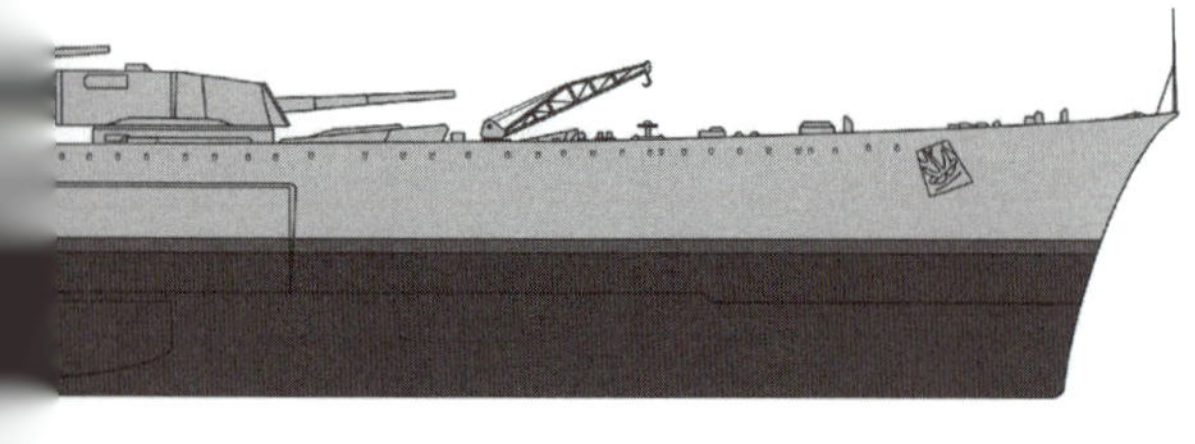

◆「ライオン」級(イギリス)

イギリス海軍にとって「ライオン」級の保有は悲願ともいえたが、ついにかなうことはなかった。

【「ライオン」級要目】

基準排水量:40550t / 全長:239.26m
全幅:31.7m / 速力:30kt
出力:130000hp / 航続力:不明
武装:40cm3連装砲×3、13.3cm連装砲×8、
40mm8連装ポムポム砲×6
乗員:1680名

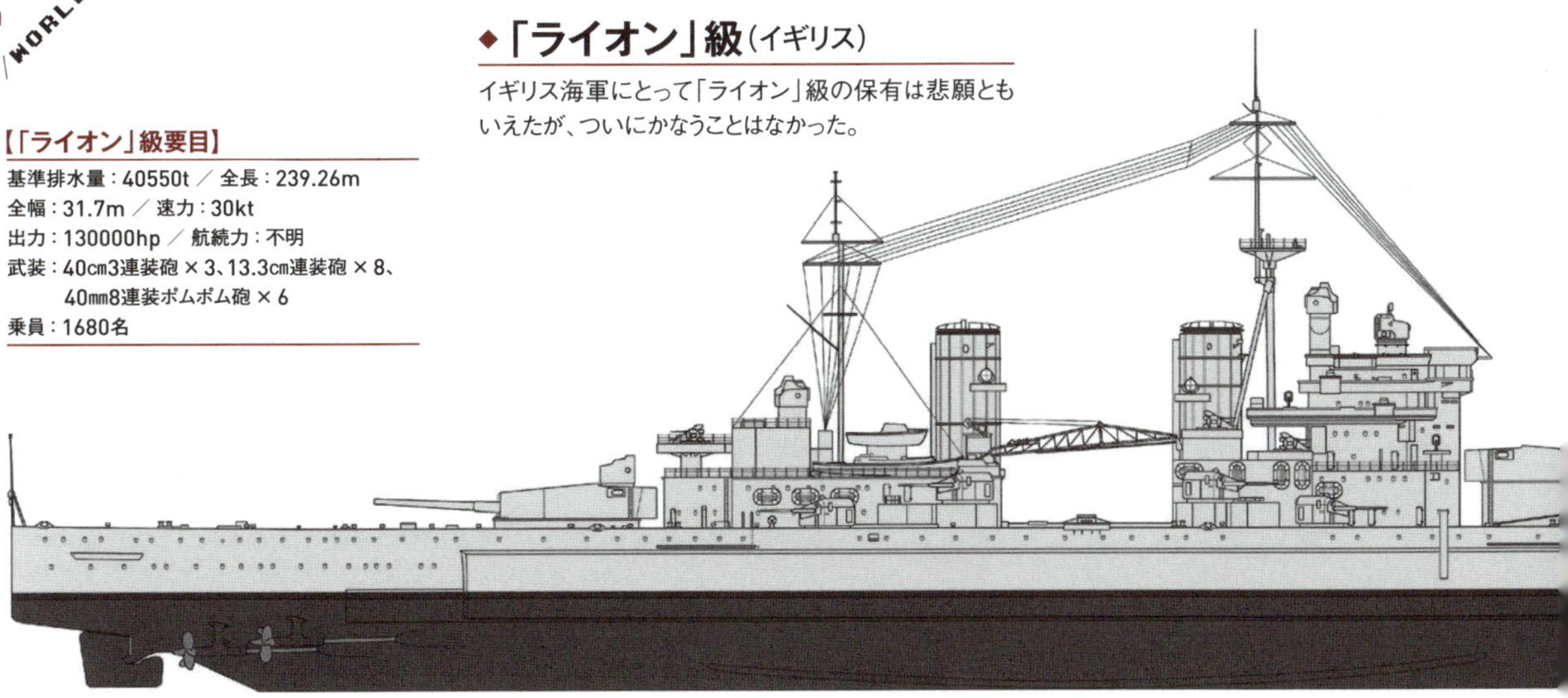

◆「H44」級(ドイツ)

ドイツも巨大戦艦建造を企図した。とりわけ「H44」は世界に比しても巨大な艦であった(59ページ参照)。

【「H44」級要目】

基準排水量:122047t / 全長:345m
全幅:51.5m / 速力:30.1kt
出力:280000hp / 航続力:20000浬(19kt)
武装:51cm連装砲×4、15cm連装砲×6
10cm連装高角砲×8、37mm機銃連装×8
53cm魚雷発射管×6
乗員:不明

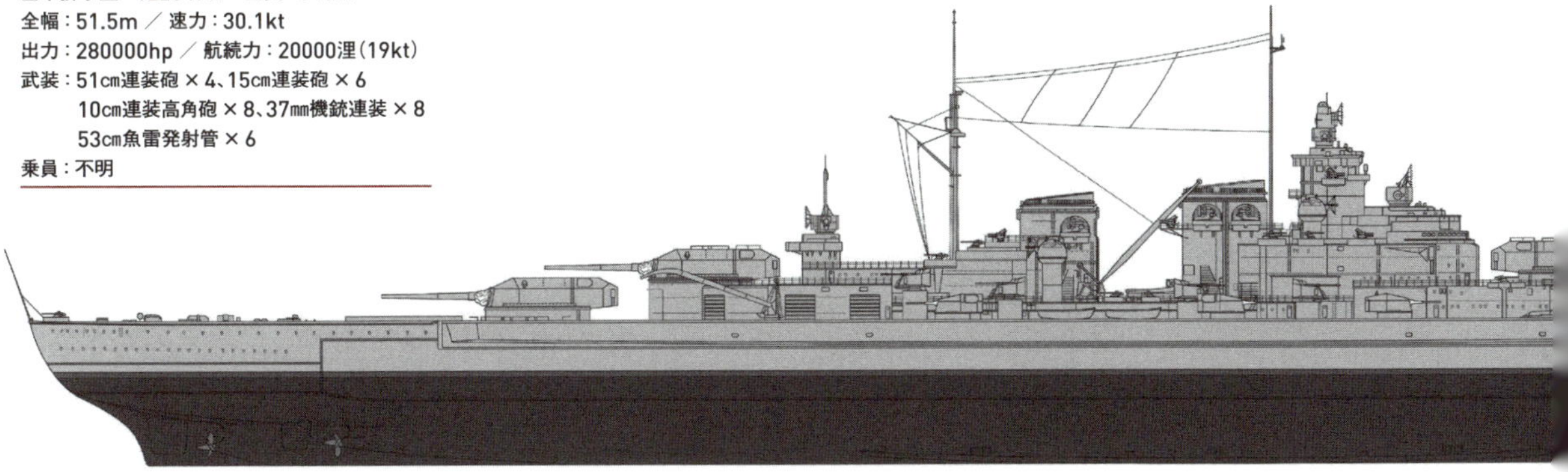

◆「ソヴィエツキー・ソユーズ」級(ソ連)

ソ連の戦艦はそれなりの基本設計を持っていたが、「きちんと完成するかどうか」のほうが問題であった。

【「ソヴィエツキー・ソユーズ」級要目】

基準排水量:59150t / 全長:261m
全幅:38.9m / 速力:29kt
出力:201000hp / 航続力:5580浬(14kt)
武装:40cm3連装砲×3、15cm連装砲×6
10cm高角砲×8、37mm4連装機銃×4
乗員:1292名

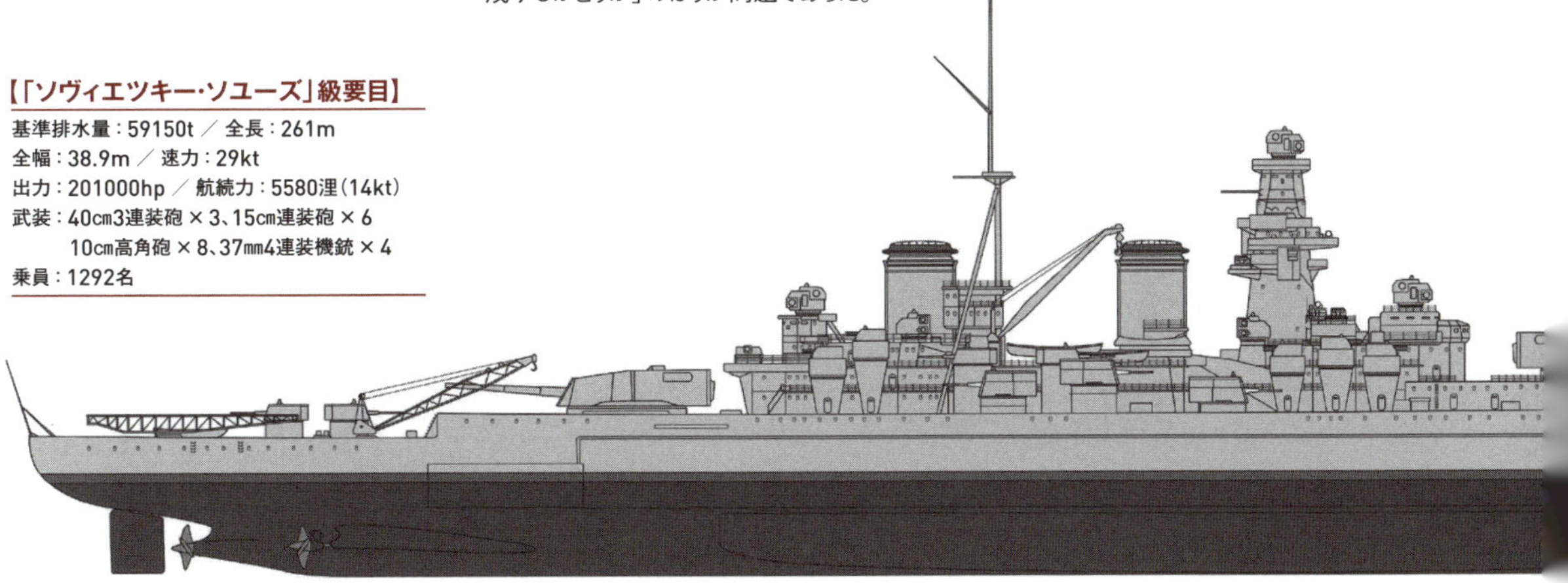

◆「24号艦」級(ソ連)

「大和」を圧倒し、「H44」にも対抗できる要目を持つが、これも完成すればの話である。

【「24号艦」級要目】
基準排水量:79900t ／ 全長:282m
全幅:40.4m ／ 速力:30kt
出力:280000hp ／ 航続力:不明
武装:40cm3連装砲×3、13cm両用砲×6
乗員:不明

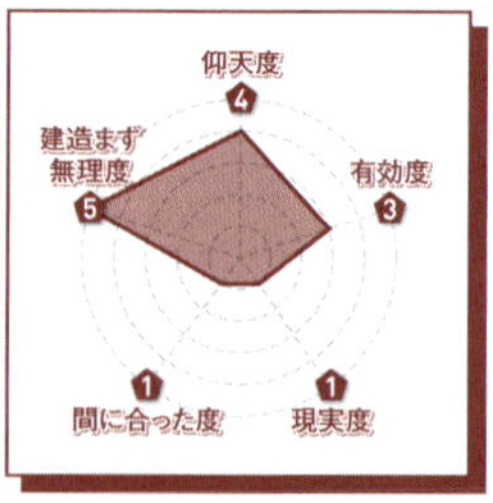

仰天度 4
有効度 3
現実度 1
間に合った度 1
建造まず無理度 5

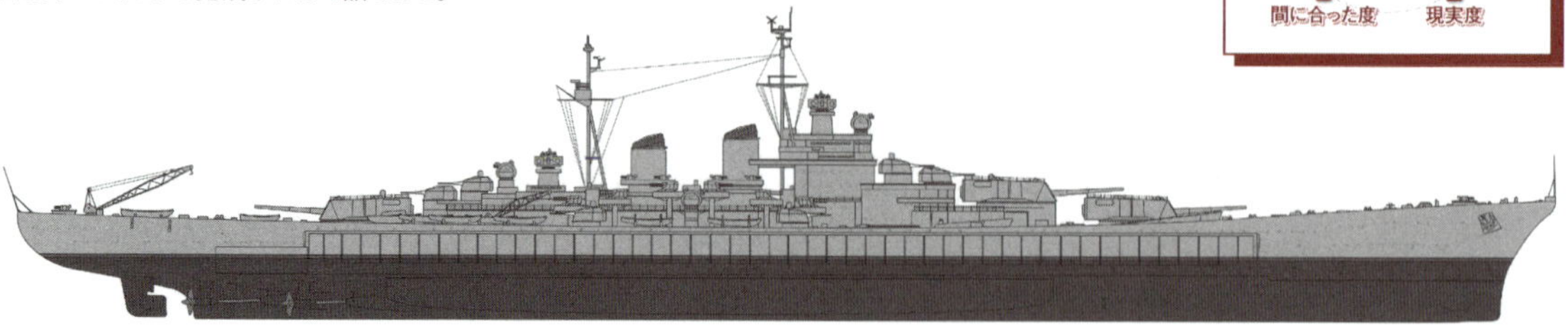

離以遠での砲撃戦が不得意だったであろうことが予測できる。

「ソヴィエツキー・ソユーズ」級(ソ連)

欧州列強に比べて著しく劣る海軍力しか持っていなかったソビエト連邦でも、新鋭戦艦の建造が進められていた。「ソ連」そのものの名を関した「ソヴィエツキー・ソユーズ」級は、1937年に建造開始。その主敵は「ビスマルク」級だったといわれ、「ソヴィエツキー・ソユーズ」は、6万トン近い排水量に40センチ砲9門を搭載するという、「ビスマルク」級を相手どるには充分な攻防性能を備えた戦艦として設計されている。

防御構造はアメリカ式を採用、前述した「ライオン」級や「H」級よりも、実際は優れた装甲配置を取り入れていた。4隻が起工されたが、独ソ戦の開始とともに建造中止。建造用資材は陸戦に転用された。

なお、ソ連は戦後も大型艦建造をあきらめず、巡洋戦艦「スターリングラード」級や、「ソヴィエツキー・ソユーズ」級などの復活案を計画。一部は起工され、なかでも「24号」艦級戦艦は、40センチ砲9門搭載、排水量7万9900トンと「大和」型を超える巨艦であった。

さらに同時期には、46センチ砲9門搭載という怪物とも言うべき大型戦艦案が研究されており、史上最後の戦艦にふさわしい未完成艦といえよう。

COLUMN

最後の英国戦艦「ヴァンガード」

文:横山信義

第二次世界大戦において、戦艦は海軍の主力の座から滑り落ちた。

にもかかわらず、大戦後に竣工した戦艦が、英仏両国に1隻ずつある。

仏国戦艦は「ジャン・バール」だが、本稿では英国戦艦「ヴァンガード」について紹介してみたい。

英国では大戦前、40センチ主砲9門を搭載する「ライオン」級戦艦の建造を計画していたが、大戦の勃発によって中止となり、かわりに「ドイツの『ビスマルク』級戦艦に対抗可能で、かつ短期間・低コストでの建造が可能な戦艦」の建造がスタートした。

短期間で完成させるため、主機関は「ライオン」級のものが使用され、主砲には「ロイアル・サブリン」級戦艦等で使用実績がある38センチ砲を改良したものが用いられた。

英国では、1944年末までの完成を予定していたが、戦時とあって建造が遅れ、竣工したのは、大戦が終わって8カ月が経過した1946年4月であった。

基準排水量4万4500トン、最高速力30ノットと、英海軍の戦艦中最大かつ最速であり、主砲は38センチ砲連装4基8門と、ドイツの「ビスマルク」級に充分対抗できる。

だが、「ヴァンガード」がその性能を発揮すべき好敵手は、すでに存在しなかった。

米国の「アイオワ」級戦艦は、大戦終了後も、朝鮮戦争、ベトナム戦争、湾岸戦争で、巨砲の威力を発揮したが、「ヴァンガード」にそのような機会はなく、練習艦や英国王室の御召艦という平時の任務に従事した末、1960年に売却、解体される。

その最期に、「大和」のような悲劇性はない。100年にわたる英国戦艦史の棹尾を飾る艦としては、なんともあっけない終わり方だ。

英国海軍の最新鋭艦であっても、用途がなければお払い箱にされるという冷厳な現実がそこにある。

「ヴァンガード」の地味な最期もまた、「大和」の悲劇的な最期と同じように、戦艦の時代の終焉を象徴しているのかもしれない。

世界最大の艦隊整備計画

八八艦隊計画

日本海軍最大の艦隊整備計画、それが八八艦隊計画である。
これがどれだけ壮大な計画かは、もし予定どおり完成した場合、
日本の国庫の半分以上は食いつぶされたと予想される点からも窺えよう。
八八艦隊計画の発端は、日露戦争までさかのぼる。
周知のとおり連合艦隊は日本海海戦でバルチック艦隊を撃滅、これに勝利した。
しかしこの結果ロシア海軍が、まさに消滅してしまったため、
日露戦争後に日本海軍は
アメリカを新たな仮想敵国と定め、
それに対抗するための艦隊整備計画が立てられた。
実際の計画と建造は、
大正3年の八四艦隊計画
（戦艦8隻、巡洋戦艦4隻）にはじまり、
大正9年に成立するまで、長い期間を要している。

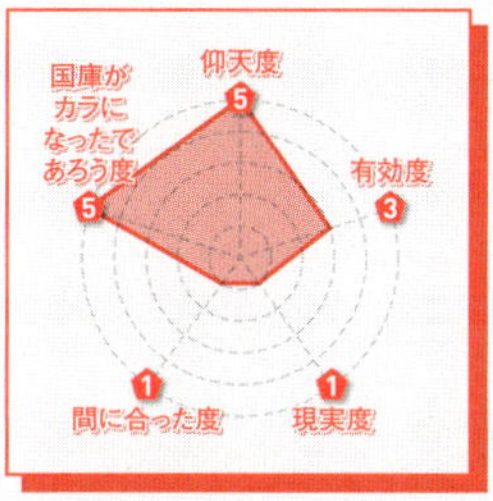
仰天度 5
有効度 3
現実度 1
間に合った度 1
国庫がカラになったであろう度 5

◆八八艦隊計画戦艦

「長門」型戦艦（「長門」「陸奥」）
「加賀」型戦艦（「加賀」「土佐」）
「天城」型巡洋戦艦
（「天城」「赤城」「高雄」「愛宕」）
「紀伊」型戦艦
（「紀伊」「尾張」
「一一号艦」「一二号艦」）
一三号型巡洋戦艦
（「一三号艦」「一四号艦」
「一五号艦」「一六号艦」）

【「長門」型要目】

常備排水量：33800t ／ 全長：213.4m
全幅：29m ／ 速力：26.5kt
出力：80000hp ／ 航続力：5500浬(16kt)
武装：40cm連装砲 × 4、14cm砲 × 20、
8cm高角砲 × 4、53cm魚雷発射管 × 8

◆「長門」型

「長門」型は八八艦隊で唯一完成した。左は新造時の要目である。

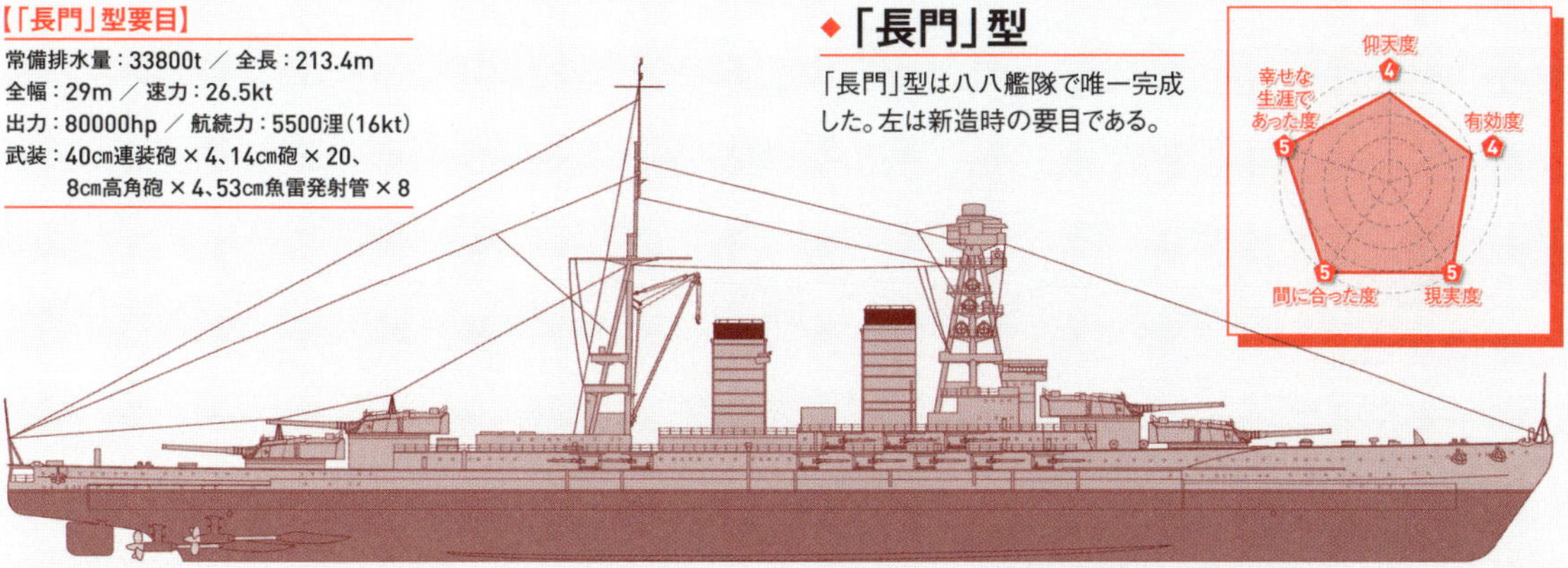
仰天度 4
有効度 4
現実度 5
間に合った度 5
幸せな生涯であった度 5

八八艦隊トップバッター 「長門」型戦艦

結果的に八八艦隊計画において、実際に竣工し大戦を戦ったのは、「長門」型戦艦の「長門」「陸奥」だけであった（空母に改装された「赤城」などは後述）。「長門」型は計画第一号ということもあり、計画艦に共通した特徴をすべて持っている。

まず、ジュットランド海戦の戦訓から、甲板防御が75ミリと従来の戦艦より増強された。

速力も26・5ノット（竣工当時）となり、主砲は世界で初めて40センチ砲を搭載、文字どおり攻守走が一体となった世界最強の戦艦として誕生したのである。

これらの3要素は、ジュットランド海戦で低速の戦艦が戦闘に参加できず、装甲の薄い巡洋戦艦は大角度で落下した砲弾に、やすやすと甲板を貫かれた事実を鑑《かんが》みた結果である。

1番艦「長門」は大正9年、2番艦「陸奥」は大正10年に竣工。八八艦隊計画が頓挫《とんざ》したあとも国民的アイドルとして親しまれ、『陸奥』と『長門』は日本の誇り」

図：神奈備祐哉

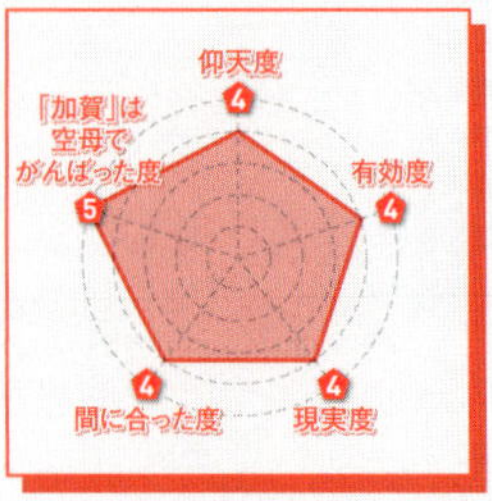

◆「加賀」型

「加賀」型は、「加賀」が空母に改装され、廃艦となった「土佐」が実験処分という末路をたどった。

【「加賀」型要目】

常備排水量：39900t ／ 全長：233.9m
全幅：30.5m ／ 速力：26.5kt
出力：910000hp ／ 航続力：8000浬(14kt)
武装：40cm連装砲×5、14cm砲×20
7.6cm高角砲×4、61cm魚雷発射管×8

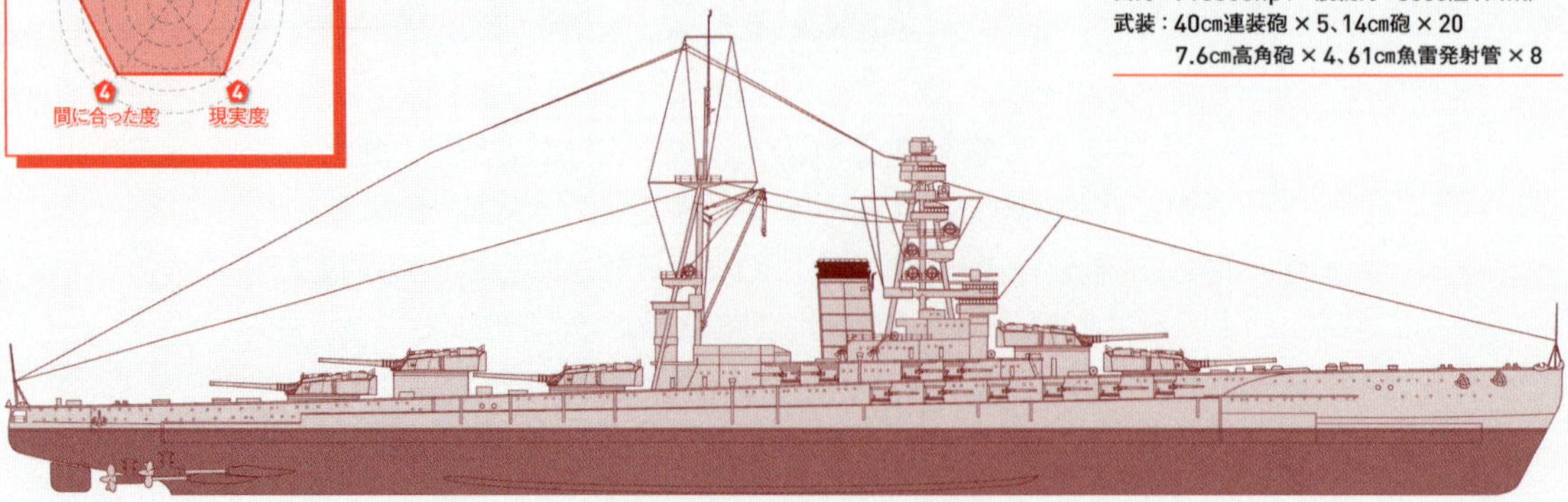

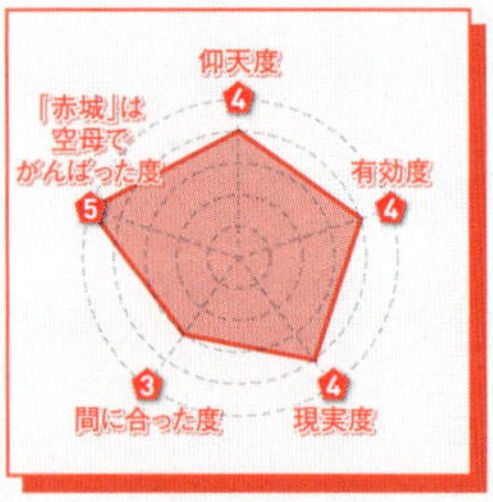

◆「天城」型

「天城」型は、「赤城」が空母に、「高雄」「愛宕」はのちに建造された「高雄」型重巡洋艦の名前になった。

【「天城」型要目】

常備排水量：41200t ／ 全長：252.1m
全幅：30.8m ／ 速力：30kt
出力：131200hp ／ 航続力：8000浬(14kt)
武装：40cm連装砲×5、14cm砲×16、
12cm高角砲×6、61cm魚雷発射管×8

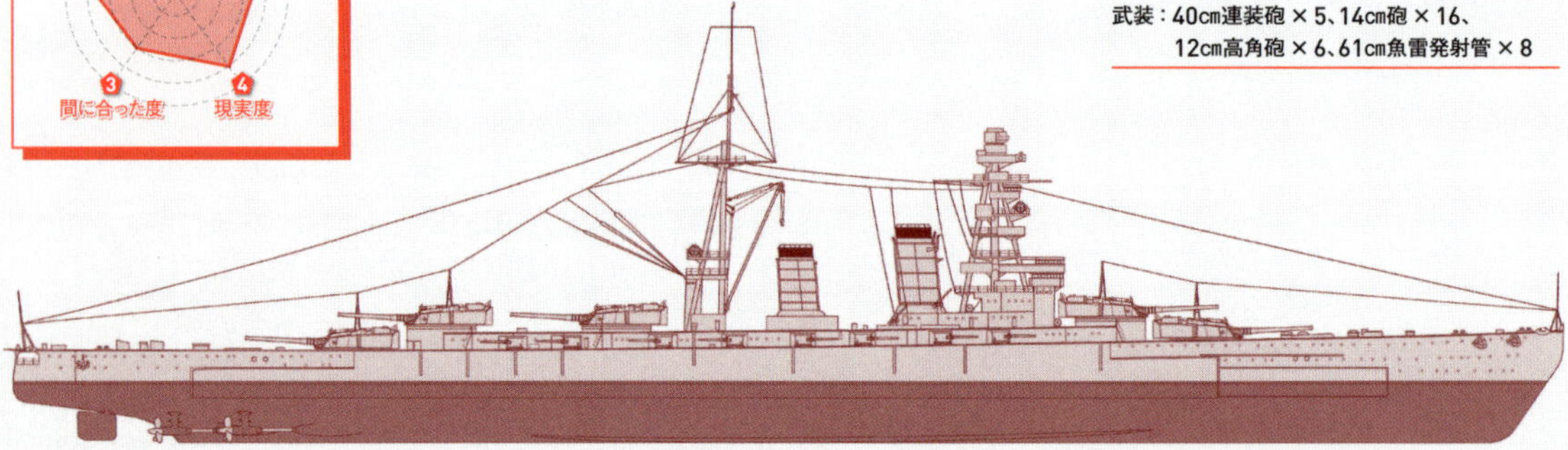

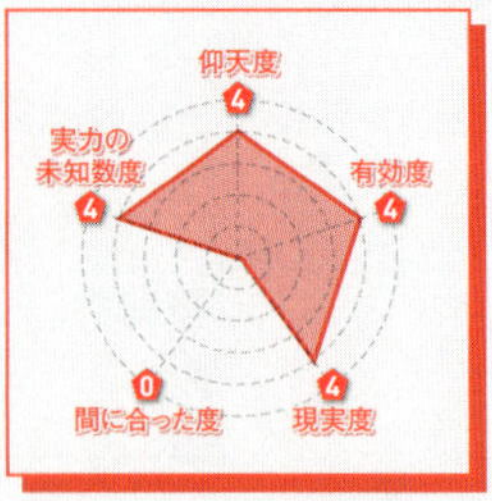

◆「紀伊」型

「紀伊」型は米軍の「サウスダコタ」級戦艦に対し、火力でいささか劣るとされていた。

【「紀伊」型要目】

常備排水量：42600t ／ 全長：252.1m
全幅：31.1m ／ 速力：29.75kt
出力：131200hp ／ 航続力：8000浬(14kt)
武装：40cm連装砲×5、14cm砲×16、
12cm高角砲×6、61cm魚雷発射管×8

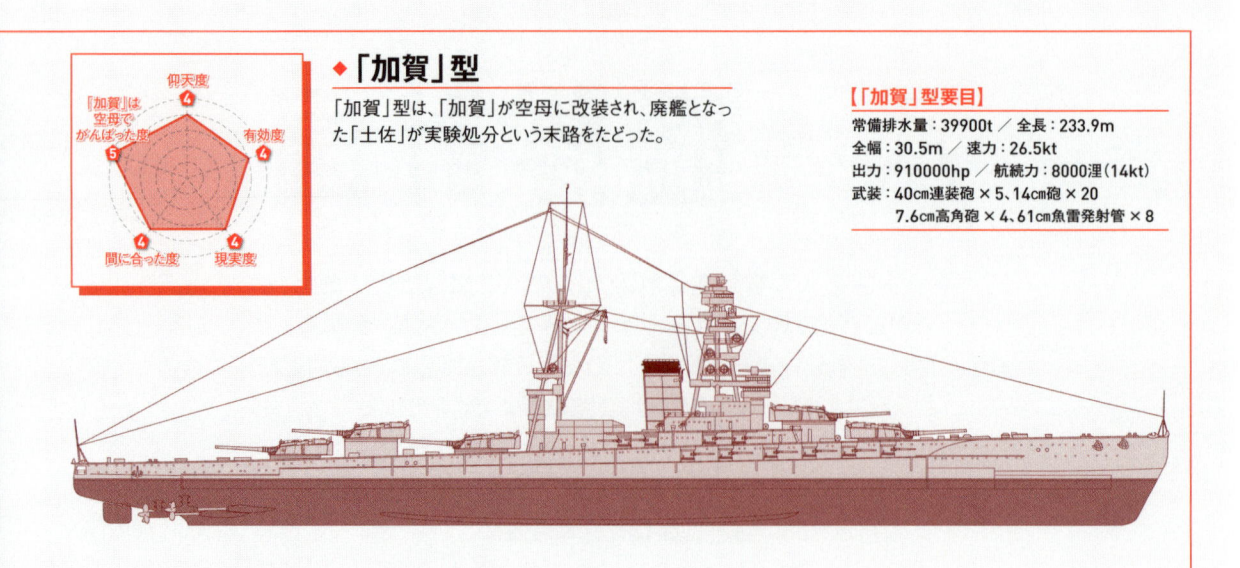

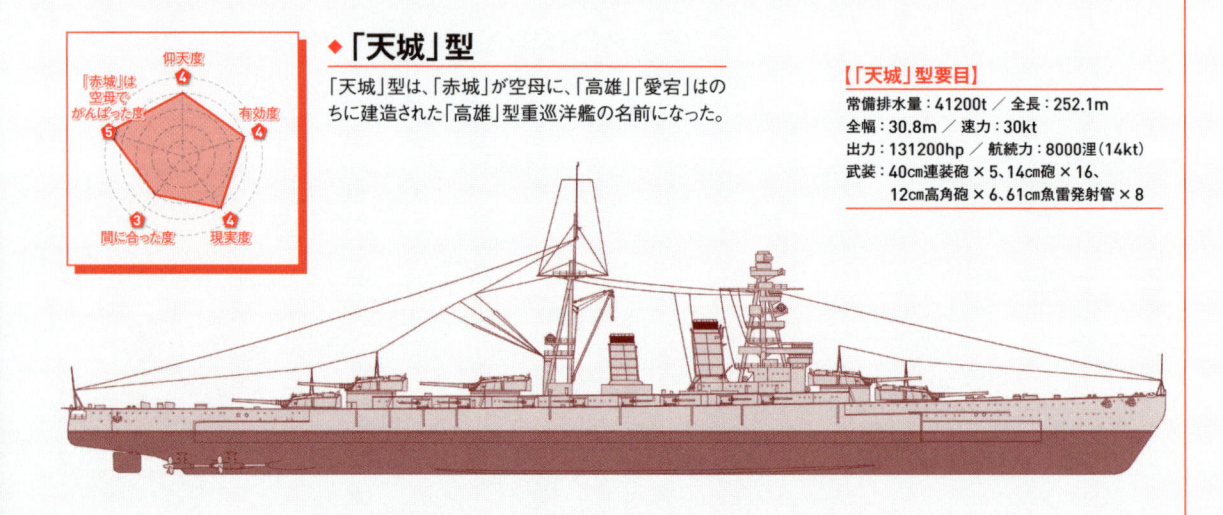

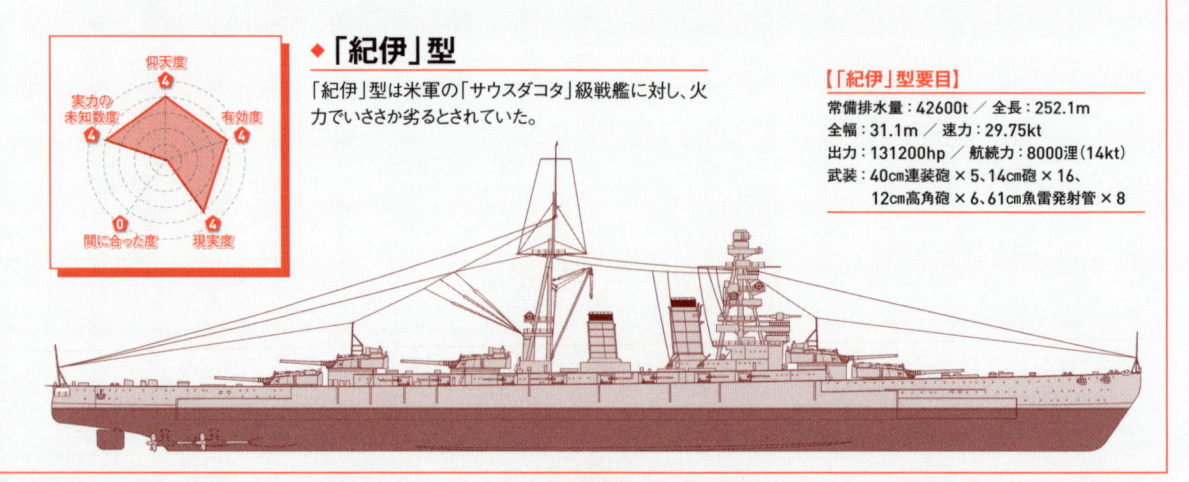

と当時のカルタにも歌われた。

　太平洋戦争開戦時、「長門」は連合艦隊旗艦を務め、真珠湾攻撃の成功を伝える「トラトラトラ」の電文を艦橋で受信している。

　一方、「陸奥」は開戦時に「長門」と第一戦隊を編成していたが、その後活躍の機会に恵まれず、昭和18年に謎（乗員の放火説ほか諸説あり）の爆沈をとげてしまった。

　生き残った「長門」は、マリアナ沖、レイテ沖海戦などで砲撃の機会にも恵まれ、終戦時にただ1隻残った日本戦艦となる。終戦後の昭和21年、ビキニ環礁で核実験「クロスロード作戦」の実験艦として供出された。核爆発で他艦が次々と沈没するなか、「長門」だけは浮き続け、深夜にひっそりと沈んでいったという。「長門」はその最期に、驚異的な防御力と日本戦艦の意地を見せたのである。

「長門」型の拡大版「加賀」型戦艦

「加賀」型戦艦は、「長門」型の攻守走3要素をさらに強化している。

　主砲は「長門」型の連装4基8門から5基10門と強力になり、甲板装甲も１０２ミリと増大、速力こそ変わらないが煙突が1本にまとめられたため、防御パートの配分に好結果をもたらした。

　1番艦「加賀」、2番艦「土佐」とも大正10年に進水したが、おりからのワシントン軍縮条約によって廃棄が決定。「土佐」は廃艦処分、「加賀」は紆余曲折《うよきょくせつ》を経て航空母艦へ改装された。

　ちなみに「土佐」の進水式では、くす玉が開かないというアクシデントが発生、その後の運命を暗示させるものだったという。また「土佐」の廃艦は当時の国民に大きな衝撃を与えている。

　空母となった「加賀」は日中戦争や太平洋戦争に活躍。よく知られるとおり昭和17年のミッドウェー海戦で沈没した。

【「一三号艦」型要目】

常備排水量：47500t ／ 全長：274m
全幅：30.8m ／ 速力：30kt
出力：150000hp ／ 航続力：8000浬(14kt)
武装：46cm連装砲×4、14cm砲×16、
12cm高角砲×4、61cm魚雷発射管×8

◆「一三号艦」型

「一三号艦」型が「第八号艦」型とされている資料もある。

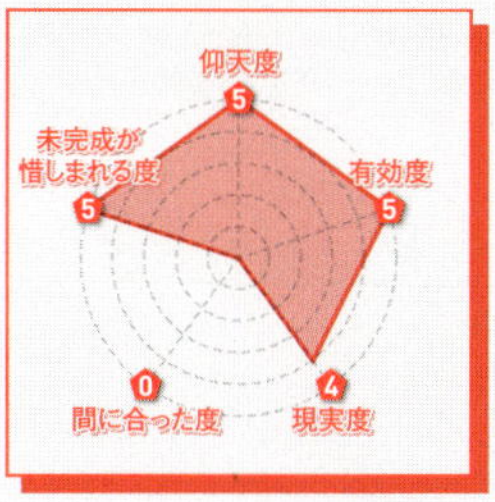
仰天度
5
有効度
5
現実度
4
間に合った度
0
未完成が惜しまれる度
5

実質的な高速戦艦「天城」型巡洋戦艦

「天城」型は巡洋戦艦と類別されるが、それまでの「高速だが装甲が薄い」という巡洋戦艦の弱点を克服した、高速戦艦と呼ぶべき存在だ。

　武装は「加賀」型と変わらぬ主砲10門、速力は30ノットに達している（当初は35ノットを要求された）。

　装甲は「加賀」型にはおよばぬまでも「長門」型を上回り、艦隊決戦の際は韋駄天《いだてん》の活躍を示したと想像される。

「天城」「赤城」は大正9年に起工されたが、11年に軍縮条約で工事が中止となった。

　しかし、条約では建造中の戦艦を空母に改装することが認められていたため、両艦は空母への改装が決定した。「赤城」は昭和2年に改装工事が終了したものの、「天城」は関東大震災によって破損してしまい、かわりに「加賀」が空母へと改装された。

　特に竣工直後の空母「赤城」「加賀」は、独特の3段飛行甲板を採用しており、ほかの空母と比べても異彩を放つ存在であった。

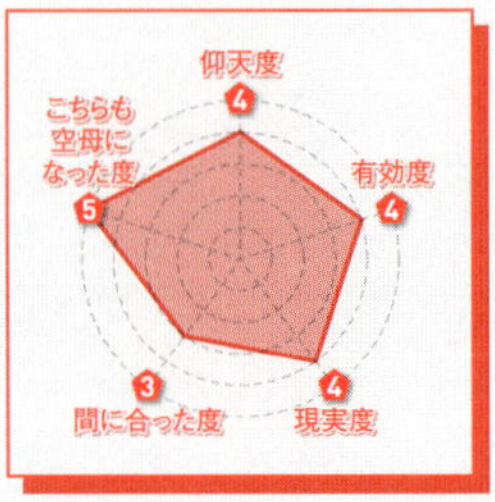

◆「レキシントン」級

アメリカが唯一計画した巡洋戦艦である。

【「レキシントン」級要目】

常備排水量：43500t ／ 全長：266.5m
全幅：32.1m ／ 速力：36.5kt
出力：180000hp ／ 航続力：12000浬（10kt）
武装：40cm連装砲 × 4、15.2cm砲 × 16
7.6cm高角砲 × 8、53.3cm魚雷発射管 × 8

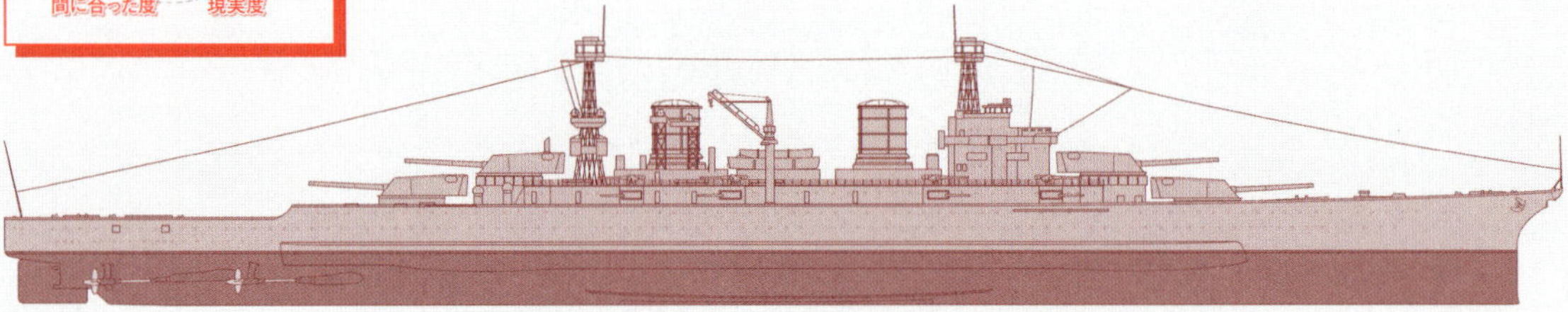

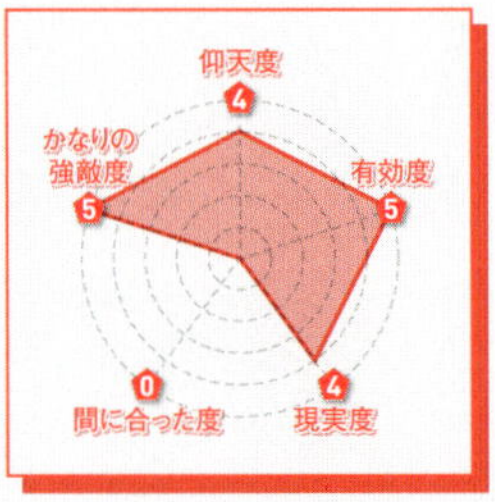

◆「サウスダコタ」級

ダニエルズプランの主力をなす戦艦である。

【「サウスダコタ」級要目】

常備排水量：43200t ／ 全長：208.5m
全幅：32.3m ／ 速力：23kt
出力：50000hp ／ 航続力：8000浬（10kt）
武装：40cm3連装砲 × 4、15.2cm砲 × 16
7.6cm高角砲 × 8、53.3cm魚雷発射管 × 2

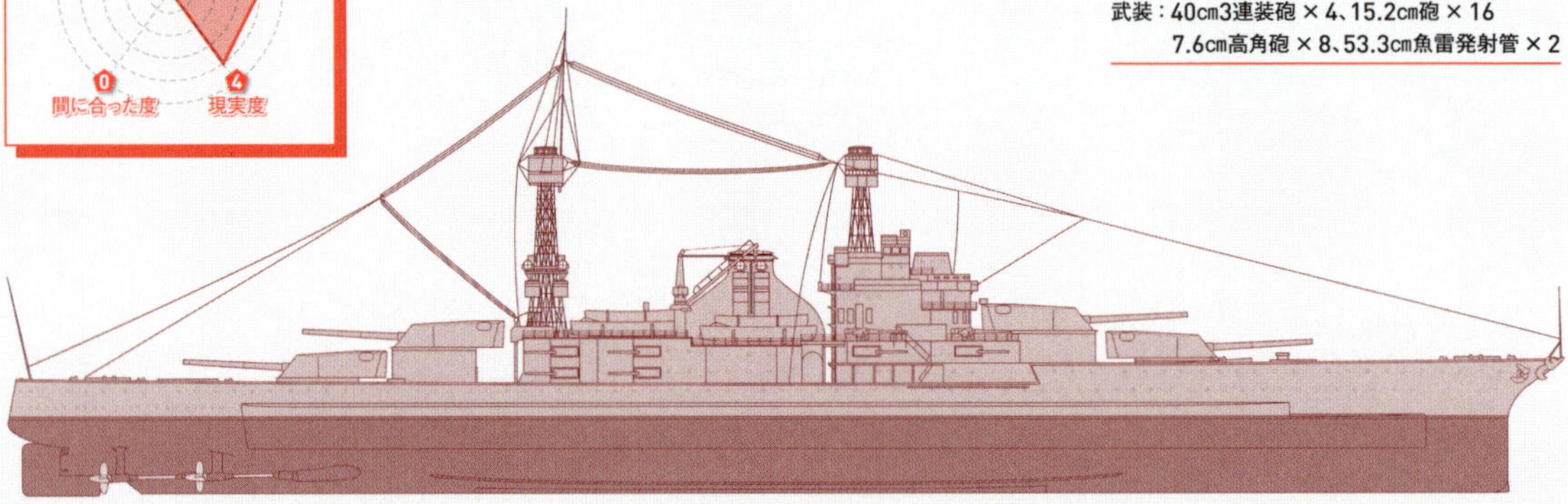

長らく「赤城」は、「加賀」とともに日本空母の代表的存在として君臨し、太平洋戦争開戦となった真珠湾攻撃でも、機動部隊の旗艦を務めた。

しかし、「赤城」も「加賀」とともに、昭和17年、運命のミッドウェー海戦で沈没している。

また同じく「天城」型巡洋戦艦として建造予定であった「愛宕」「高雄」は大正10年に起工されたが、間もなく工事は中止されている。

「天城」型を装甲強化「紀伊」型戦艦

「紀伊」型戦艦は、当初から40センチ砲12門の搭載が求められていた。これを実現する方法としては、連装の主砲塔をもう1基増やして6基とするか、3連装主砲塔4基装備の選択肢があった。

だが、当時の日本戦艦は3連装砲塔を装備した実績がなく（「大和」型戦艦でようやく実現）、しかも八八艦隊の戦艦の完成は急務とされていたため、従来の連装砲塔5基10門に落ち着いた。

計画どおり完成した場合、「紀

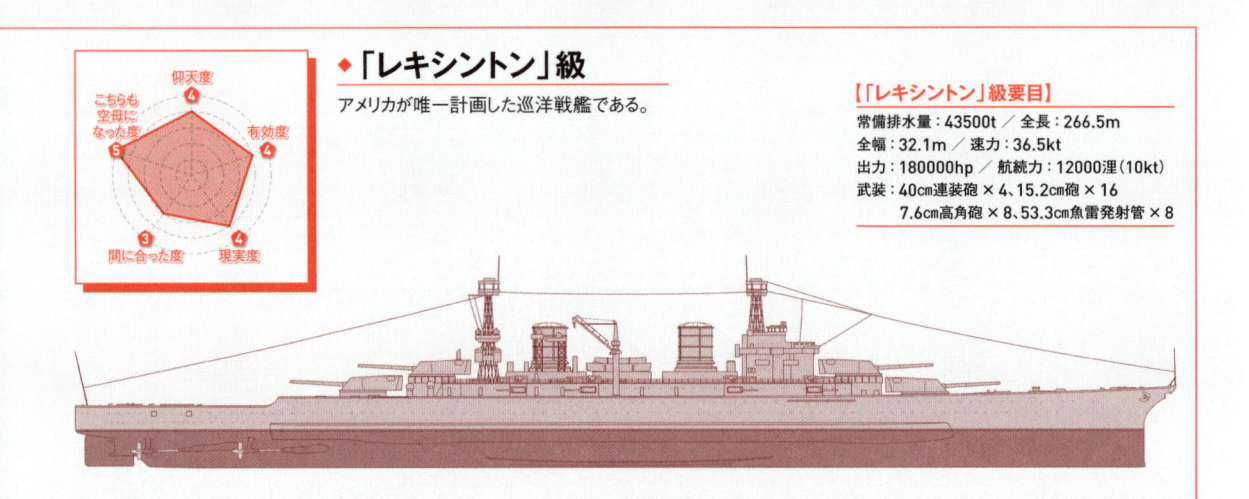

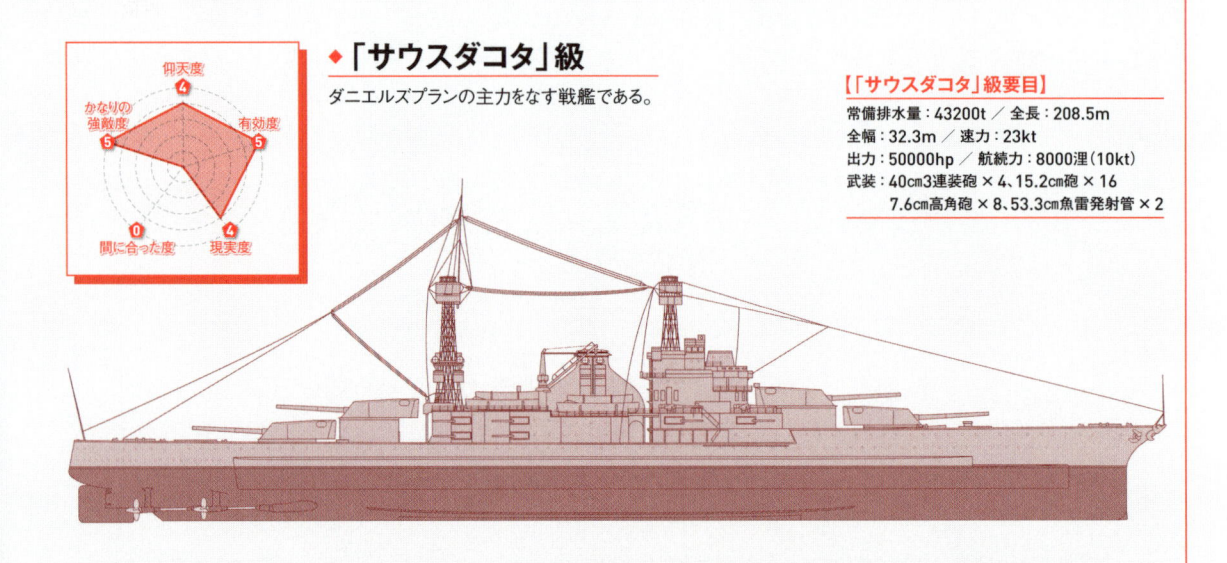

伊」型戦艦は装甲防御がこれまでの八八艦隊戦艦のなかで最厚となる予定だった。しかし機関は「天城」型と変わらなかったため、装甲が増大したぶん、速力が29・75ノットとわずかながら低下した。「紀伊」型は実際に起工されることはなく、4隻のうち命名されたのは「紀伊」「尾張」で、残るは「一一号艦」「一二号艦」のままであった（それぞれ「駿河」「近江」という説もある）。

46センチ砲を搭載 一三号型巡洋戦艦

艦名すら与えられなかった一三号型戦艦は、「大和」型戦艦に先駆けて46センチ主砲を連装4基8門搭載する予定であった（40センチ主砲とする資料もある）。

40センチ砲を12門も装備し、「紀伊」型を火力で圧倒するアメリカの「サウスダコタ」級戦艦に対抗するためである。速度でも優位に立つため、30ノットが予定されていた。

さらに防御は「紀伊」型戦艦を上回り、巡洋戦艦というよりは、八八艦隊計画艦はもとより、当時における最大最強の高速戦艦として建造される予定であった。完成すれば、掛け値なしの主力戦艦として活躍したことであろう。

宿敵 ダニエルズプラン

八八艦隊に対して、最大の仮想敵国であるアメリカは、戦艦10隻、巡洋戦艦6隻を基幹とする「ダニエルズプラン」を計画していた。

第1陣は、「長門」型とほぼ同等の性能を持つ「コロラド」級の4隻。実際には「コロラド」「メリーランド」「ウエスト・バージニア」が完成して、第二次世界大戦にも参加している。

主力となるのが「サウスダコタ」級戦艦で、主砲は「コロラド」級同様40センチだが、50口径の長砲身となって射程や初速が増大している。

計画では「サウスダコタ」「インディアナ」「モンタナ」「ノースカロライナ」「アイオワ」「マサチューセッツ」の6隻が予定されていたが、条約により全艦が廃棄された。「レキシントン」級は、アメリカ初の巡洋戦艦である。「レキシントン」「コンステレーション」「サラトガ」「レンジャー」「コンスティチューション」「ユナイテッド・ステーツ」が予定されたが、「レキシントン」と「サラトガ」が空母に改装された以外はすべて廃棄となっている。

COLUMN

八八艦隊計画と九一式徹甲弾

文：内田弘樹

結果的に計画倒れに終わったとはいえ、「八八艦隊計画」はその後の日本海軍の建艦技術に大きな影響を与えている。「八八艦隊計画」が存在しなければ、世界最強の「大和」型戦艦も、あのような姿で誕生することはなかっただろう。

こうした「八八艦隊計画」の遺産のなかで、有名なもののひとつが、太平洋戦争で日本海軍の大型艦が使用した主砲弾、「九一式徹甲弾」である。九一式徹甲弾が秘密兵器として人々に記憶されるようになったことのルーツは、軍縮条約で廃艦が決定され、主砲射撃の標的艦となった「加賀」型戦艦の2番艦「土佐」にまでさかのぼる。

廃艦となった「土佐」を用いた実験で、主砲弾が浅い角度で目標の周囲に弾着すると、そのまま水没することなく水中を進み、喫水線下に命中するという現象が確認された。

要するに、「土佐」に発生した現象を応用すれば、通常は敵の装甲を真上もしくは真横から食い破るだけの徹甲弾であっても、魚雷と同様に敵の下腹を狙うことが可能であると、気づいたのだ。

この経験を取り入れたのが、俗に「水中弾効果」と呼ばれる機能を持つ九一式徹甲弾だった。前述の攻撃を再現するために、九一式徹甲弾には浅い角度で水中に突っ込むと、被帽を外しながら水中を突進する特性が与えられていた。

たとえ敵艦に直接命中しなくとも、「水中弾効果」で打撃を与えることが可能となり、命中率が向上するというわけだ。これはまさしく日本海軍の秘密兵器といえよう。ただし、こうした特殊な砲弾は、日本海軍の専売特許ではなく、アメリカ海軍も徹甲弾の弾頭重量を増し、装甲貫徹力を高めた「スーパーヘビーシェル」と呼ばれる砲弾を開発。実戦で使用している。

なお余談ではあるが、九一式徹甲弾はあくまで純然たる「装甲を貫徹するために設計された」砲弾であり、「水中弾効果」はあくまで付加価値にすぎない。

さらに、実戦で「水中弾効果」が発生したと思われる事例は、第三次ソロモン海戦やサマール沖海戦などわずかであり、日本海軍が狙ったほどの戦果をあげてはいないとする説もあることをあげておきたい。

計画国 日本

日本陸軍の「謎」の超重戦車

100トン戦車／120トン戦車（大イ車）

日本海軍は戦艦「大和」という巨大兵器を建造したが、陸軍も「陸の大戦艦」というべき巨大戦車を、2種類も計画していた。通称「100トン戦車」と呼ばれる超戦車の開発は、昭和14年、ソ連・満州国境で勃発したソ連軍との軍事衝突において、日本陸軍が惨敗したことを契機に、陸軍省の岩畔《いわぐろ》豪雄大佐の私物命令によって製作されたと伝えられる。

計画は第四技術研究本部車両課長の村田大佐のもとで進行。ノモンハン事件終了後には図面が引かれ、車体は昭和15年に完成したが、もともと従来の日本戦車の拡大版にすぎなかったため、走行試験は困難をきわめた。直進するだけで履帯《りたい》（キャタピラ）は沈み、旋回すると転輪が次々と脱落、懸架《けんか》バネも故障し、コンクリートも割れて沈下、試験が行なわれた相模造兵廠は大騒ぎとなったらしい。

実戦投入されればかなりの戦力となったかもしれないが、結局は実戦活用には疑問があるとされ、部品は昭和19年にバーナーで切断、処分されたようだ。

120トンにスケールアップ！

戦局も決しつつあった昭和19年に、100トン戦車の反省をもとに計画されたのが、120トンもの「試製超重戦車」である。こちらは、「大きいイ号車」という意味で「大イ（オイ）車」、または製作が行なわれた三菱重工東京機器製作所から「ミト車」とも呼ばれていた。

重力や抗力といった物理的な要素を計算に入れて作られた本車の装甲は最厚部で20センチにもおよんだ。無敵を誇ったドイツのティーガーが10センチだったことを思えば、過剰なまでに厚い。

主砲はガダルカナル島の戦闘で活躍した九二式10センチ加農《カノン》砲、前部には一式47ミリ戦車砲を搭載した。日本陸軍の戦車砲としては

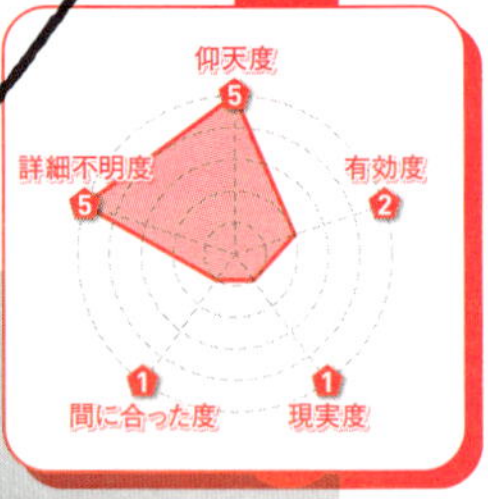

イラスト：沖一

120トン戦車

120トン戦車の最期に関しては諸説あるが、真実はわからない。

【120トン戦車要目】

全長：11m ／ 全幅：4.2m
全高：4m ／ 重量：120t
発動機：水冷V型12気筒 ガソリン550hp × 2
装甲：200㎜（主要部）
武装：10㎝加農砲 × 1、前方に47㎜戦車砲 × 1と機関銃 × 1、後方に機関銃 × 2
乗員：11名

初速も速く、当時、苦戦を強いられたアメリカのM4シャーマン戦車も撃破可能な（はずの）優秀兵器であったが、この壮大な計画も実現することはなかった。

関係者の証言によれば、1両だけ完成した車体は、三菱重工の下丸子工場から、分解して満州に送られるところであったという。その後は工場で終戦を迎えたという説もあるが、判然としない。

詳細は闇のなか？

現在、静岡県富士宮市の若獅子神社に、献納者も不明の巨大な履帯が保管されている。

100トン戦車のものとも120トン戦車のものとも推測されているが、実際に走行試験を行なった、100トン戦車のものとする説が有力だ。

また関係者の証言も、2種類の戦車を混同していると思われる内容も多い。写真も残されていないため2種類の超巨大戦車の真相は、今なお不明のままだ。

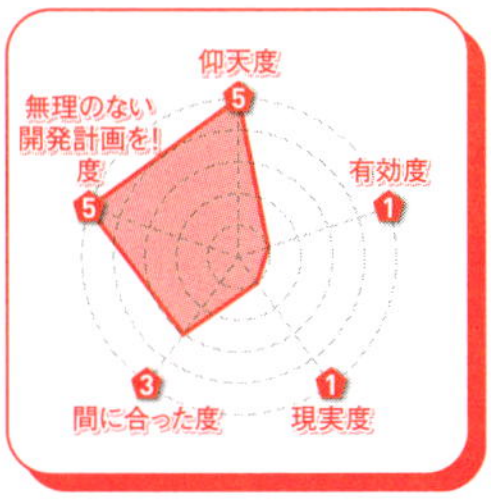
仰天度 5
有効度 1
現実度 1
間に合った度 3
無理のない開発計画を！度 5

◆100トン戦車

最初に試作された100トン戦車。詳細な資料の発見が待望されている。

【100トン戦車要目】

全長：10m ／ 全幅：4.2m
全高：2.5m ／ 重量：100t
発動機：BMW改造水冷12気筒 空冷ガソリン550hp × 2
最高速度：25㎞/h
装甲：75㎜（車体前面）、35㎜（側面）
武装：10㎝加農砲 × 1、75㎜戦車砲 × 1、7.7㎜機銃 × 1
乗員：11名

画：吉原幹也

COLUMN

巨大戦車は漢の浪漫

文：堀場亙

超重戦車という言葉をご存じだろうか。読んで字のごとく、重戦車をも凌駕する存在、それが超重戦車である。

第二次世界大戦において戦車という兵器は格段の進化を遂げたわけだが、ある意味、恐竜的進化のなれの果てが超重戦車ともいえる。敵の強力な新型戦車に対抗するために、より強力な戦車を欲する。ごく当たり前の発想ではあるが、行きすぎればそれも嘲弄《ちょうろう》の種でしかない。

だが、筆者はあえていいたい。巨大戦車は「漢の浪漫」なのだと。

より強く、より大きく、とは男の本能だ。その本能を具現化したものが、巨大戦艦であり、超重戦車なのだ。

戦車と聞いて真っ先にドイツが脳裏に浮かぶのは、筆者だけではあるまい。そのドイツで実戦投入されたケーニヒスティーガーやヤクトティーガーなどは、考えようによっては超重戦車といえる。だが、なんといってもドイツの超重戦車といえばマウス（100ページ参照）だろう。重量188トンというだけでもすさまじいが、128ミリ砲と75ミリ砲をひとつの砲塔に収めるという発想もまたすさまじい。

一方、工業大国アメリカも負けてはいない。T28は重量86トンながら、最大装甲厚はなんと305ミリもある。ただしT28は正確には戦車とは呼べない。砲塔がないからだ。これ以外にも、T28と同じ105ミリ砲を回転砲塔に搭載したT29や、実戦配備されたM26などもある。

もうひとつ、忘れてはならないのが戦車発祥の地、イギリスの超重戦車だ。大戦中、英軍はもっともドイツ戦車に苦しめられたといえるだろう。その回答がA39トータスである。重量79トン、最大装甲厚230ミリ、32ポンド（94ミリ）の主砲を搭載する。

そして、時代の徒花《あだばな》的に消えた超重戦車同士の対決を夢想する。これこそが真の戦車漢というものだろう。

世界編 ◆ JAPAN／WORLD

計画国 ドイツ

世界最大の重戦車

超重戦車「マウス」

現在にいたるも、世界最大の超重戦車「マウス」。現代の各国のMBTが重量50〜60トンクラスだから、188トンという途方もない巨大さがよくわかる。

ヒトラーの指示で、フェルディナント・ポルシェ博士がマウスの設計をはじめたのが、1942年3月。コンペティションでポルシェ社案が採用されると、名称も、ポルシェ社内部での愛称であった「マウス」が正式につけられた。

秘めたる実力は

これほどの大型戦車の武装だけに、当初は150ミリ砲に加えて副砲として105ミリ砲を装備するものとされた。ロングレンジの大口径砲だけでなく、防御用として発射速度の優れた中口径砲の搭載が求められたのだろう。結局、この計画はさらに現実的に修正され、主砲が128ミリ砲、副砲が75ミリ砲とされた。副砲からして当時の主力戦車の主砲なみで、マウスは砲塔だけでも55トンと、重戦車ティーガーIと同等、最大装甲厚は240ミリである。

機関としては、航空機用のDB603Aを改造したダイムラー・ベンツ社のMB509エンジン1080hpを搭載。このエンジンで発電機を回し、2基の電気モーターで車体を動かすハイブリッド方式が採用されていた。これだけの重量と大馬力エンジンに耐えられる変速機がなく、また開発が困難であったためだ。これは、フェルディナント（のちにエレファントと改名）駆逐戦車の主機関として、ポルシェ博士が生涯を通じて研究を続けたハイブリッド機関への執念が実ったものともいえる。

こうして開発が続けられてきたマウスだが、1943年11月、その完成をみる前に生産がキャンセルされてしまう。ドイツ軍は東部戦線で守勢一方であり、将来生産される少数の超重戦車よりも、1両でも多いパンターやティーガーの生産が求められたためだ。

結局マウスは、1943年12月、試作車両として2両が完成。その後の走行試験では、見かけによらない高い機動性などを見せて、軍需相シュペーアを驚かせたともいう。なんとマウスは超信地旋回も可能だったのだ。

マウスの最期

その後、ドイツ第三帝国が最期を迎え、押し寄せるソ連戦車師団に対し、クンメルスドルフ試験場に残されたマウスは、ほかの戦車と急造の戦闘団を編成して戦った、とも伝えられる。

また、1945年4月末にソ連軍がクンメスドルフに迫った際、マウスも迎撃に出動している。ただしエンジントラブルで走行が不能となり、燃料もなくなったため交戦することはなかった。やむなくドイツ軍は、マウスを放棄したのであった。

破壊されたマウスはソ連が持ち去り、1、2号車の部品が組み合わされて現在、ロシア国内のクビンカ戦車博物館（60ページ参照）に収蔵されている。

イラスト：牧田哲朗

【「マウス」要目】
全長：10.09m ／ 全幅：3.67m ／ 全高：3.68m ／ 重量：188t ／ 最高速度：20km/h（整地）、13km/h（不整地）
装甲：240mm（砲塔前面）、200mm（車体前面） ／ 武装：12.8cm戦車砲 ／ 乗員：6名

COLUMN

ポルシェ博士のハイブリッドへの異常な愛情

文：鈴木ドイツ

今日、高級スポーツカーメーカーの代名詞ともいえるポルシェ社。その始祖、フェルディナント・ポルシェ博士（1875〜1951）は、もともと電気技師として電気自動車の開発に携わっていた。

当時の電気自動車のバッテリーは重く、容量が少ないために航続距離が短く、充電には長時間を要する。そこで、ポルシェ博士は、エンジンを動かして発電機を回し、その発生した電力でモーターを駆動させるという、ハイブリッド方式を考案。これを実用化して、ハイブリッド電気自動車（ミクステ自動車）を製作した。

その後ポルシェ博士はダイムラー社を経て独立。1934年、ヒトラーに招かれ、国民自動車を作るという計画に大抜擢される。KdF（Kraft durch Freude=「喜びを通じて力を」の頭文字を取った略称であり、同名の国民運動組織を指す。「歓喜力行団」と訳される）―Wagenと名づけられたこのクルマは、戦後、フォルクスワーゲンビートルとして世界的セールスを記録することになる。

戦争が勃発すると、ポルシェ博士は戦車の設計に没頭することになる。しかも戦車の設計においても、得意のハイブリッドシステムを採用した。

最初に開発したVK3001（P）と呼ばれる30トンクラスの試作車は、試験段階では良好な機動性を示した。

次に45トンクラスのVK4501（P）を造り、ティーガーIのコンペティションに参加する。だが結果は不採用だった。

しかしヒトラーの好感触をつかんだポルシェ博士はVK4501（P）の車体を早々に90両も生産してしまっていた。しかたがないので余ったVK4501（P）の車体を使い、重駆逐戦車フェルディナントが作られる。フェルディナントは重装甲重武装こそ有効だったものの、過大な重量、過酷なロシアの戦場で不具合を頻発させることとなった。

この車両はのちに、前方機銃や車長用キューポラの設置、履帯の変更などの改造を経てエレファントと改名される。その後、マウスにまでハイブリッド方式を採用したポルシェ博士。生涯こだわり続けたハイブリッド方式は、現在、自動車（トヨタプリウスなど）で完成され、世界中を走っている。

計画国 日本

空飛ぶグライダー戦車
特三号戦車（クロ車）

数 多くの戦車と車両を計画した日本陸軍だが、特三号戦車（クロ車）ほど飛び抜けた存在はない。実態はほとんど知られていないにもかかわらず人気が高いのは、ユニークな形態と、実用化はまず無理であるものの、野心的な計画であった点にある。

空挺部隊用戦車!?

開 発は昭和18年、日本陸軍の空挺（グライダー）部隊創設に端を発する。滑空飛行戦隊の大型グライダー「ク八」は、挺身第五連隊や軽量の砲を搭載して目的地へ侵攻することができた。部隊は戦車の配備を希望したが、ク八に戦車は搭載できない。そこで昭和19年、「滑空戦車」が航空本部、機甲本部、第四技術研究所などの協力で考案された。

設計は主翼を前田航研工業、車体を三菱重工が担当し「クロ車」（「ソラ車」とも）と呼ばれる2人乗りの小さな戦車に、22メートルもの翼を装着。これを牽引機で曳航、目的地上空で切り離すと戦車は滑空しつつ着陸し、翼を外した後は、戦車として戦う。主武装は37ミリ砲、火炎放射器に換装も可能。牽引機には諸説あるが、一式陸上攻撃機、九七式重爆撃機、四式重爆撃機「飛龍」などが予定されていたようだ。

脅威のグライダー戦車とは

昭 和19年という時期は、島嶼《とうしょ》の玉砕があいつぎ、米軍は日本の主力戦車でもかなわないM4シャーマン戦車を繰り出してきた時期である。しかも、日本戦車は一世代前のM3軽戦車にすら苦戦していた。約3トンの軽戦車が、35トンのシャーマンに、あるいは米軍の火砲に、どれだけ戦えただろうか。この様なことを陸軍が悟ったかどうかはさだかでないが、アイデアはユニークだが使えない、この特三号戦車（翼を装着した状態をこう呼称）の開発は、途中で放棄された。

なお、他国ではソ連がT26軽戦車をグライダー戦車へ改造しようと試みた時期があり、イギリスもジープのオートジャイロ化を検討している。車両を空に飛ばすという計画は、どの国も一度は思いつくものなのかもしれない……。

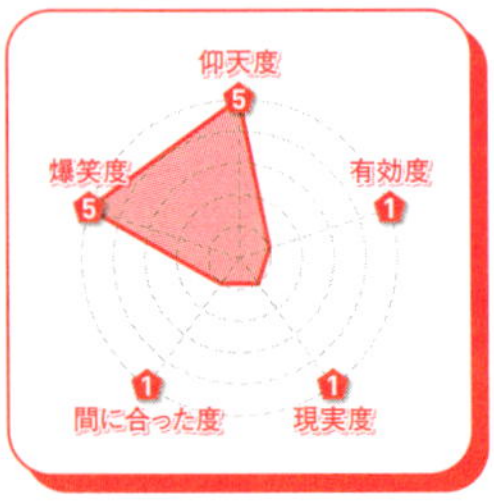

仰天度 5
有効度 1
現実度 1
間に合った度 1
爆笑度 5

【特三号戦車（クロ車）要目】

全長：4m ／ 全幅（翼含む）：22m ／ 重量：2.9t（主翼装着時は4.2t）
発動機：型式不明、50hp ／ 武装：37㎜戦車砲×1、7.7㎜機銃×1 ／ 乗員：2名

イラストは想像図。戦力として有効かはさておき、開発を開始した昭和19年はすでに制空権のほとんどを米軍に奪われており、もし制式化されても目的地まで飛ばすこと自体が困難だっただろう。

イラスト：沖一

第二章
戦場に現れた奇想兵器

計画国 日本

超高速B29キラー迎撃機

九飛十八試局地戦闘機「震電」

数多く試作、検討された陸海軍の迎撃戦闘機において、震電ほど可能性を秘めていた機体はない。そう断言できるほどの性能を、この奇異な形状の戦闘機は有するはずだった。

B29を砕く30ミリ砲弾

震電に盛り込まれた新機軸は数多いが、最大の特長は「エンテ型（先尾翼型式）」と呼ばれる機体形状にある。これはエンジンとプロペラを胴体後部に配置し、主翼も後方へ、そして機体前部に先尾翼（カナード）を配したもので、空気抵抗を抑えられ、750キロもの高速の発揮が期待された。

さらにこの結果、集弾効果の高い機首に、大口径機関砲を多数（30ミリ、4門）装備することも可能となり、震電はB29撃墜の切り札として期待された。

考案したのは、海軍航空技術廠の鶴野正敬《まさよし》技術少佐。当時27歳、坊主頭に無精ヒゲが似合う豪放磊落《ごうほうらいらく》な青年技術士官である。

開発は昭和18年7月から始まり、まず「MXY6」と呼ばれる、小型のエンテ型モーターグライダーによってテストが行なわれた。操縦桿を鶴野少佐が自ら握った飛行テストの結果、エンテ型のさまざまなメリットが確認された。胴体の小型化、高速の発揮、失速速度の低下、などである。

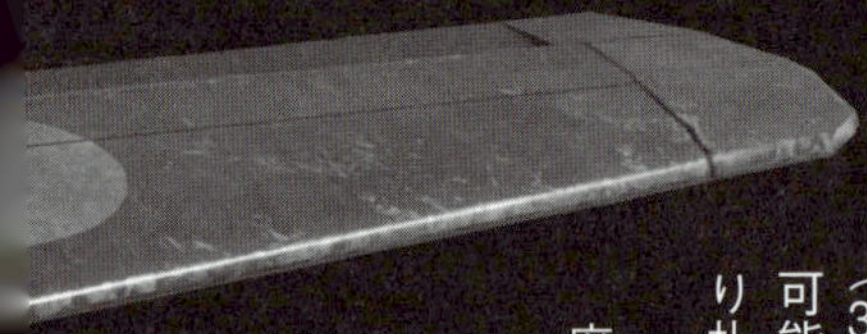

被弾時に搭乗員が機体から脱出する際、後部の大型プロペラにさらわれる危険性はあったが、これはのちにプロペラを爆薬で爆散させることで解決された。

試作開始 高まる期待

これらのテスト結果を受けて昭和19年6月、いよいよ機体の試作作業に移行した。時あたかも、マリアナ沖海戦で連合艦隊が敗れ、陥落したサイパン島から、B29による本土空襲が決定的となった時期だった。

機体設計は空技廠、実機製作と

◆九飛十八試局地戦闘機「震電」

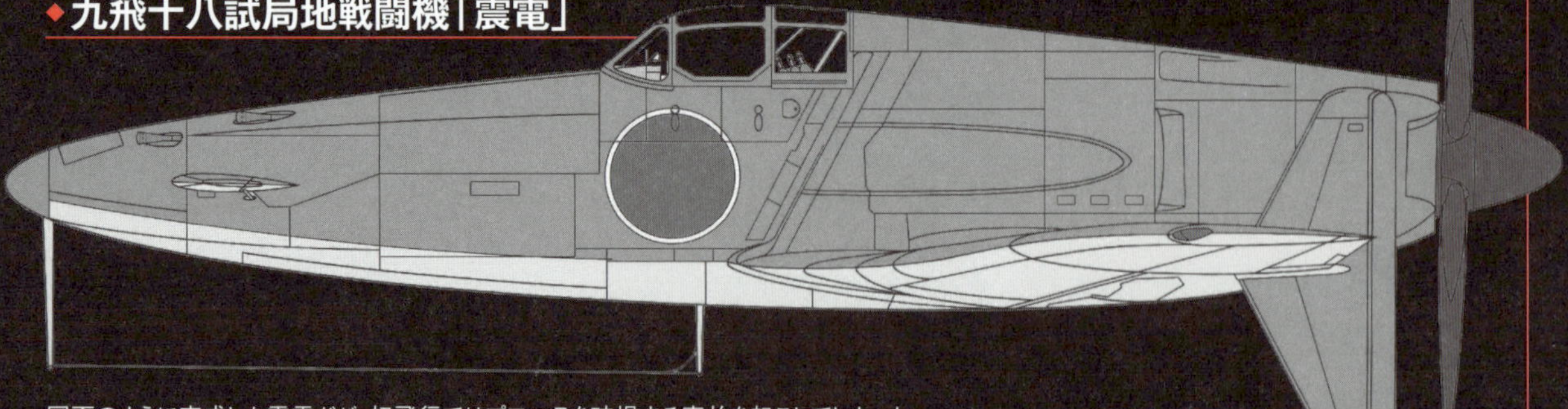

図面のように完成した震電だが、初飛行ではプロペラを破損する事故を起こしてしまった。このほかジェットエンジンに換装した「震電改」も計画されていたが、実現することはなかった。

図：神奈備祐哉

細部設計は、機上練習作業機「白菊」、対潜哨戒機「東海」などを開発していた九州飛行機である。九飛は三菱や中島などの大手航空メーカーにはおよばない。前例のない機体の開発に、とまどいやあきらめを隠せなかったものの、鶴野少佐の熱誠と、技術者魂につき動かされ、編成された設計チームの数は約140名にものぼった。

作業が続けられた昭和19年9月10日、まずモックアップ（実物大の木製模型）が完成した。

知らせを受けた空技廠から、小福田租少佐と山本重久大尉が木型審査のためにやってくる。

特に小福田少佐は、戦闘機隊を指揮した実績と、3年近いテストパイロットの経験を有する猛者であった。

モックアップをつぶさに点検した小福田少佐は「これならば一撃必殺」と激賞し、唯一の批判として機体の背が高い（搭乗にはハシゴが必要だった）、という点だけを述べた。

かくして、いよいよ震電は海軍も待望するところとなった。その後もB29の空襲は激しさを増していったが、寝食を忘れたスタッフの努力の結果、昭和20年6月には試作1号機が完成する。試作開始から、わずか13カ月後という異例のスピードであった。

遅きに失した初飛行

滑走試験を経て、初飛行は8月3日に行なわれた。第1回の飛行は約15分、成功だった。操縦席から降りた宮石操縦士に、鶴野少佐ほか主要スタッフが次々と握手を求める。

第2回の飛行は8月6日（！）、そして8月8日には第3回飛行試験が行なわれた。飛行時間は合計45分である。飛行試験で表面化した、トルクの反作用などの問題解決もなされたのち、全速飛行は17日と予定されていた。

しかし8月15日、敗戦。2号機、3号機は焼却処分となったが、1号機はアメリカに引き渡すこととなり、昭和20年10月に運ばれていった。現在も男たちの夢の残滓は、ポール・E・ガーバー保存修復施設に保管されている。

ゴジラと戦った震電

令和5年11月3日に公開された『ゴジラ-1.0』では、震電がゴジラ攻撃の切り札として登場している。撮影に際して山崎貴監督は、鶴野正敬氏の子息に会うなど入念な取材を行い、機体そのものも徹底したリアリティで再現した。撮影で使用された実物大模型は現在、筑前町立大刀洗平和記念館に展示されている。

【九飛十八試局地戦闘機「震電」要目】

全幅：11.11m ／ 全長：9.76m ／ 全高：3.92m
翼面積：20.5㎡ ／ 自重：3525kg ／ 最大重量：4950kg
発動機：ハ四三-四二型 ／ 最大速度：750km/h
実用上昇限度：12000m ／ 航続距離：1000〜2000km
武装：30mm機関砲×4、60kg爆弾×2、または30kg爆弾×2
乗員：1名

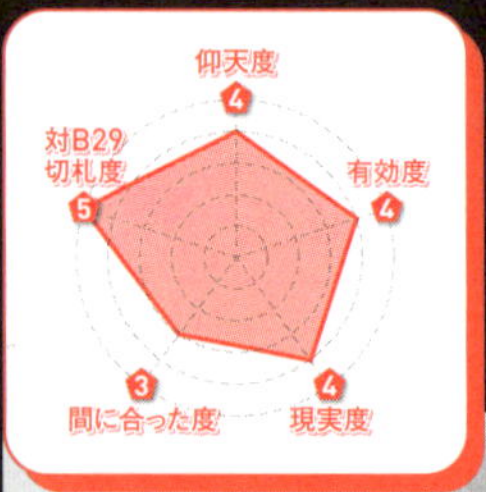

震電のプロペラは、量産型では4翔となる予定だった。

日本編 ● JAPAN／WORLD

計画国 日本

日本初のロケット戦闘機

三菱局地戦闘機「秋水」

無念！秋水の一閃ならず

日本でも実用化が期待されていたロケット戦闘機がある。それが「秋水」だ。

秋水の開発は、昭和19年に欧州を訪問した伊号潜水艦が、ドイツ空軍の新鋭ロケット戦闘機Me163「コメート」の資料を携えて日本へ帰還したことから始まった。当時、B29の出現に脅威を覚えていた日本は、Me163の国産化を決定し、海陸軍が協力して実用化を進めることとなった。

不完全ながらも設計図が存在したことから秋水の開発は順調に進み、9月には実物大模型が完成、12月には試作一号機の審査が行なわれた。

また、海軍では最初の運用部隊、三一二空が編成され、有名な戦闘機乗りの柴田武雄少佐の指揮のもと、実機を模した滑空機「秋草」を用いた訓練を始めていた。

だが、残念ながら秋水は、日本の国力では実用化が困難な機体だった。搭載するロケットエンジンは、コメート同様、常に燃料漏れによる爆発の危険があり、また航続距離が極端に短いことからB29に基地を素通りされたらなす術がなかった。そもそも秋水のスピードに対応できる照準器もなく、接

 3DCG：赤城潤一

秋水は現在、大江時計台航空史料室で復元機が展示されている。30ミリ機関砲や、降着装置のソリが見てとれる。写真は2000年代、三菱重工小牧南工場史料室で展示されていた時期に撮影。

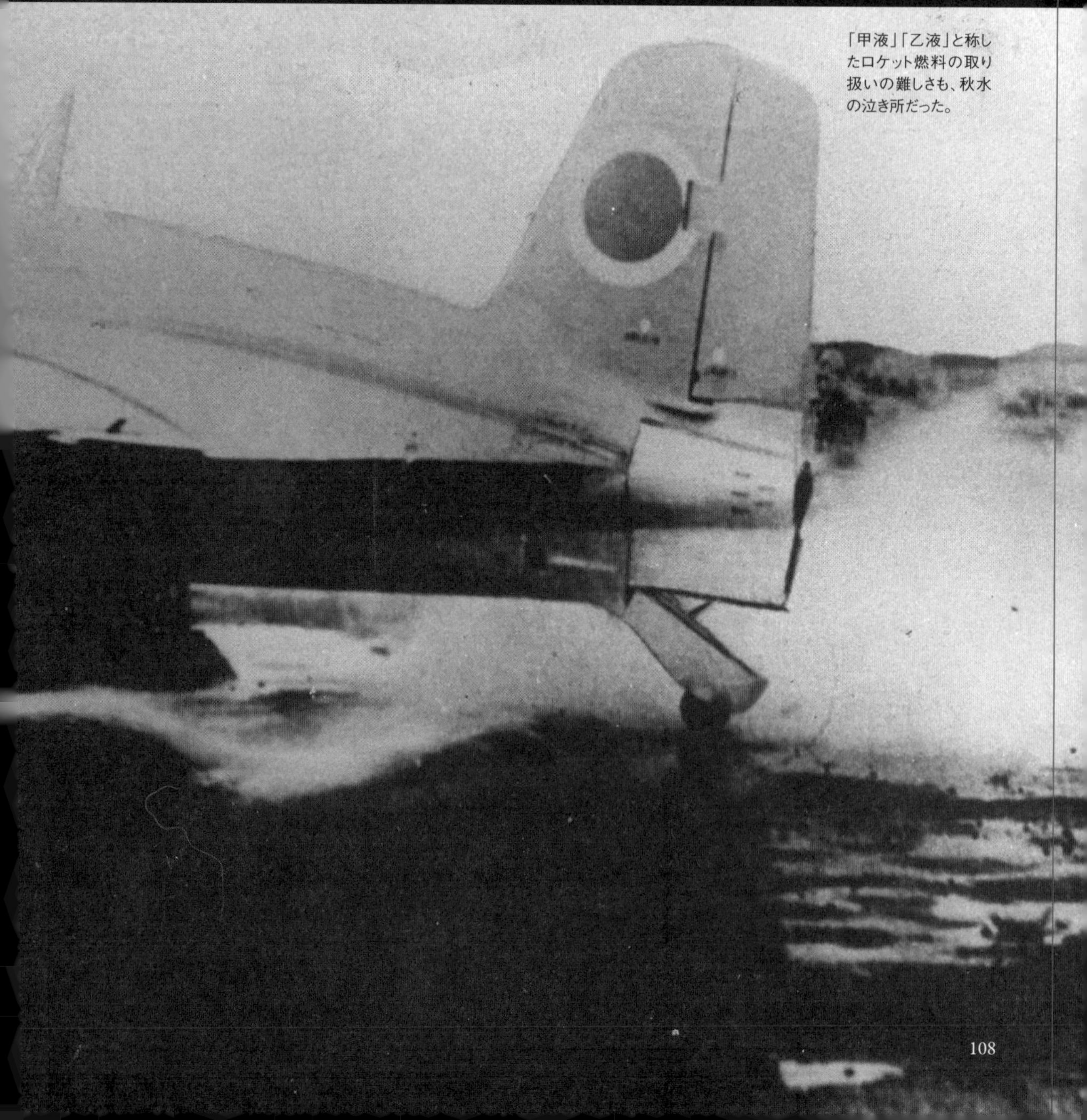

「甲液」「乙液」と称したロケット燃料の取り扱いの難しさも、秋水の泣き所だった。

◆三菱局地戦闘機「秋水」

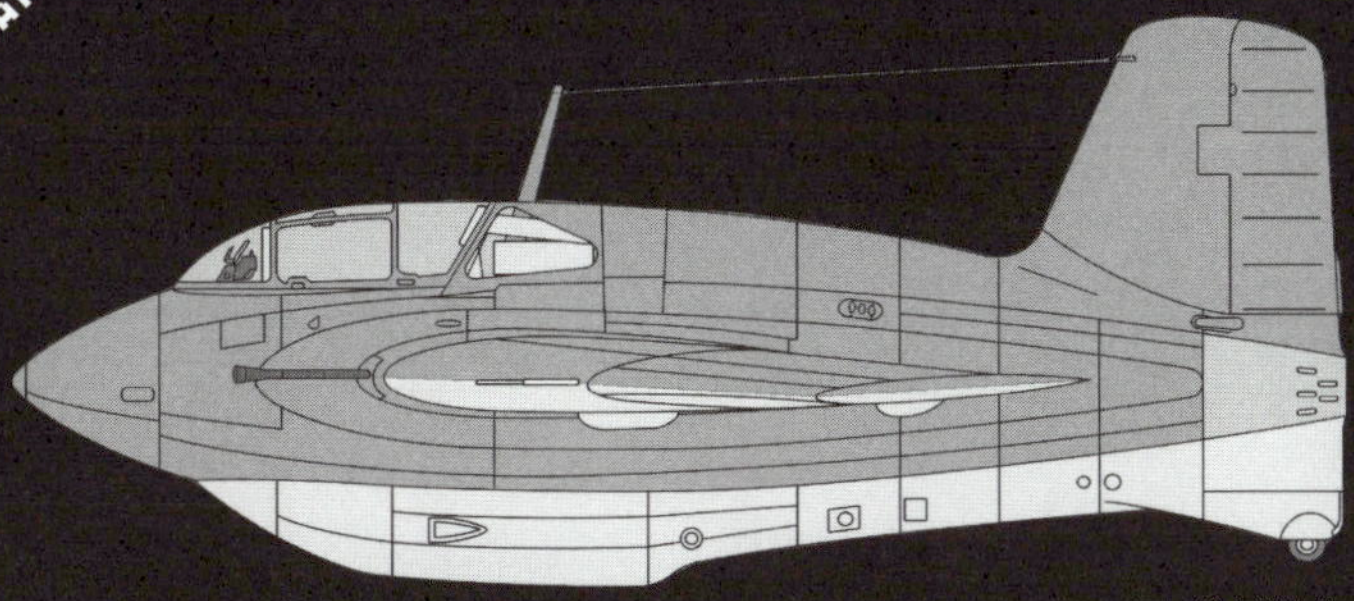

図：神奈備祐哉

コメートの資料をもとに、日本陸海軍が開発した秋水。本機には、配属部隊司令が「神のお告げ」によって基地を決めたなど、なんともいえないエピソードが存在する……。

敵しても照準すら困難だった。

こうした問題は前述のとおりドイツでも表面化していたが、それでも日本陸海軍は秋水を求めざるをえなかった。

昭和20年7月7日、追浜飛行場で秋水は初飛行を果たしたものの、離陸から60秒後、エンジンが停止して墜落した。そして、テストパイロットの犬塚豊彦大尉もこの事故により、殉職してしまう。

次の試験飛行は8月20日に予定されていたが、敗戦によって中止。三一二空では敗戦直前、もはや戦術はB29に突入しての自爆しかないという結論に至っていた。

戦争に間に合わなかったことが幸運といえる機体が秋水だった。

結局、本機は、常識的に考えれば「戦時にすら」許容しかねる、恐るべき兵器だったのだ。その事実は現代にロケット戦闘機が生き残っていないことからも理解できるだろう。

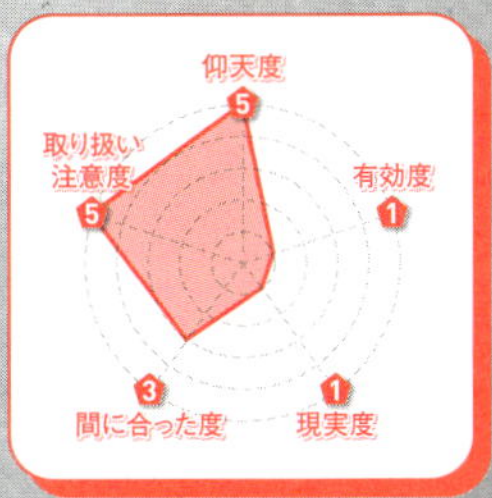

【三菱局地戦闘機「秋水」要目】

全幅：9.5m ／ 全長：6.05m
全高：2.7m ／ 翼面積：17.23㎡
自重：1505kg ／ 発動機：特呂2号液体ロケット
最大速度：900㎞/h ／ 実用上昇限度：12000m
滞空時間：6分36秒 ／ 武装：30㎜機関砲×2
乗員：1名

COLUMN

「秋水」開発陣の憂鬱　文：佐原晃

秋水は、メッサーシュミット社のロケット迎撃機Me163コメートの資料をもとに、日本で開発された機体である。

開発スタート時、ドイツで資料を調達した巌谷中佐は簡単な資料のみを持参して先に帰国したものの、主な資料を運んでいた「伊二九」潜水艦は米国の潜水艦に撃沈されてしまった。このため外観とエンジンは日本の技術で復元できたものの、完成機には外からはわからない問題が山積みであった。たとえば、1号機の墜落の原因になった燃料タンクの不良。当時の技術者には、機体が急速上昇すれば内部がどうなるかという想像が働かなかったためだろう。

零戦の座席を流用し、座席に緩衝器を設けなかったことも着陸時に事故を引き起こす要因となったが、これは着陸時の衝撃や速度が日本人技術者の常識の範疇外だったからである。

結局、コメートは扱いづらい機体であることを、日本でも証明する結果となった。

世界編 ◆ JAPAN/WORLD

▸▸▸パイロットが嫌ったロケット戦闘機

メッサーシュミットMe163「コメート」

計画国 ドイツ

「悪魔の卵」の苦闘

アレクサンダー・リピッシュ博士の設計によるMe163Aは、1941年8月、試作3号機がエンジンを搭載して初飛行を行ない、Me163Aは実用化への一歩を踏み出したが、ここからが苦難の連続だった。Me163Aはあまりに扱いにくい機体だったからだ。

そもそも、エンジンが危険すぎた。リピッシュの選んだヴァルター・エンジンは水酸化ヒドラジン（C液）と過酸化水素（T液）を混ぜ合わせて動力を生み出すという設計だったが、双方ともに危険な液体燃料だった。

たしかにこのロケットは時速800キロ以上という、どんな戦闘機でも追いつけない高速性能をMe163Aに発揮させたが、もしエンジンから燃料が漏れれば一瞬で爆発、もしくは搭乗員を溶かしてしまう。

また、着陸時には車輪を使わずソリを使うためかなりの訓練が必要となり、当然のように着陸時の事故も多発。こうした悪夢のような状況に対し、テストパイロットたちはMe163を「悪魔の卵」と称したという。

Me163に関する苦難は、Me163Aを再設計した、より実戦的なMe163Bが配備された1944年5月以降も続いた。Me163は高速が最大の長所だったが、あまりに高速すぎるため、まともに敵機を射撃することすら困難だったという。

また、ロケット機の必然として、燃焼時間（航続距離）はわずか数分と極端に短く、敵重爆に配備場所を迂回されてしまえばそれで終わりというあまりに情けない現実もあった。こうした事情により、Me163Bを装備した第400戦闘航空団は、終戦までにたった7機しか撃墜スコアを稼ぐことができなかった。

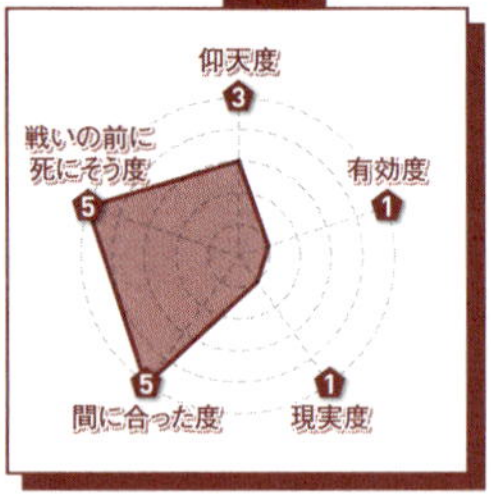
仰天度
3
有効度
1
現実度
1
間に合った度
5
戦いの前に死にそう度
5

E500

破格の給与にもかかわらず、あいつぐ事故のためコメート配属部隊の士気は、このうえなく低いものであった。

【「コメート」要目】

全幅：9.32m
全長：5.85m
全高：3.6m ／ 翼面積：18.5㎡
最大重量：3885㎏
発動機：ヴァルターHWK509A-1
最大速度：960㎞/h
実用上昇限度：12100m
航続時間：約8分
武装：30㎜機関砲 × 2
乗員：1名

世界の海を支配する潜水空母

「伊四〇〇」型潜水艦

計画国 日本

水中排水量が6500トン。ドイツの標準的なUボートⅦC型の870トンと比較すると、これがいかに巨大かがわかろう。いうまでもなく「伊四〇〇」は第二次大戦中、最大の潜水艦である。最大であるがゆえ無数の特徴があるが、第一は攻撃機を搭載できる点である。

「伊四〇〇」の先進テクノロジー

潜水艦の一番外側を覆うのが外殻であるが、これには圧力に耐えるような機能はない。潜水艦の中心的構造は、外殻の中にある耐圧殻と呼ばれる茶筒のような細長い筒である。この筒の外側と外殻の間が、メインタンク、燃料重油などのさまざまなタンクや、艤装の場所として利用されている。艦が大きければ、それだけで多量の燃料を搭載できるのだ。

航空機を搭載するため、「伊四〇〇」は耐圧殻を2つ持つ。ひとつは主耐圧殻とでも呼ぶべき、通常の潜水艦としての機能を収めた部分であり、もうひとつが飛行機の格納筒である。さらに、艦内と格納筒の間を行き来する交通筒を設けており、潜水中の飛行機の整備を可能にしている。なお、飛行機格納筒と干渉しないために、司令塔がまるで空母のように側面に寄った左右非対称の形状となっているのが外観上の特徴である。

また、主耐圧殻の形状にも大きな特徴がある。艦体を大きくするには耐圧殻も大きくしなければならないが、下手に大きくすると水圧に負けて圧潰《あっかい》してしまう。そこで、耐圧殻を左右に並べたいわゆる眼鏡型、あるいは繭型と呼ばれる形状を採用している。なおかつ浸水時の非常排出用に耐圧殻内にも燃料タンクを持ち、これも「伊四〇〇」の航続力に寄与している。「伊四〇〇」は、およそ4万カイリという長大な航続力を持ち、理論上、地球のどこにでも攻撃を加えうる性能を与えられたのだ。

登場時期の悪さもあって、「伊四〇〇」の実用性には、疑問の声もあった。わずか5分とはいえ航空機発進のため浮上するのは不利であるし、収容には搭載機をクレーンで引き上げなければならない。

だが、繭型耐圧殻は現代の核ミサイル搭載の原子力潜水艦にも採用されている。ミサイルなら発射後に収容するような手間はいらない。超長航続力を持つ潜水艦によって敵の意表を突くという発想自体は有効なことを示している。

なお当初、パナマ運河への攻撃に本型を使用することが予定されていた。しかし戦局悪化によりウルシー環礁攻撃に変更。

2隻の「伊四〇〇」と「伊四〇一」は「神龍特別攻撃隊」として出撃する。だが、2隻は会合に失敗。8月16日に作戦中止の命令が出たため、日本海軍最後の作戦「光作戦」は実施されなかった。

【「伊四〇〇」型要目】

水上排水量：3530t ／ 水中排水量：6500t ／ 全長：122m ／ 全幅：12m ／ 速力：18.7kt(水上)、6.5kt(水中)
主機：艦本式ディーゼル×2 ／ 出力：7700hp(水上)、2400hp(水中) ／ 航続力：37500浬(14kt、水上)、60浬(3kt、水中) ／ 武装：14cm砲×1、53cm魚雷発射管×8 ／ 搭載機：晴嵐×3 ／ 乗員：1234名

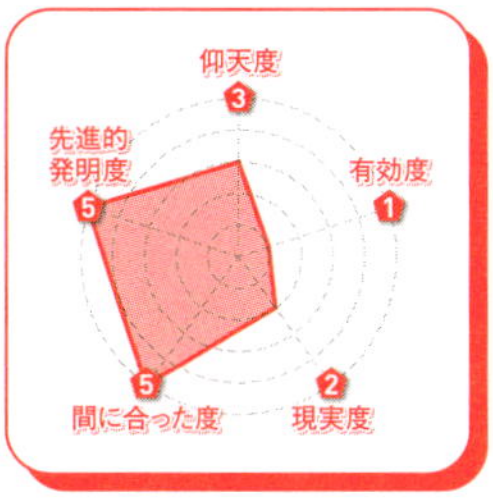
仰天度
3
有効度
1
現実度
2
間に合った度
5
先進的発明度
5

米軍に鹵獲された「伊四〇〇」の航空機格納筒。人間との比較でサイズがわかりやすい。

写真は戦後米軍がドックで調査中のもの。航空機格納筒の内部が見える。

◆晴嵐

晴嵐は、潜水艦のために作られた攻撃機で、通常はフロート付きの水上機として運用される。

COLUMN

「伊四〇〇」の搭載機・晴嵐

文：松田孝宏

潜水空母たる「伊四〇〇」型潜水艦にとって、主武装は魚雷ではなく、搭載機・晴嵐であった。

潜水艦に搭載する特殊攻撃機として、昭和17年から愛知航空機で開発が開始され、3機が「伊四〇〇」型に搭載されることになる。

晴嵐に盛り込まれた新機軸は多く、大型とはいえ狭い潜水艦内に格納すべく、主翼は90度回転させて後方に折りたたみ、垂直尾翼と水平尾翼も下向きにたたむ構造であった。フロートは取り外しておき、発艦直前に取り付ける。

特筆すべきはその爆弾搭載量で、800キロ爆弾なら1発、250キロ爆弾ならば4発も積むことができた。急降下性能も高く、フロート未装着時は約560キロという零戦に匹敵する速度を発揮した。

晴嵐を陸上機に改修した南山も製造され、雷撃機としての運用も考えられていた。

紆余曲折の末に「伊四〇〇」「伊四〇一」に搭載の晴嵐で、米艦艇が集まるウルシー環礁を昭和20年8月17日に攻撃する作戦が立案される。この時、晴嵐には米軍機を著わす白い星が描かれており、明確な戦時国際法違反であった。また2隻合わせて6機の晴嵐は、フロートを取り付けない特攻出撃の予定であった。

しかし8月15日に終戦を迎えたため、晴嵐はカタパルトから射出され、海に投棄されている。この時、「星」を「日の丸」に塗り替えたとも言われる。

なお現在、米軍に鹵獲された1機がスミソニアン博物館に展示されており、往時の姿を伝えている。

日本編 JAPAN/WORLD

計画国 日本

搭載機数拡大版「伊勢」型航空戦艦

知られざる航空戦艦

ミッドウェー海戦で空母4隻を失った日本海軍は、2隻の「伊勢」型戦艦（「伊勢」「日向」）を、世界でも類を見ない航空戦艦に改造した。

両艦は艦の後部に配置されていた第五、第六砲塔を撤去、その上に格納庫と飛行甲板、カタパルト2基が設置された。

昭和19年10月のレイテ沖海戦では、搭載機こそ持たなかったものの、この状態でアメリカ艦載機を多数撃墜し、たくみな操艦も功を奏し、直撃弾なしという活躍を見せている。だが、じつはほかにも改造計画があったことは、あまり知られていない。

実行されなかった改造案

それは、船体なかほどの第三、第四砲塔も撤去、飛行甲板を拡大するという案だ。主砲は前部の第一、第二砲塔の2基だけとなり、後部の艦橋は完全に撤去される。残念ながら搭載機数は判然としないが、完全な空母となった「伊勢」型の予想搭載機数が50機前後であることから、微増はすると思われる。ただし、カタパルトの数は、スペースの都合上、史実と同様に2基だけだった。

この、主砲塔4基を撤去した航空機搭載能力拡大版というべき計画は、「伊勢」型の空母転用があきらめられた直後に浮上した。

完全な空母化が無理ならば、砲塔を必要なぶんだけ撤去して限定的な空母にしようと考えたのだ。ちなみに史実で実現した「伊勢」型改造案は、この案が見送られた後に決定されている。

結局は史実の形が一番!?

とはいえ、ある意味で拡大版は見送られて当然の計画だったといえる。

なにしろ、機体数は増加したがカタパルトは2基のままで発艦速度は向上せず、一度に送り出せる攻撃隊の数は限られてしまう。海軍にとって「伊勢」型航空戦艦の存在目的は搭載する艦爆による敵空母への先制攻撃にあったから、第一撃の機体数が増加しない改装に意味はない。

史実の「伊勢」型航空戦艦の姿は、限られた時間のなかで最大限の戦力増強を果たそうとした、海軍の努力の結果なのだ。

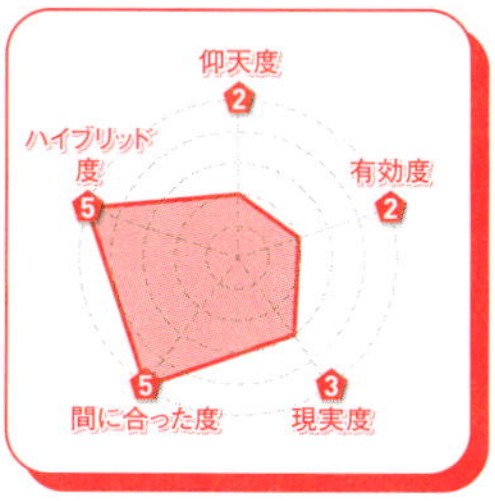
仰天度 2
有効度 2
現実度 3
間に合った度 5
ハイブリッド度 5

◆「伊勢」型

「伊勢」型には、「信濃」のように完全な空母とする改造計画も存在した。図は本文に登場する搭載機数拡大版の「伊勢」型航空戦艦。史実の計画と違い、カタパルトを4基装備した想定で作図している。

【航空戦艦「伊勢」要目（史実）】

基準排水量：34567t ／ 全長：219.6m
全幅：33.8m ／ 速力：25.1kt
出力：80000hp ／ 航続：7870浬（16kt）
武装：36cm連装砲×4、12.7cm連装高角砲×6、25mm3連装機銃×19
搭載機（予定）：彗星×11、瑞雲×11 ／ 乗員：1234名

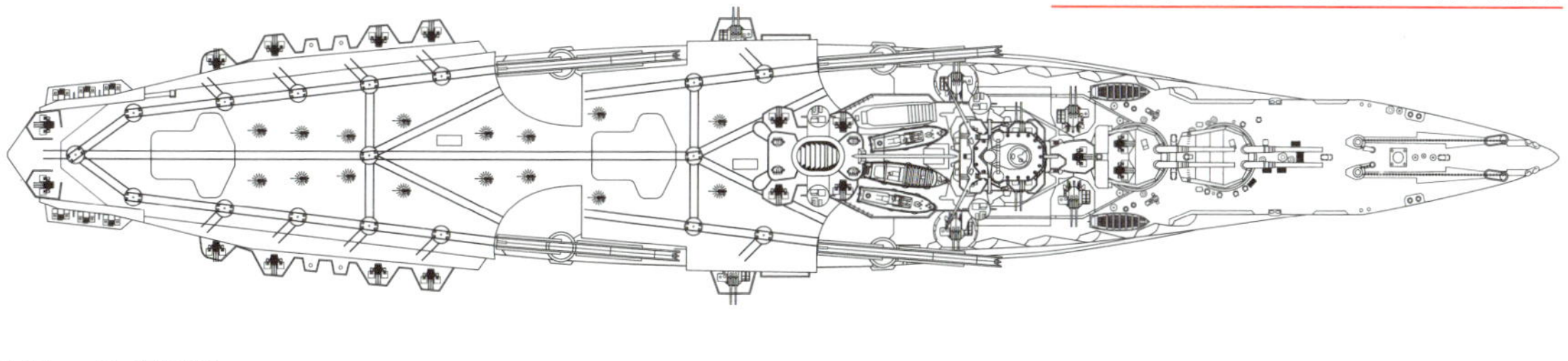

図：吉野泰貴

日本編 ● JAPAN／WORLD

計画国 日本

重雷装艦「大井」「北上」

魚雷戦を制する雷撃専用艦

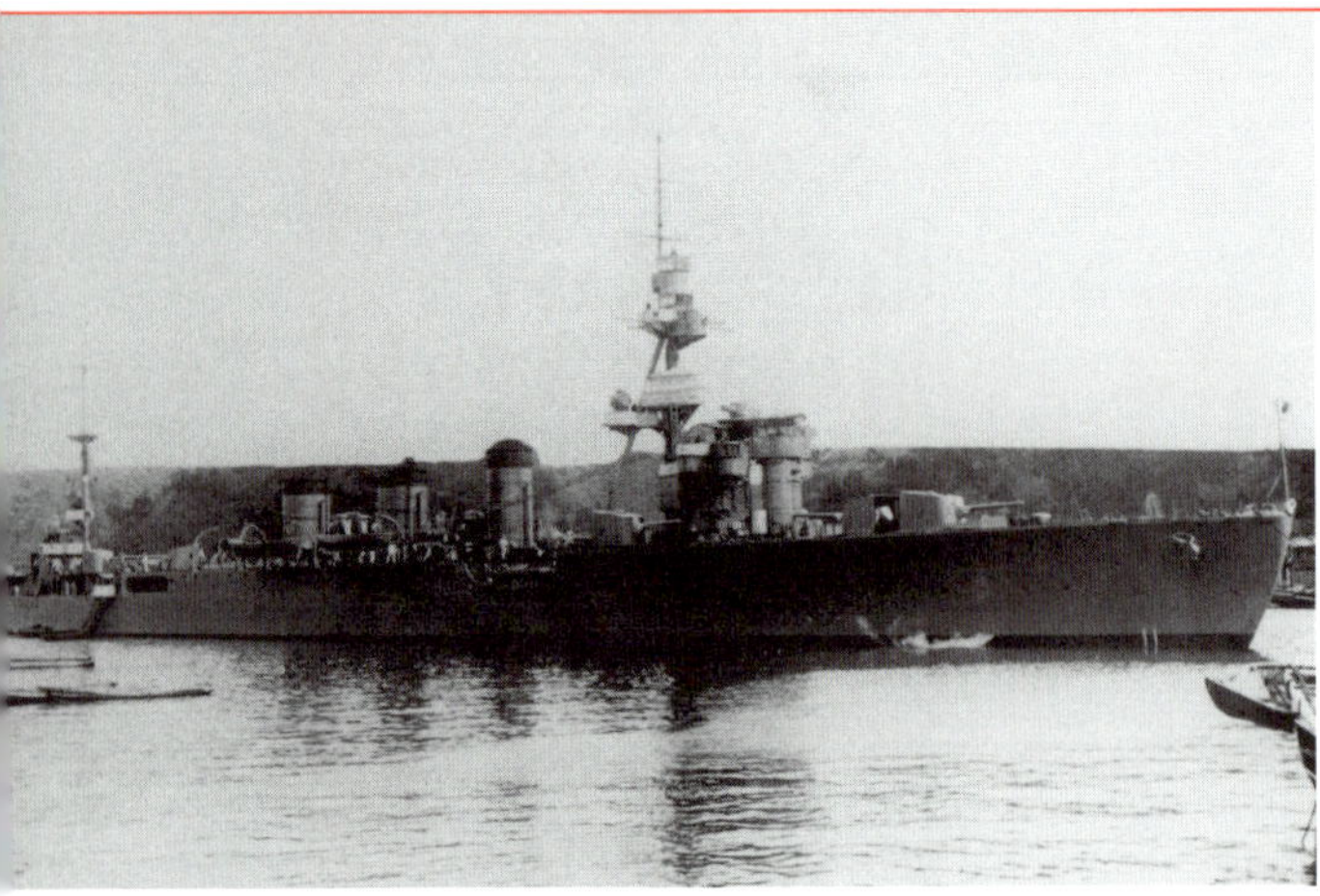

大正時代の「北上」。「球磨」型は5500トン型とも呼ばれ、3本煙突のクラシカルなスタイルは根強い人気を持つ。

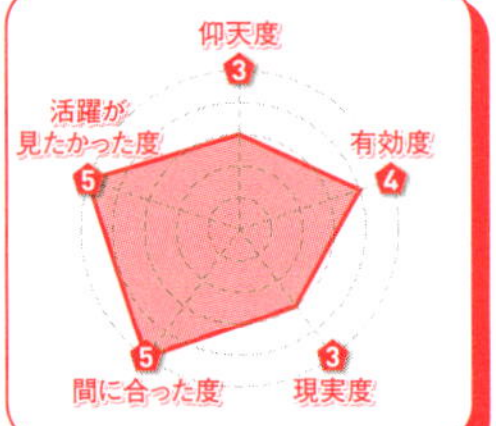
仰天度 3
有効度 4
現実度 3
間に合った度 5
活躍が見たかった度 5

【重雷装艦「大井」要目】
基準排水量：5860t／全長：162.1m／全幅：14.2m
速力：31.7kt／航続力：8000浬(14kt)
武装：14cm砲×4、61cm4連装魚雷発射管×10

太平洋戦争における日本海軍水上艦艇の秘密兵器として語られる重雷装艦の「大井」と「北上」は、5500トン型と称される「球磨」型軽巡の3番艦、4番艦として大正時代に竣工した。

日本海軍の漸減邀撃作戦

当時の海軍戦略は、米国を仮想敵国として立案されており、極東に来寇《らいこう》する米太平洋艦隊を小笠原近海で捕捉・迎撃する艦隊決戦戦略「漸減邀撃《ぜんげんようげき》作戦」が戦略の骨子であった。

これはまず、潜水艦隊の魚雷攻撃に始まり、続いて軽巡以下の水雷戦隊が夜間に肉薄、必中の魚雷攻撃により決戦前に敵主力艦隊を漸減し、最後に主力艦同士の砲戦により雌雄を決せんとするものであった。大正6年成立の八四艦隊計画および大正9年成立の八八艦隊計画のなかに、水雷戦隊旗艦用の巡洋艦として「球磨」型以下の5500トン型があったのは、この戦略構想に基づいたものである。

だが、第一次世界大戦後の海軍軍縮会議で、米英に対し7割以下の軍備に押さえ込まれた日本は、主力艦の補助となる重巡洋艦の建造に力を注いだため、軽巡は新たに建造されることがなく、太平洋戦争開戦前には、ほとんどの軽巡が老朽化していた。

こうした背景のもと、昭和10年に制式採用された九三式酸素魚雷は無航跡、高速、長射程という列強の魚雷を上回る高性能で、第一線の艦艇から順次搭載されていく。

比類なき重雷装艦への改装

この秘密兵器の集中運用を考えた海軍は、「球磨」型の船体に多数の魚雷を搭載し、水雷戦隊とは別行動で艦隊決戦の戦場に突入、奇襲攻撃により勝利へ導くという構想を抱く。

対米戦を想定した出師準備計画における作業着手は、昭和15年11月に発令され、「大井」「北上」の2艦の重雷装艦への改装が決定した。基準排水量5860トンの船体両舷に発射甲板を増設、10基40門の魚雷発射管を装備された両艦は、連合艦隊の第一艦隊第九戦隊を編成。2隻で片舷40射線（片舷5基20門×2隻）、両舷で80射線の無航跡酸素魚雷による攻撃は決戦下、敵艦隊に大打撃を与える秘密兵器として期待された。

しかし、重雷装艦としての活躍の場はないまま「大井」は昭和19年7月、航行中に米潜の雷撃を受けて沈没。同年8月、回天搭載艦へ改造された「北上」は出撃の機会をえぬまま終戦を迎え、戦後解体されている。

◆軽巡洋艦「多摩」

図は「球磨」型軽巡洋艦の2番艦「多摩」の昭和19年時の姿。「大井」「北上」以外の「球磨」型各艦（「球磨」「多摩」「木曽」）は、重雷装をほどこされることはなく（一部計画はあり）、機銃や電探を増備されながら太平洋戦争を戦い、「北上」以外は全艦が沈没した。

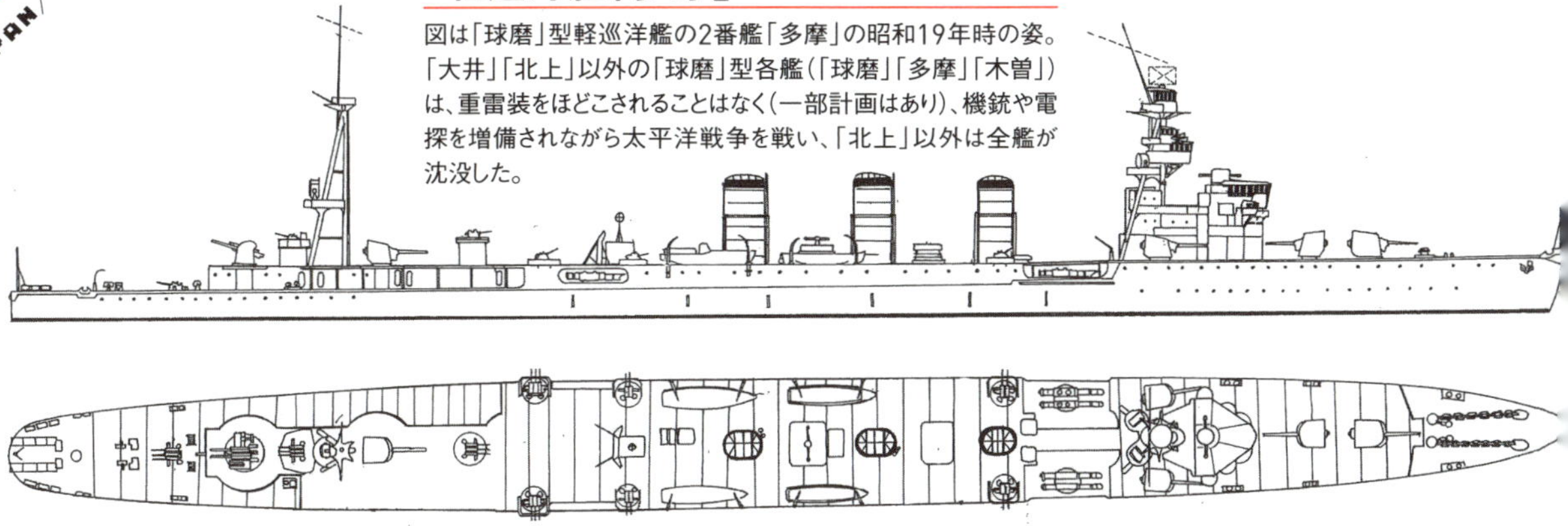

◆重雷装艦「北上」

61センチ4連装魚雷発射管を両舷あわせて10基搭載した、改装後の「北上」。図は昭和16年末、開戦当時の姿。当初は魚雷発射管の管体前部のみ盾が付いていたが、翌年4月にはフルシールド化された。大戦の経過に伴い順次、発射管は撤去され、「北上」は回天搭載艦として終戦を迎えている。

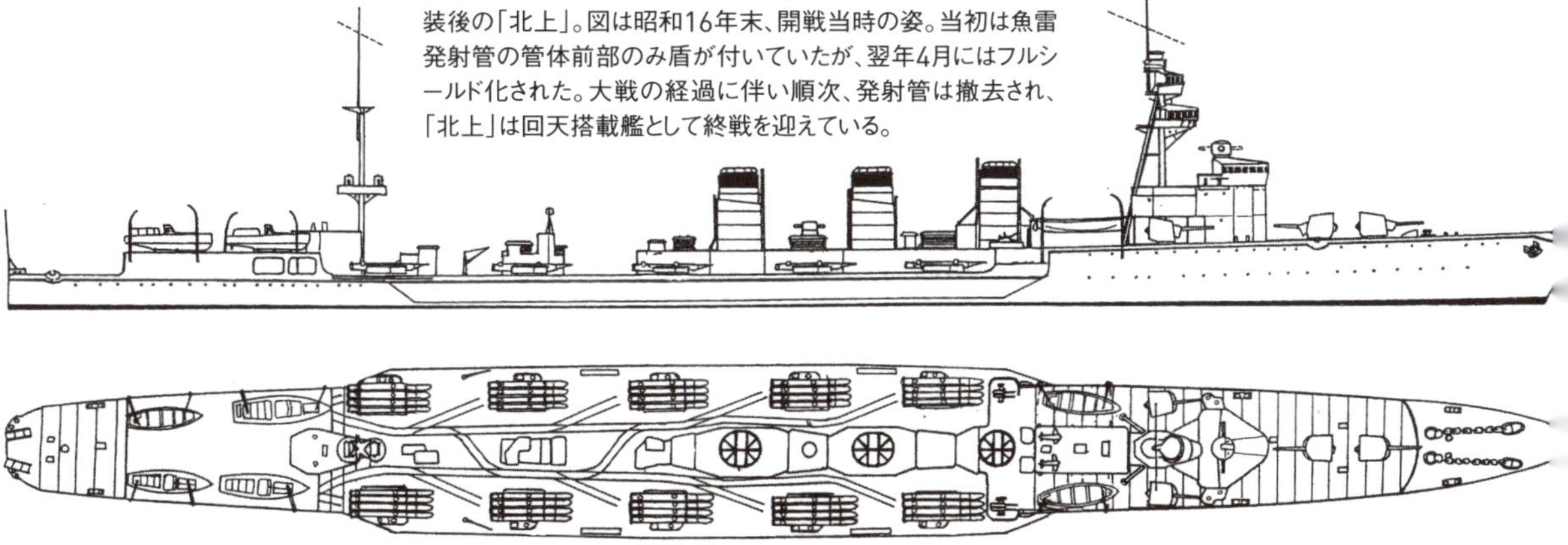

COLUMN

秘密兵器「酸素魚雷」は本当に優秀だったのか

文：瀬戸利春

酸素魚雷は比類のない高性能魚雷だった。各国の魚雷が最高速力45ノット前後、射程が5000メートルだった時代に、速度48ノットで射程3万2000メートル、速度36ノットなら4万メートルという長射程を発揮しえた魚雷だ。オリンピックなら金メダルというところだろう。ところが実際には、酸素魚雷はその長射程を活かした活躍はしていない。

酸素魚雷の射程に注目した日本海軍は、艦隊決戦における魚雷の効果に大きな期待をかけた。

射程3万メートルを超す酸素魚雷なら、戦艦と同じ射程から雷撃できる。そこで日本海軍は戦艦同士の砲戦の直前、3万5000メートルという大遠距離で酸素魚雷を発射し、米艦隊に損害を与える戦術を考えた。

この雷撃では発射数の10パーセントの命中を期待していた。こうして酸素魚雷を使った水雷戦は、日本海軍にとって「必勝の一戦法」となる。

ところが、いざ戦争になってみると、うまくいかなかった。艦隊決戦が起こらないのはやむをえないが、酸素魚雷が当たらなかったのだ。

開戦劈頭《へきとう》のスラバヤ沖海戦で日本艦隊は遠距離雷撃を行なった。だが、信管の問題から多数の自爆を招いたこともあり、命中したのは昼戦で1パーセント、夜戦で2パーセントにすぎず、戦前に期待した10パーセントに遠くおよばなかった。アッツ沖海戦でも遠距離雷撃を敢行したが、1本も命中していない。いかに高速でも3万5000メートルの彼方に到達するには31分もかかる。その間、鈍足の戦艦でさえ20キロ移動する。10パーセントの命中を期待するほうが間違いだったのだ。

酸素魚雷が活躍したソロモン海戦は近距離戦で、日本の勝因は熟達した夜戦能力にあった。

たしかに酸素魚雷は高性能であったが、命中しなければ意味がない。魚雷の開発は正しいが、性能向上の努力はホーミング技術にでも注ぐべきだったであろう。

ちなみに、大戦後半になると日本海軍も大遠距離での雷撃には見切りをつけた。日本海軍は射程を短くするかわりに、スピードと破壊力を向上させた改良型の酸素魚雷を開発・量産したのである。

日本海軍の水陸両用戦車

特二式／三式／四式／五式内火艇

計画国 日本

コレハ戦車ニ非ズ 特二式内火艇

海軍にも基地や港湾の警備防衛のほか、米国の海兵隊と同様に、艦艇と密接な連携が必要な上陸作戦を専門とする、陸上戦闘部隊が存在した。この日本海軍の陸上戦闘部隊は陸戦隊と呼ばれ、横須賀、呉などで編成されていた。

太平洋戦争開戦直前、海軍は南方諸島の航空基地を強化拡大していたが、これらの基地が占領された場合に備え、陸戦隊を使った逆上陸作戦も考えていた。

そのため潜水艦で隠密輸送され、兵員とともに上陸作戦が実施可能な兵器として、昭和16年に海軍が陸軍に開発を依頼したのが特二式内火艇である。これは一般的な水陸両用の戦車ではなく、車体の前後に大型フロートを装着し、上陸後はこれを投棄して戦う上陸専用の戦車であった。

この、特二式内火艇の基本となったのは陸軍の九五式軽戦車で、主要なコンポーネントは流用しているが車体は完全な新設計であった。しかも深度100メートルまでの潜行が可能で、水上での浮力を維持するための大型水密車体となっている。

水上では、車体後部のスクリューで推進し、上陸後は動力伝達を切り替えて無限軌道（キャタピラ）での走行となる。

車体上の砲塔には一式37ミリ戦車砲が搭載され、ほかに九六式7・7ミリ機銃が搭載された。

製造は昭和17年より始まって終戦まで続き、生産数は184両という記録が残っている。

海軍の陸戦隊とともに南方方面に送られた特二式内火艇は、サイパン島、フィリピンのルソン島、硫黄島などで戦火を交えたようだが詳細な状況は明らかになっていない。

なお海軍ではこの車両を特型内火艇、すなわち船艇として扱い、艦籍名簿にも登記されていた。

特二式内火艇は実戦に参加したものの、残念ながら詳細な戦果は不明である。

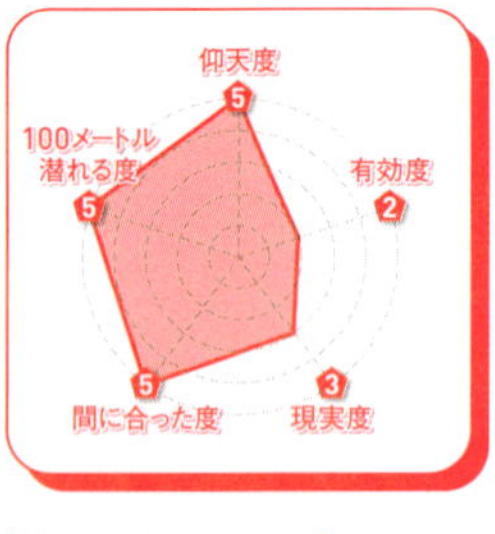

【特二式内火艇要目】

全長：7.5m ／ 全幅：2.8m
全高：2.3m ／ 全備重量：12.5t
発動機：統制型100式V型 6気筒空冷ディーゼル120hp
最高速度：37km/h（陸上）、9.5km/h（海上）
装甲：12mm（車体前面）
武装：37mm砲×1、7.7mm機銃×2
乗員：6名

【特三式内火艇要目】

全長：10.3m ／ 全幅：3m
全高：3.8m ／ 全備重量：28.25t
発動機：統制型100式V型12気筒空冷ディーゼル240hp
最高速度：32km/h（陸上）、10km/h（海上）
装甲：50mm（車体前面）
武装：47mm砲×1、7.7mm機銃×2 ／ 乗員：7名

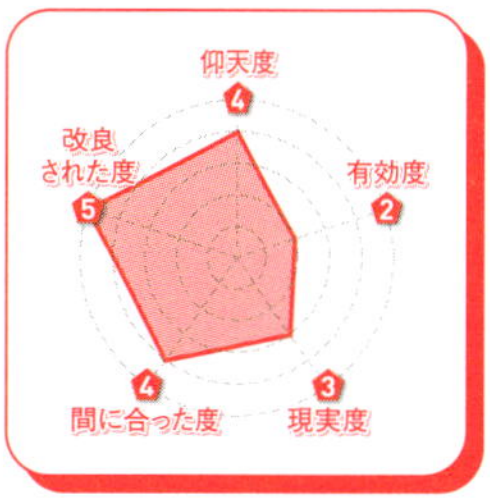

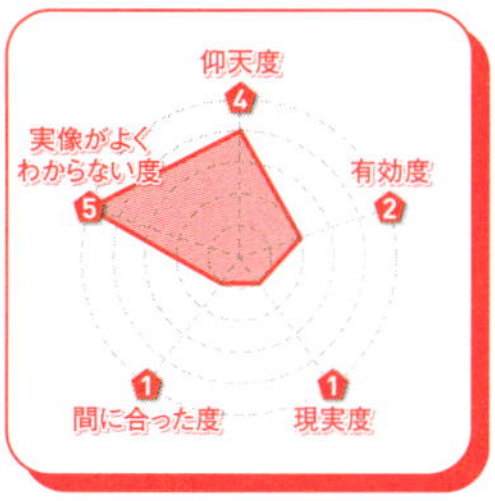

【特五式内火艇要目】

全長：10.8m ／ 全幅：3m
全高：3.38m ／ 全備重量：26.8t
発動機：統制型100式V型6気筒空冷ディーゼル120hp
最高速度：32km/h（陸上）、10.5km/h（海上）
装甲：50mm（最大）／ 武装：47mm砲×1、25mm機銃×1、7.7mm機銃×1 ／ 乗員：7名

より強力な戦力として 特三式／特五式内火艇

特二式内火艇に続き、一式中戦車を基本として開発されたのが特三式内火艇である。

深度100メートルまでの潜航に耐えられる水密車体、水上走行時には車体の前後に大型のフロートを装着するなど、基本的な設計コンセプトはほとんど変わっていない。しかし、自重の増加に伴って一式中戦車では6個だった転輪が8個となり、砂浜など軟弱地盤での行動を容易にしている点が注目される。

開発は比較的順調だったようで、昭和18年には制式採用されているが、悪化しつつあった戦局の影響から量産は見送られてしまった。

そして、この特三式内火艇の改良型が特五式内火艇である。

製造工程が簡易化された車体とフロートは、平面構成の溶接構造となった。特三式内火艇で砲塔に搭載されていた一式47ミリ戦車砲を車体前方に直接搭載、小型の砲塔には海軍の主力対空機銃だった九六式25ミリ機銃を装備している。

特五式内火艇は開発開始が昭和20年と遅かったこともあり、試作車両が完成しないうちに終戦を迎えてしまった。

発想は斬新だったが… 特四式内火艇

艦艇がもっとも脆弱な状態なのは、港や泊地などで停泊している時だ。この瞬間を狙う泊地襲撃（真珠湾攻撃など）は、成功すれば多大な戦果が期待できる。

大戦後期、米海軍は太平洋上の環礁《かんしょう》を泊地として行動しており、日本側も再三攻撃を試みていたが大型艦艇による攻撃は制限されるため、戦果はあがらなかった。

そこで、潜水艦搭載の特型内火艇に魚雷を搭載して接近、環礁外から発進してリーフを自走突破、環礁内に停泊する敵艦に魚雷攻撃を行なう「龍巻作戦」が発案され、そのために開発されたのが特四式内火艇である。

昭和19年5月、柱島泊地に集結した潜水艦において作戦の準備が開始された。だが、事前の予行演習において試作車は予定性能を発揮することができず、作戦は延期（結果として中止）とされている。

演習を見学した板倉光馬少佐（「伊四一」潜・艦長）は「搭載潜水艦の浮上から発進まで20分かかる」「水上速力が4ノットと遅い」「不整地で無限軌道が脱落しやすい」「車体騒音が著しい」などの欠点を指摘している。

またそもそも、戦局厳しいこの時期に、未完成といってよい特四式内火艇を運用するため、貴重な存在であった大型の伊号潜水艦を6隻も戦地から回航、集結させるような作戦運用には疑問が残る。

【特四式内火艇要目】

全長：10.81m ／ 全幅：3.3m ／ 全高：3.49m ／ 全備重量：16t
発動機：統制型100式V型6気筒空冷ディーゼル120hp
最高速度：20km/h（陸上）、7km/h（海上）／ 装甲：10mm（車体前面）
武装：13mm機銃×2、魚雷×2 ／ 乗員：5名

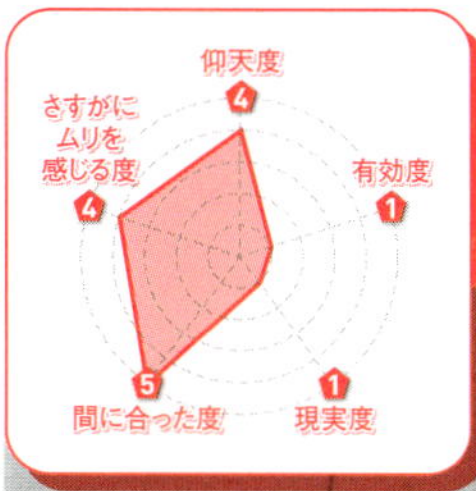

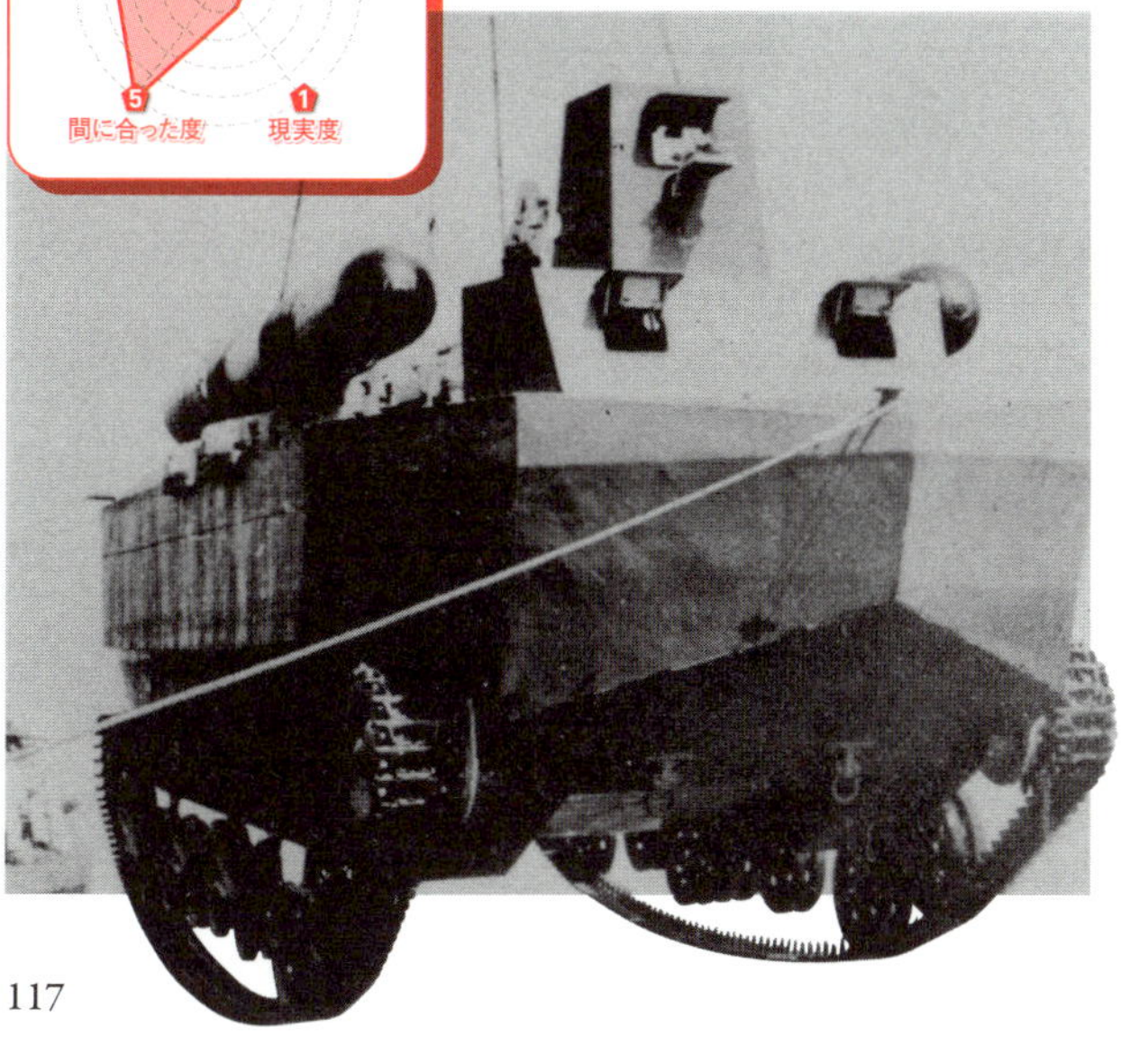

特四式内火艇は試作車が数両製作されたが、量産には至らなかった。

計画国 ドイツ／イタイア／イギリス／アメリカ

各国の小型潜水艦・潜水艇
「ビーベル」「ネーガー」「マイアーレ」「チャリオット」「X艇」「フロッグマン」

ドイツの小型潜水艦

小型潜水艇というと、日本の甲標的などが有名だが、欧米でも同様の研究、実戦配備がなされていた。特にドイツはこの手の兵器の宝庫だ。

「ビーベル」は、小型潜水艇の両脇に魚雷をくくりつけて、これを発射する艦で、排水量6トン。シュノーケル装置をもち、航続力も100キロ程度ある本格的な潜水艦であった。沿岸警備や、あるいは狭隘《きょうあい》なドーバー海峡を警戒するのであればUボートでなく、これで充分であったのだろう。

さらに単純な潜水艇として「ネーガー」がある。これは魚雷を上下に2つつなげたもので、乗員は上部炸薬を抜いて操縦可能にした上部魚雷に乗り込み、バブル状のコクピットから敵艦を見つけて下部魚雷を発射後、逃走する。出現当初は相応の戦果をあげたようだが、ガラスのコクピットは潜水艦の潜望鏡より目立ち、銃撃により追い払われてしまうようになった。

最終的にドイツは「ビーベル」を排水量15トンまで拡大した「ゼーフント」を開発する。だがこれも、さしたる戦果をえられなかった。

「マイアーレ」の殊勲

この種の小型水中兵器でもっとも華々しい戦果をものにしたのはイタリアの「マイアーレ」であろう。魚雷にアクアラングをつけた人間が乗って進むだけの、原始的というよりむしろお粗末な水中スクーターである。速力も3・5ノット、航続距離もわずか16キロ。魚雷の改造よりアクアラングの開発のほうが面倒だったほどである。だが、これは恐るべき戦果をあげた。1941年12月18日、イタリアの潜水艦「シーレ」が、

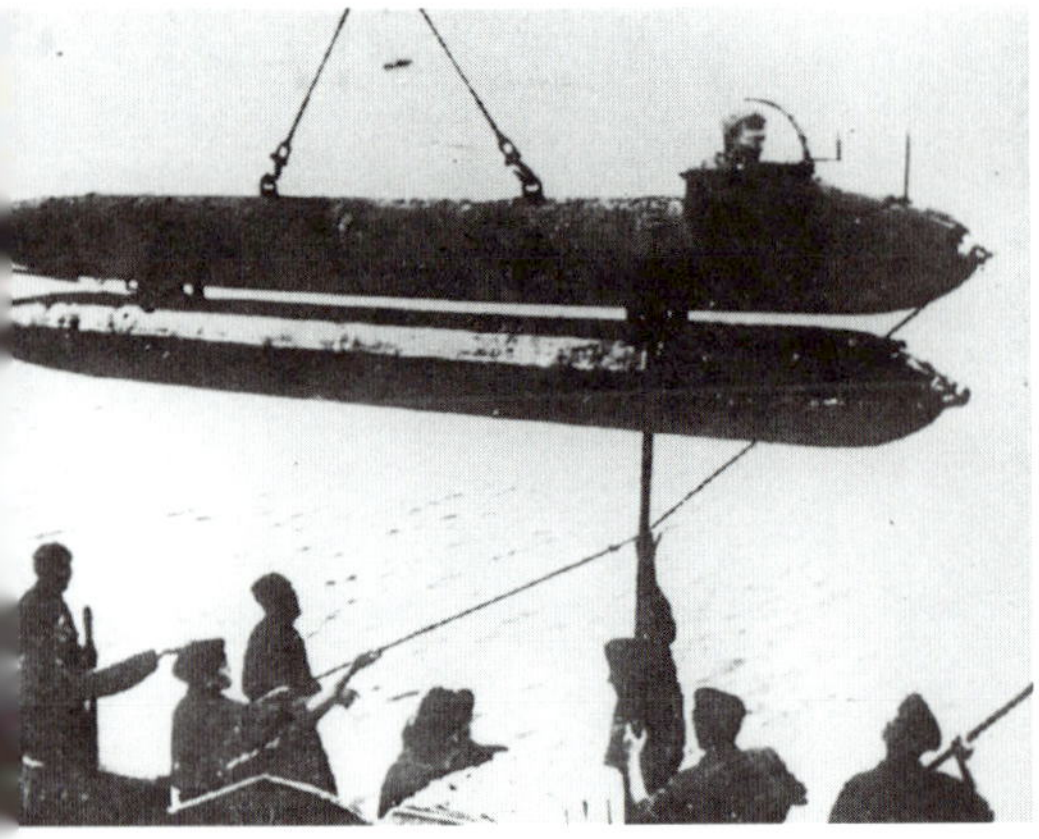

「ネーガー」の運用風景。人との比較で船体のサイズがわかる。

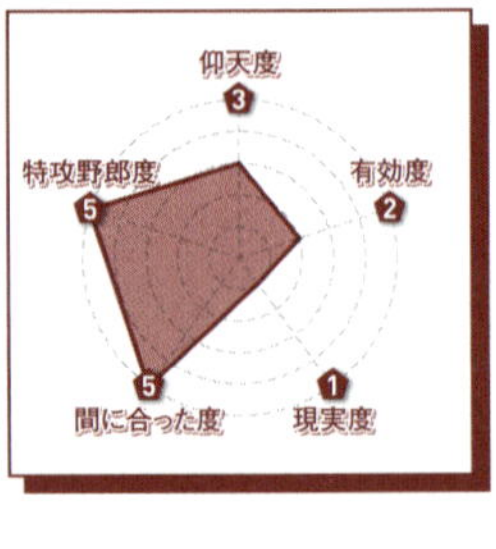
仰天度 3
有効度 2
現実度 1
間に合った度 5
特攻野郎度 5

【「ネーガー」要目】
重量：2.7t（水中）／全長：7.6m
全幅：0.53m／速度：4kt（水中）

写真はチャリオットだが、見てのとおり「水中スクーター」以外の何者でもない。

アレクサンドリア港で3隻の「マイアーレ」を発進させた。資料によれば、ルイジ・デ・ラ・ペンネ伯爵指揮のもと、「マイアーレ」にまたがった乗員は防雷網を切断。

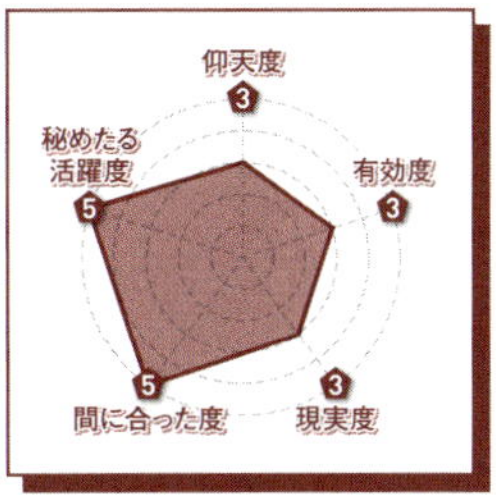

【「マイアーレ」要目】

重量：不明 ／ 全長：6.7m
全幅：0.53m ／ 速度：3.5kt

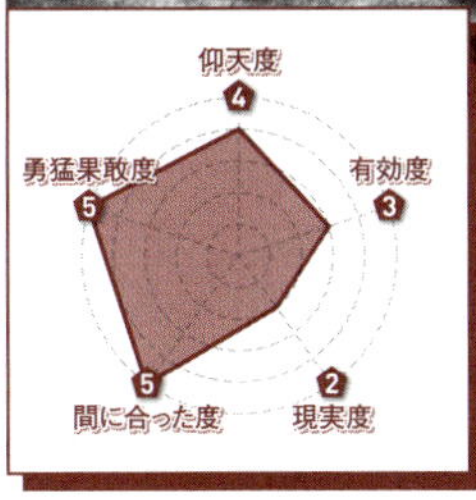

【「チャリオット」要目】

重量：1500kg ／ 全長：7.65m
全幅：8m ／ 魚雷速度：7.4km/h

停泊中のイギリス戦艦「ヴァリアント」「クィーンエリザベス」とタンカーの艦底に500ポンド爆弾をしかけた。爆弾は見事爆発、3隻は大破、着底する。

ペンネ伯爵以下6名の乗員は捕虜となったが、のちにペンネ伯爵は連合軍側に与して同様の作戦に従事したそうである。のちに伯爵が関わったと思しき、『人間魚雷』というタイトルの映画が存在する。なお、「マイアーレ」は、ほかに27隻の商船に損害を与えている。

戦艦を攻撃する水中スクーター

イタリア人も大したものだが、やられたら、やり返すのがイギリス人である。イギリスも「マイアーレ」を手本に「チャリオット」という水中スクーターを開発する。目指す最初の目標は、ノルウェーのフィヨルドに身を隠すドイツ戦艦「ティルピッツ」である。「チャリオット」は「マイアーレ」に毛が生えたような代物で、もちろん外洋航行能力はない。そこでトロール漁船を母艦に仕立て「ティルピッツ」に接近した。この作戦は荒天により失敗してしまったが、地中海では戦果をあげている。

「チャリオット」と並行して開発が進められていたのが「X艇」である。こちらは敵艦にそっと近づき、機雷を放って脱出する。

「X5号」から「X10号」までがドイツ軍の洋上艦艇を攻撃するため出撃したが、ほとんどが事故、ないし反撃で失われている。だが、「X7」の発したとおぼしき機雷が「ティルピッツ」の主機を破壊して行動力を奪っている。

X艇を大型化したXE艇はアジア方面でも使用されている。「XE1」と「XE3」がシンガポール、セレター港内に停泊中だった日本海軍の重巡「妙高」「高雄」を攻撃。「妙高」は無傷だったが、「高雄」は艦体に亀裂を生じさせる被害を受けた。ちなみに終戦直後を舞台とした『ゴジラ-1.0』に、以後も同港に健在であった「高雄」が、登場している。

【「X艇」要目】

重量：29t（水中） ／ 全長：15.7m
全幅：1.8m ／ 速度：約5kt

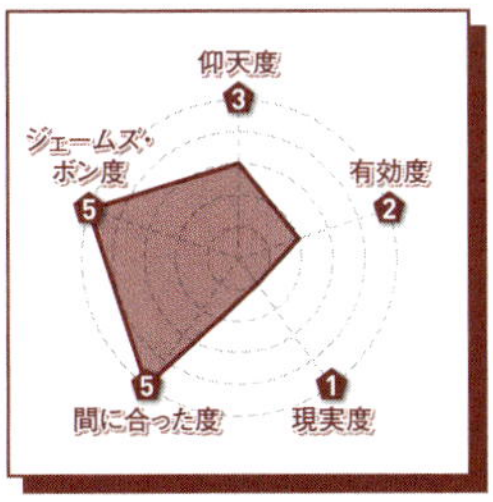

公園のボートとさほど変わらない大きさのX艇。日本海軍の重巡に大損害を与えた。

アメリカの水中破壊部隊

前述はどちらかというと、勇敢かつ、ユーモラスなエピソードだが、似たようなことをアメリカ軍が行なうと話は急にシリアスになる。泡の出ない特殊な呼吸器をつけた「フロッグマン」が主力攻撃の直前、ひっそりと上陸し、要地に時限爆弾を取りつけたり、水中で敵の重要施設を破壊したりする。これにより、上陸作戦でのアメリカ軍の被害は激減した。

今日では、彼らの後継というべきSEALsと呼ばれる特殊部隊が活動を続けている。

計画国 日本

陸軍が造った潜水艦

三式潜航輸送艇「(ゆ)艇(まるゆ艇)」

◆ (ゆ)艇 平面図

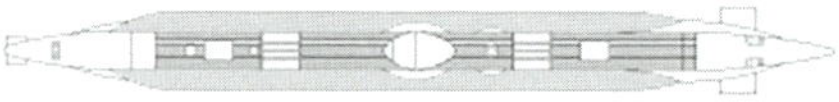

◆ (ゆ)艇(試作1号艇)側面図

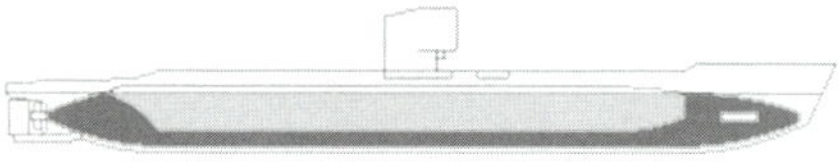

◆ (ゆ)艇 側面図

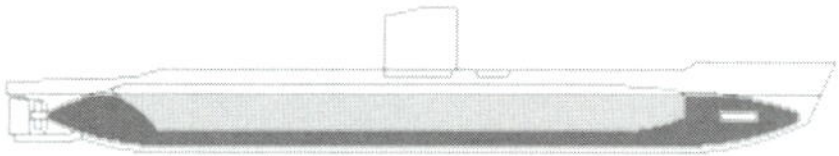

新幹線と潜水艦

東京↔新大阪を2時間30分で結ぶ、東海道新幹線の現行車両700系のぞみ型。その製造工場で、戦時中に陸軍用の潜水艦を造っていたことを知る人は少ないだろう。

山口県下松市にある日立製作所笠戸工場は、戦前から蒸気機関車など鉄道車両の製作工場として知られていた。

(ゆ)は輸送の「ゆ」！

昭和18年3月、ガダルカナル戦での苦い戦訓から学んだ日本陸軍は、島嶼に派遣された部隊に対する輸送任務を、敵制空権下でも実行しうる潜航輸送艇の建造を発案した。

海軍の技術を使うことなく、陸軍独自の潜航輸送艇を建造する工場として指定されたのが、先述の日立製作所の笠戸工場だったのだ。

まったく未経験の潜水艦建造という難事業に対して、水深200メートルの海底でサンゴの採集を行なっていた民間船舶会社の、西村式潜航艇による技術援助や、のちには事情を理解した海軍からの支援も受けて、苦労の末に昭和18年10月、試作1号艇がやっとのことで完成した。

以降、国内3カ所の工場で試作2号艇、量産艇の建造が開始され、あわせて当時は日本の領土であった朝鮮半島の仁川でも建造が始まり、終戦までに39隻の完成を見たのである。

また乗組員には、戦車兵として教育されていた人材が多数、投入されている。彼らは機械の構造に精通し、その取り扱いにも慣れているため、陸軍では未経験の分野が多い(ゆ)艇の運用に欠かせない存在だった。

そして悪化する戦況を受けて、練成途上の潜水輸送隊にもフィリピン方面への進出命令が下されることとなる。

3隻の(ゆ)艇で編成された部隊は一路南をめざして出撃したが、その航海は順調とはいえなかった。故障があいつぎ、自力で目的地まで到達できたのはわずかに1隻のみだったという。ほかの2隻は支援船に曳航されて到着した。

以後は現地で使用可能な部品を2号艇に集めて1隻のみで行動していたが、昭和19年11月28日に米軍との交戦で被弾沈没し、残る2隻も事故で失われてしまった。

大きな戦果はなかったものの、簡易な構造とはいえ企画から半年ほどで試作艇を完成させている。さらに本土からフィリピンまでの航海にも成功したことは、特筆に値する。

だが残念なことに、(ゆ)艇が揃った時はすでに、活躍すべき場所が残っていなかったのである。

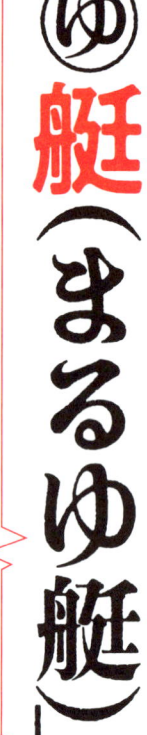

【三式潜航輸送艇「㋴艇」要目】

排水量：274t（水上）、370t（水中）／全長：41.41m／全幅：3.9m
速力：7.5kt（水上）、3.5kt（水中）／主機：ヘッセルマン型発動機×2
出力：400hp（水上）、75hp（水中）／航続力：1500浬（8kt、水上）、32浬（4kt、水中）
物資搭載量：24t／武装：37㎜砲×1ほか／計画乗員数：23名

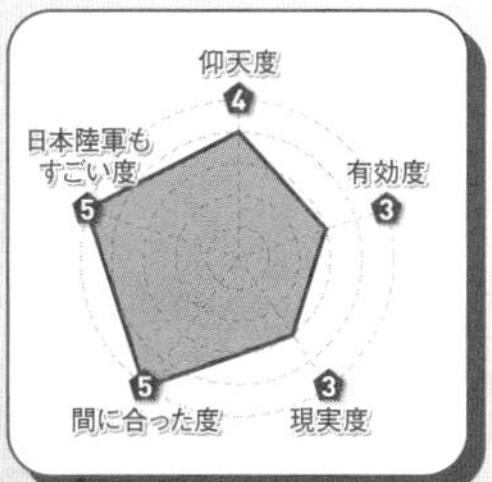
仰天度
4
有効度
3
現実度
3
間に合った度
5
日本陸軍もすごい度
5

日立工場における「㋴艇」。沈下事故が潜水成功と勘違いされるなど、開発と運用には試行錯誤がつきまとった。

COLUMN

「伊二五」潜によるアメリカ本土爆撃

文：山本義秀

昭和17年9月9日未明、米本土オレゴン州近傍の海面に1隻の大型潜水艦が浮上した。

浮上と同時に、分解状態の小さな水上機が引き出され、あっという間に組み上がった機体は、10分ほどで艦首のカタパルトにセットされた。

「艦長！　行ってまいります」

操縦士・藤田飛曹長の声が夜明け前の海面に響く。ほどなく水上機——零式小型水上偵察機は射出された。

これより前の昭和17年4月、米ドウリットル隊による帝都初空襲を許した日本海軍は、潜水艦搭載機による米本土爆撃作戦を発案、連合艦隊司令長官山本五十六は第六艦隊（潜水艦部隊）に作戦の実施を命令した。おりしもシアトル領事館から、米国の西海岸に広がる山間部の山火事は、いったん発生すると手がつけられない状態となるという情報が寄せられた。

そこで零式小型水上偵察機に焼夷弾2発を搭載する改造を施して「伊二五」潜に搭載、8月15日に単艦で出撃させる。

この作戦に使われた零式小型水上偵察機は当時の日本海軍が使用していたもっとも小さな機体であり、隠密行動が前提の水上偵察機であった。藤田機は海岸線を越え内陸に侵入、高度数メートルで50キロほど飛行し山林に焼夷弾を投下する。

しかし、不運なことに前日に降雨があったため、爆撃によって大規模な山火事は発生することはなかったようだ。また、発火しなかった焼夷弾の一部は米側に回収された。

藤田機を収容した「伊二五」潜は、そのまま西海岸の沿岸海域で通商破壊作戦を実施、再び9月29日にも爆撃を行なっている。

日本国内の新聞には「米本土爆撃成功！」の見出しが一面を飾り、国民は沸き立った。ちなみにこれ以降、アメリカ合衆国の本土を軍用機で爆撃した国はない。

時は流れて昭和37年——。

藤田元飛曹長はオレゴン州ブルッキングスの町から「勇者」として町の祭に招待され、パレードの先頭で行進した。敵は憎んでも人は憎まずという気質を肌で感じた藤田氏は、当地の高校生を日本に招待し、その後もいっそうの交流を深めたという。

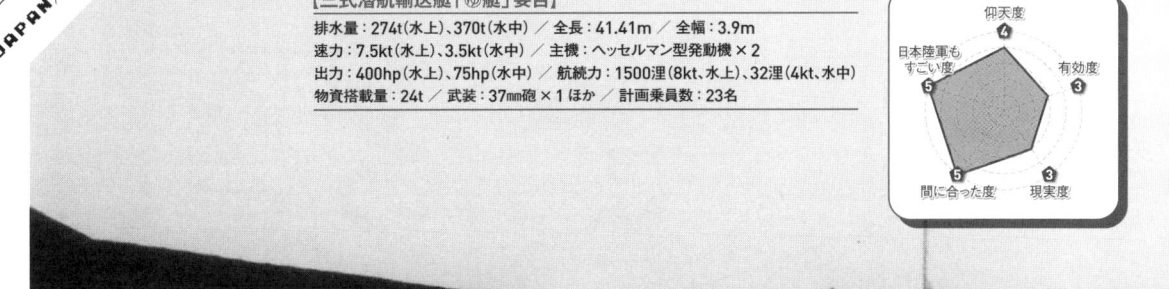

計画国 日本

陸軍が造った航空母艦

陸軍特種船「あきつ丸」

一九三〇年代の初めから、日本陸軍は上陸支援用の特種船の開発、建造に力を注いでおり、昭和17年に航空機搭載能力と飛行甲板を備えて完成した「あきつ丸」は、航空機運送船として運用されることとなった。

性能優秀な運送船

単発機なら約30機を搭載できたうえ、通常の輸送船は分解しないと航空機を積み込めないが、「あきつ丸」は分解せずにそのまま積み込むことができた。また、組み合わせによって変化するが、「あきつ丸」は約30隻から60隻の各種舟艇も搭載可能で、同時に約2000名の武装兵員を輸送できた。船尾には門扉とスロープが設けられていて、クレーンを使用せずに舟艇を発進させられたのである。最大速力は21ノットで、輸送船としては優れていた。

完成した「あきつ丸」は、航空機運搬船として南方戦域へ投入された。太平洋戦争当時、日本陸軍の航空機搭乗員は地形を見ながら自機の位置を確認していたため、目標となる地理的特徴に乏しい洋上を飛行する能力に問題があった。

そのため、搭乗員を輸送業務から解放する航空機運搬船の存在は、陸軍航空隊にとって非常に意義のあるものだった。

三式連絡機とカ号を搭載

しかし、戦局の悪化とともに米潜水艦により輸送船の被害が急増。

ちょうどその頃、新型で滑走距離のきわめて短い三式指揮連絡機やオートジャイロのカ号観測機が実用段階で、これらの機体ならば「あきつ丸」でも発着艦をはじめとする運用が可能と考えられた。

そのため、昭和19年には飛行甲板の拡張を中心とした改修が加えられ、搭載航空機による対潜作戦を実施することとなった。

しかし、結局、「あきつ丸」も地上部隊の輸送任務に投入せざるをえなくなり、搭載機を降ろし輸送作戦に従事した際、五島列島の沖合で米潜水艦の雷撃により沈没した。

このほか、世界初の強襲揚陸船「神州丸」や潜水艦「(ゆ)艇」など陸軍が独自開発した艦艇は多数ある。

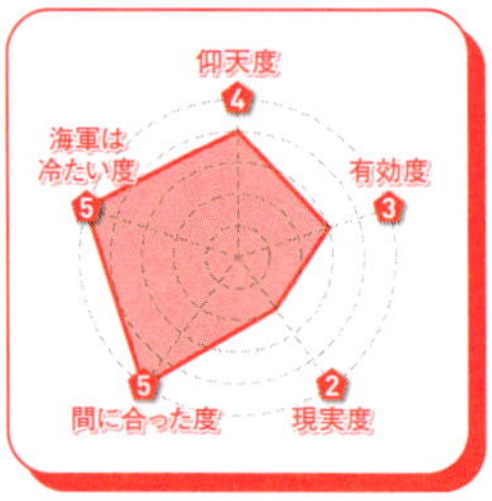

仰天度 4
有効度 3
現実度 2
間に合った度 5
海軍は冷たい度 5

陸軍が開発した航空母艦は、世界でも類がない。

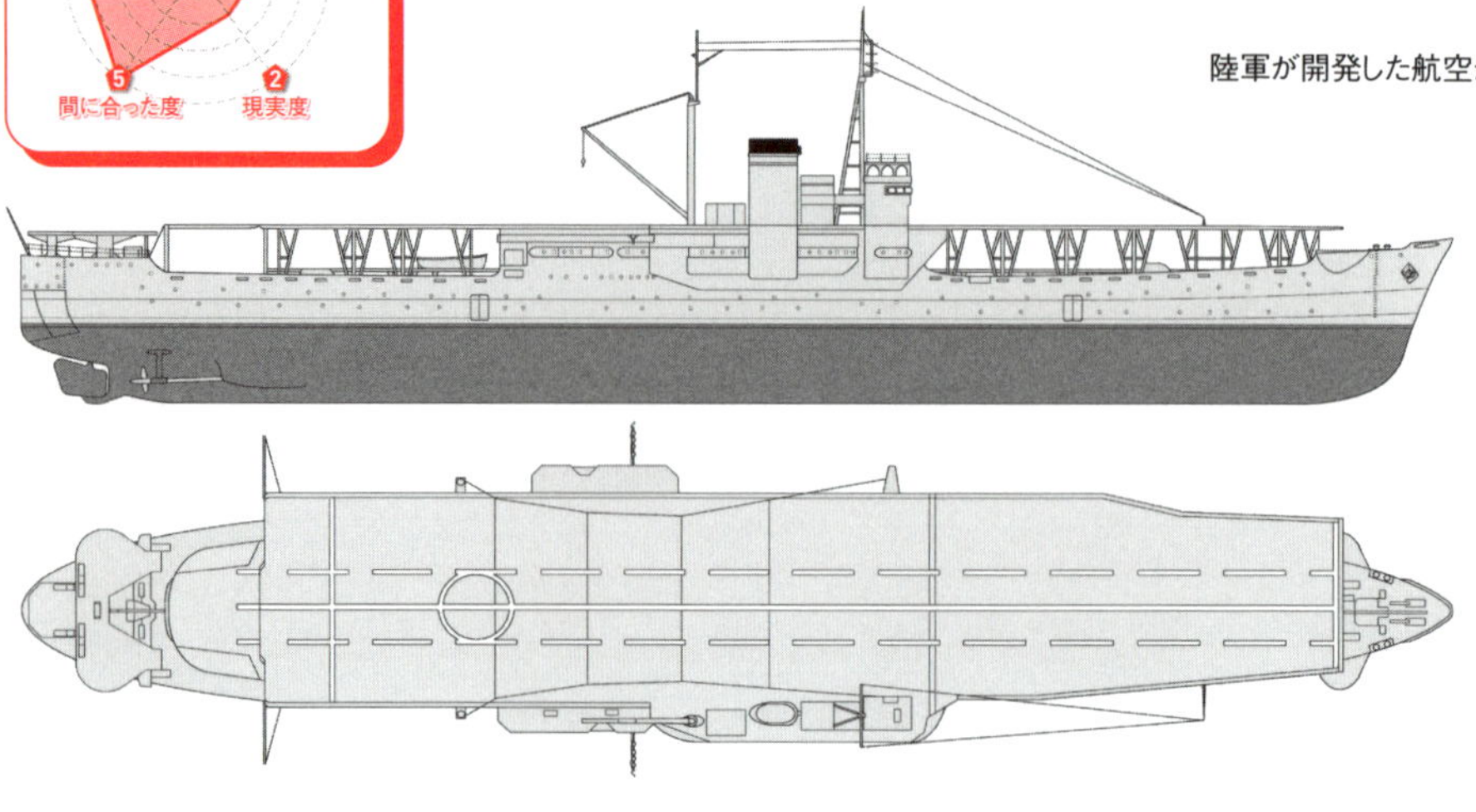

【陸軍特種船「あきつ丸」要目】

総トン数：9190t
全長：152.12m
最大幅：19.5m
速力：21kt
出力：13000hp
武装：7cm高射砲×2、7.5cm野砲×10、20mm高射機関砲×8、25mm高射機関砲×2
搭載機：三式指揮連絡機×8、大発動艇×27

図：神奈備祐哉

日本編 JAPAN／WORLD

計画国 日本

▼世界初の強襲揚陸艦

陸軍特種船「神州丸」

上陸作戦の研究を熱心に行なっていた日本陸軍は、昭和4年に大発動艇（略称・大発）と呼ばれる上陸用舟艇を完成させた。

大発は戦車も兵員も輸送できるうえ、海岸に乗り上げて兵器や兵員を迅速に上陸させられる、当時としては先進的な兵器であったが、昭和7年に発生した上海での武力衝突に対応して、部隊を海上輸送する際に問題が発生した。

上陸用舟艇は外洋を航行することができないため、上陸海岸付近まで輸送しなければならない。ところが、民間の船舶には大発を上げ下ろしできるクレーンが装備されておらず、一度設備のある港湾などで降ろした後、わざわざ曳航しなければならなかったのだ。そのため陸軍は、独自に上陸用舟艇専用母船の開発に乗り出す。設計には海軍も協力し、昭和9年、世界初の上陸用舟艇母船が誕生した。

完成した船は陸軍特種船に分類され、「神州丸」と命名されたものの、機密保持のため、ほかにもいくつか名前を持っていた。

「神州丸」は船内に多数の大発を収容しているだけでなく、速力も当時の通常の輸送船をかなり上回る、20ノットに達した。

最大の特徴は、船尾から大発の発進が可能な点で、これは世界初の新機構である。

▼実戦で期待以上の活躍

完成した「神州丸」は日中戦争で実戦にも投入、さらに太平洋戦争では上陸作戦に投入されるが、ジャワ上陸作戦の際に味方の魚雷が誤って命中し、一時沈没する（海が浅かったため引き上げられた）という珍事に見舞われている。

その後は様々な輸送作戦に従事したが、昭和20年1月3日、台湾沖で米潜水艦に撃沈された。

「神州丸」は航行中の安定性が悪く、荒天に弱い問題があった。しかし、そのような欠点にもかかわらず、陸軍特種船のなかでも際立った活躍をみせている。

おそらく、余裕のある戦前に充分な研究のうえで建造できたこと、そして、必要な時に必要な性能を有していたことが、活躍の理由であろう。「神州丸」の登場により、日本陸軍は迅速に上陸作戦を実施することが可能となったのだ。

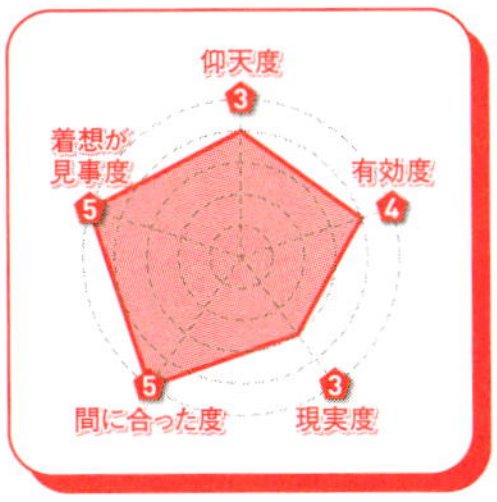

仰天度 3
有効度 4
現実度 3
間に合った度 5
着想が見事度 5

「神州丸」要目
排水量：8108t
速力：20.4kt
搭載：大発30隻、小発10

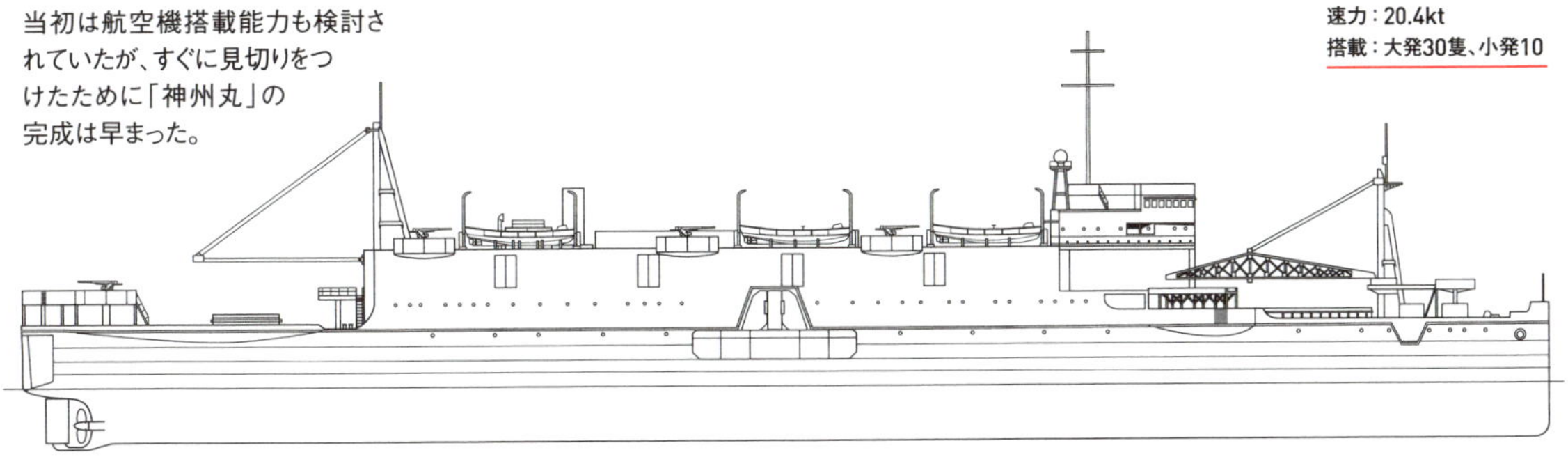

当初は航空機搭載能力も検討されていたが、すぐに見切りをつけたために「神州丸」の完成は早まった。

 図：吉野泰貴

計画国 日本

陸軍式強力防空輸送船

陸軍防空船「金華丸」

日本陸軍は太平洋戦争はもちろん、日清・日露戦争の時代から船舶の不足に悩まされ、また船舶獲得の優先権を海軍に握られていたため、独自の設計による多くの船艇を建造した。「金華丸」ほか、9隻の防空船もその一例である。ベースとなったのは日本郵船、大阪商船、三井船舶、川崎汽船などに所属していた貨物船であり、戦前から海外航路などに就航していた。

防空船への改造にあたっては、船首と船尾の左右両舷に八八式7・5センチ野戦高射砲を据えつける。これは陸軍でもっとも多用された高射砲だったが、最大射程で海軍の高角砲（海軍は高射砲をこう呼んだ）に劣っていた。これが合計で6～8門配置された。加えて単装の九八式20ミリ高射機関砲が、船体中央の煙突周辺に8基配置している。残念ながらこちらも、海軍の戦闘機に搭載された20ミリ機銃に比べると、発射速度で劣っていた。

このように、性能的には今一歩ながら多数の対空火器で武装した防空船群は、開戦当初からよく働いた。

佐渡丸は、写真のような米軍の双発爆撃機を撃墜したこともある。

防空船の奮戦

初陣は開戦の昭和16年12月、マレー半島のシンゴラ上陸作戦では「佐渡丸」「熱田山丸」「香椎丸」が参加。同時期のコタバル上陸作戦には「佐倉丸」「綾戸山丸」が参加し、イギリスの双発爆撃機を撃墜する戦果をあげた。

そしてこれ以降も、危険な作戦への投入があいついだ。昭和17年10月の第一次ガダルカナル島強行輸送作戦、昭和19年11月の第二次レイテ島強行輸送作戦でも、見事生還を果たしている。

だが作戦後に1隻また1隻と、空襲や潜水艦の攻撃によって沈没し、昭和19年11月の「金華丸」「香椎丸」の戦没を最後に陸軍防空船はすべて失われた。

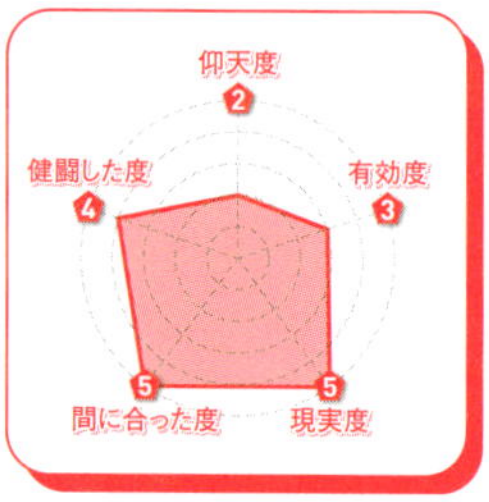
仰天度 2
有効度 3
現実度 5
間に合った度 5
健闘した度 4

陸軍防空船

「金華丸」(9305t)／「佐渡丸」(9246t)／「佐倉丸」(7170t)／「香椎丸」(8407t)／「綾戸山丸」(9788t)
「熱田山丸」(8663t)／「宏川丸」(6872t)／「靖川丸」(6738t)／「ありぞな丸」(9683t) ※すべて総トン数

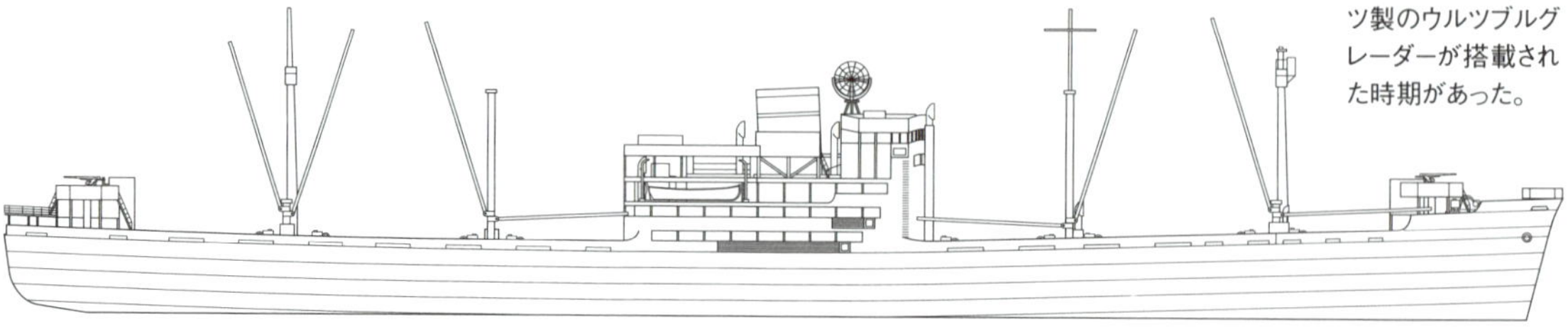
「金華丸」には、ドイツ製のウルツブルグレーダーが搭載された時期があった。

図：吉野泰貴

世界編 ◆ JAPAN／WORLD

計画国 ドイツ

▼▼▼ ドイツの弾道弾&ミサイル

「V1号」「V2号」「ルールシュタールX4」「ルールシュタールX7」

フィゼラーFi103 巡航ミサイル「V1号」

ドイツの報復兵器V1号とは本来、1939年にフィゼラー社が陸軍に提案したFi103という名の飛行爆弾であった。

V1号はペーネミュンデ実験場で開発が進められ、1942年に制式採用となって、オーストリア近くの巨大地下工場で8000機以上におよぶ量産が行なわれた。

V1号は機体尾部上部に配置されたアルグスAs014パルスジェットエンジンにより、高度2500メートルを時速640キロの巡航速度で最長330キロを飛行し、時速800キロの速度でロンドンへ落下する。弾頭には1トンの爆弾が使用された。

V1号の基地は、ドイツ占領下のフランス各地に建設され、液体火薬式のカタパルトを使用して発射されていた。

連合軍のノルマンディ上陸作戦への報復として、1944年の6月から、V1号によりロンドン市街攻撃が開始された。

A4弾道ロケット「V2号」

ドイツ陸軍は、1929年頃からウェルナー・フォン・ブラウンを中心に開発していた液体燃料ロケットに目をつけ、36年にはA4ロケットとして開発を開始。弾体は長大な流線型で、尾部にX字に配置された4枚の安定板が配置されている。先端には1トンの弾頭と、ジャイロを利用した機械式のアナログコンピュータを搭載し、安定板後縁の舵を制御する。このミサイルは、8万メートルの高度まで弾道飛行を行ないながら、300キロ離れたロンドン市街に超音速で落下する。

発射中隊は運搬車と発射機、指揮車、燃料輸送車と兵員輸送車などから構成され、ヨーロッパ各地にゲリラ的に移動して、4～6時間で発射シークエンスを完了。連合軍の拠点に容赦ない攻撃を続けるのである。

ルールシュタールX4 空対空ミサイル

1943年から、ルールシュタール社でクラマー博士が開発していた戦闘機搭載用空対空ミサイルは、尾部にロケットモーターが搭載されており、音速に近い速度で飛翔する。戦闘機の主翼

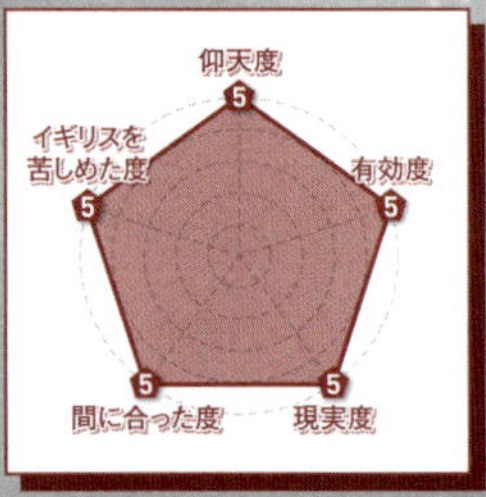

仰天度 5
有効度 5
現実度 5
間に合った度 5
イギリスを苦しめた度 5

【「V1号」要目】

全長：8.32m ／ 全幅：5.72m
全高：1.47m ／ 全備重量：2250kg
発動機：アルグスAs014パルスジェット
巡航速度：645km/h ／ 落下速度：800km/h
最大射程距離：330km ／ 弾頭重量：1000kg

V1号の猛攻に対し、イギリス国民と軍は気丈な抵抗を続けた。

下に装備されたETC70ラックにより懸吊《けんちょう》される。

弾体は、戦闘機からの有線コントロールにより誘導されるため、主翼2枚の両端には制御ワイヤーを収納したポッドが取りつけられており、コクピットの操作用ジョイスティックで操作して補助翼を可動させ、制御する。

ミサイルの先端には20キロの弾頭と触発信管、音響信管が内蔵され、敵機の接近を音で感知して爆発、周囲の敵機を破壊する。最大射程距離は、3・5キロであった。44年8月から、フォッケウルフFw190やユンカースJu88に搭載されて試験が実施されている。

ルールシュタールX7 ロートカプヒェン対戦車ミサイル

ルールシュタール社では、1943年よりクラマー博士が中心となり、X7ロートカプヒェン（赤ずきん）対戦車ミサイルを開発していた。これは、105ミリ榴弾砲を改造したランチャーより発射される誘導式ミサイルで、弾頭には2・5キロの特殊成形炸薬と触発性信管が配置されている。この炸薬はモンロー効果を利用し、

X4空対空ミサイルの搭載実験も行なわれたユンカースJu88。爆撃機としてはもちろん、夜間戦闘機としても活躍した。

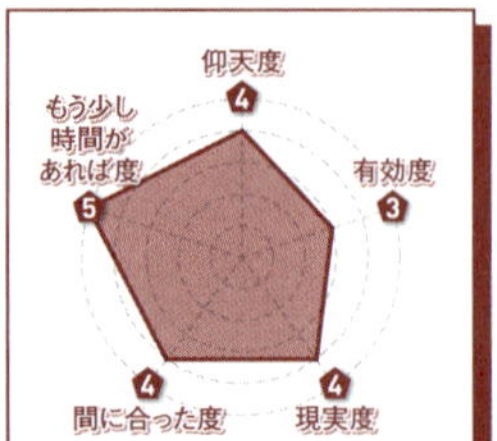

仰天度 4
有効度 3
現実度 4
間に合った度 4
もう少し時間があれば度 5

【「X4空対空ミサイル」要目】

全長：2m ／ 全幅：0.725m ／ 最大弾体直径：0.222m
重量：60kg ／ 発動機：BMW109-548ロケットモーター
最大速度：893km/h ／ 最大射程距離：3200m ／ 弾頭重量：20kg

後期型のミサイルには無線誘導装置が搭載され、専用の地下要塞の建設計画もあった。

【「V2号」要目】

全長：14.03m ／ 全幅：3.5m
最大弾体直径：1.68m ／ 全備重量：12870kg
発動機：BMW液体燃料ロケット
最大速度：5760km/h ／ 到達高度：96000m
最大射程距離：330km ／ 弾頭重量：1000kg

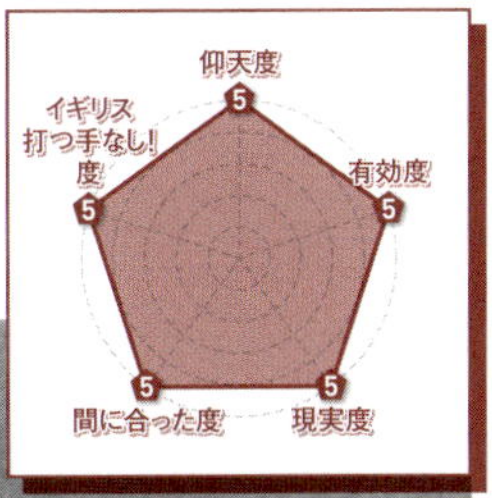
仰天度 5
有効度 5
現実度 5
間に合った度 5
イギリス打つ手なし!度 5

発生したメタルジェットで敵戦車の装甲を貫通する。弾体尾部には推力68キロの固体燃料ロケットが搭載されている。

照準装置には、ビデオカメラを用いた電子光学式照準装置、または赤外線照準装置を使用していた。

最大射程距離は１２００メートルで、地対空ミサイルとしてもテストされていたようだ。

計画国 ドイツ

旧ドイツ空軍の傑作ジェット機

メッサーシュミットMe262「シュヴァルベ」

第二次世界大戦中、世界各国はジェットエンジンの開発にしのぎを削ったが、飛行にこぎつけることができた国は少なかった。成功した国も遠心圧縮式やモータージェット式を採用しており、現在の航空機で一般的に使われている軸流圧縮式で成功したのは、日本とドイツだけであった。

難問だらけのジェットエンジン

メッサーシュミットMe262は、世界ではじめて実戦投入されたジェット戦闘機である。全長10・58メートル、翼長12・5

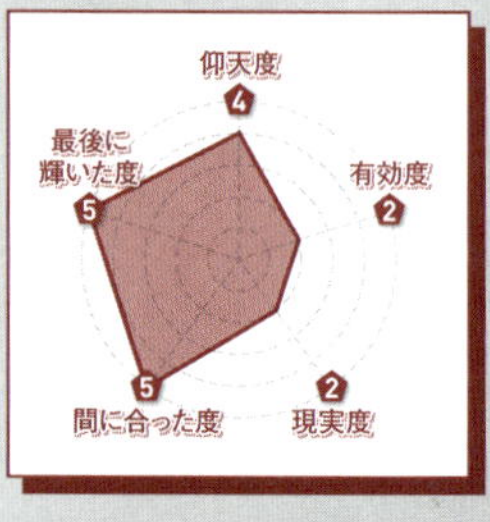
仰天度 4
有効度 2
現実度 2
間に合った度 5
最後に輝いた度 5

ガーランド中将が指揮した第44戦闘航空団などで活躍したMe262は、ドイツ空軍に最後の栄光をもたらした。

メートルで、２機のターボジェットエンジンを搭載し、最高速度は毎時８７０キロに達する。最高のレシプロ機といわれるP―51Dの最高速度が７００キロあまりであることを考えれば、驚異的な性能だ。武装は30ミリ機関砲が４門で、空対空ロケット弾も装備できる。機体も扱いやすく、性能が最大限に発揮できれば、第二次世界大戦最強の戦闘機といえる。ドイツの技術力が産みだした最高傑作機であろう。

しかし、Ｍｅ２６２が戦力化されるまでの道は遠く、険しかった。開発は１９３８年にはじまっていたにもかかわらず、戦闘機として連合軍の爆撃機を迎え撃つまでは、ひどく長い時間を要した。

まずトラブルを起こしたのが、新機軸のジェットエンジンである。

最初に採用したＢＭＷ００３エンジンはトラブルが続出し、予定の性能を出すことができなかった。実際、Ｍｅ２６２の試作一号機では、推力が足りなかったうえに、離陸途中に突然停止するという問題を起こした。小型高出力をねらったのが裏目に出てしまい、Ｍｅ２６２に搭載することはできなかった。やむなくユンカース社のＪｕｍｏ００４を採用したが、こちらもタービン動翼が破損したり、飛行中に燃焼室内の火が消えたりして、信頼できる状態になるまで時を要した。Ｊｕｍｏ００４はＢＭＷ００３より保守的な設計であったが、レシプロ機の技術的な蓄積がまったく通じないことには変わりなく、技術的な難易度は高かった。

問題を解消し、本格的な量産がはじまったのは、１９４４年になってからである。

ヒトラーの横槍

実用化が見えてくると、今度は運用をめぐって、ヒトラーと実戦部隊の指揮官との間で対立が生じた。ヒトラーはＭｅ２６２をあくまで爆撃機として運用するつもりであったようで、邀撃戦闘機としての能力にはまったく関心を持っていなかった。

開発陣はそのあたりもふまえて抜け道を考えていたようだが、ヒトラーの強い意志に逆らうことはできず、結局、Ｍｅ２６２は戦闘爆撃機として量産、運用されることになった。戦闘機として実戦投入されるまでには、さらなる時間がかかることになる。

結局、体制が整ったのは大戦末期の１９４４年の終わり頃で、第７戦闘航空団と第44戦闘航空団が編成されて連合軍爆撃隊の邀撃にあたった。Ｍｅ２６２のパイロットは獅子奮迅の活躍を見せたが、物資と人員が逼迫《ひっぱく》している状況では、連合軍の攻勢を食い止める、決定的な戦果はあげられなかった。

最後に戦ったのはドイツ降伏の日である5月8日で、ソ連軍機を見事に撃墜している。

終戦とともに、Ｍｅ２６２は連合軍に接収された。その技術がアメリカ、ソ連のジェット機に応用されたという事実こそ、Ｍｅ２６２の性能が卓越していたことを意味しよう。

【「シュヴァルベ」要目】

全幅：12.5m
全長：10.58m
全高：3.83m
翼面積：21.7㎡
自重：3800kg
最大積載量：6400kg
発動機：ユンカース Jumo004B-1×2
最大速度：870km/h
実用上昇限度：11450m
航続距離：1050km
武装：30mm機関砲×4、
または ロケット弾×24

日本編 ● JAPAN／WORLD

日本初のジェット運用機

中島特殊攻撃機「橘《きっ》花《か》」

計画国 日本

日本独自のジェットエンジン

橘花は、中島飛行機が開発した特殊攻撃機で、二基のネ20を搭載して高速で飛行。500キロの爆弾をかかえてアメリカ艦艇に特殊攻撃をかけることになっていた。

全幅10メートルとMe262よりも一まわり小さく、自重も軽かった。戦闘機ではなく、高速爆撃機として開発されており、予定どおりの性能を出すことができれば、敵戦闘機を振り切って敵艦に攻撃をかけることは充分に可能と判断されていた。

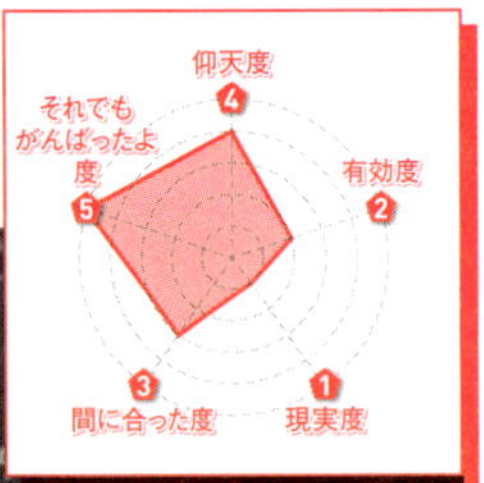

しかし、橘花もMe262同様に実用化が遅れる。とりわけエンジンの開発には手間取った。開発を主導したのは海軍の種子島時休大佐で、早くからジェット機の研究を押しすすめていたが、ドイツ以上に知見に乏しい状況にあっては、計画どおりに開発を進めるのは困難であった。試行錯誤の繰り返しで、現場でのトラブルも多かったという。

開発が劇的に進んだのは、ドイツからBMW003の断面図がもたらされてからだ。わずかの資料から開発陣はこれまでの考え方を修正し、橘花のエンジンであるネ20の作業にとりかかった。完成したのは1945年6月のことであり、設計からわずか半年後だった。

この短期間で新機軸のエンジンを仕上げたのは奇跡といっていい。断面図があるといっても、それはあくまで二次元であり、三次元の現物とはまったく異なる。パーツ

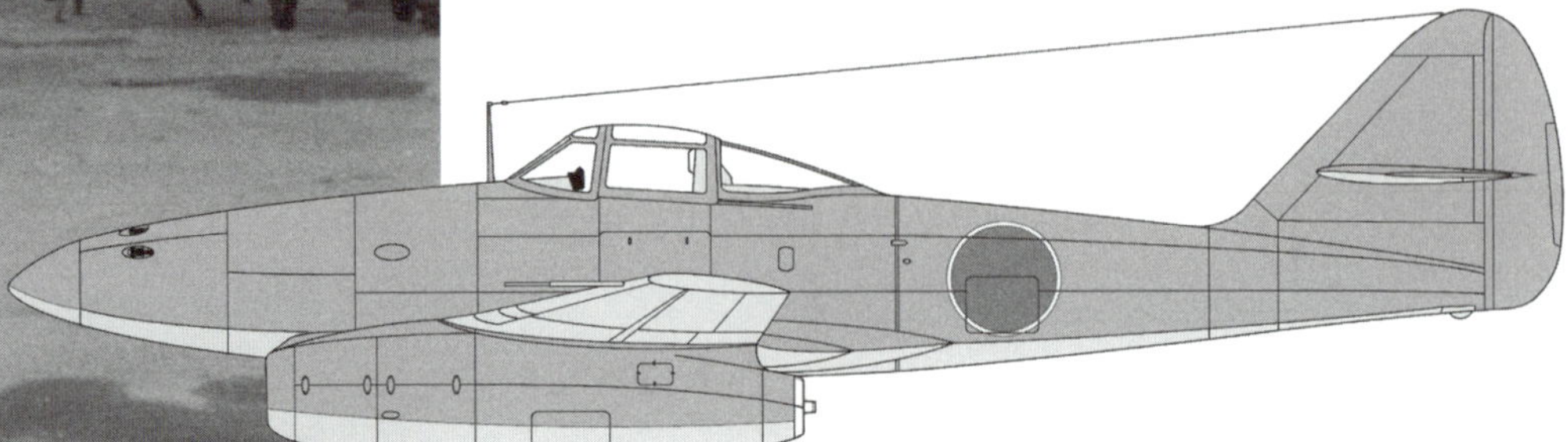

こちらは陸軍の火龍。特攻機ではなく戦闘爆撃機として計画されていた。

図：神奈備祐哉

の形状や配置はおぼろげながらにつかめるだけで、具体的なところはまったくわからない。わずかな情報から想像力を発揮して部品を作りあげ、完成までこぎつけた事実は、当時の開発陣の優秀さと熱量を示している。

エンジンの製造にあたっては、現場も工夫をこらした。当時は原材料の質が悪化しており、軍の設計どおりに製作すると、かえって不具合が生じた。

そこで現場で片っ端から図面を直し、はては口頭で訂正をおこないながら作業を進めるというとんでもない方法で、エンジンを作りあげたのである。

感動の初飛行

苦労の末に完成したネ20は、木更津にもちこまれ、機体に搭載されて試験をはじめた。地上滑走試験を行なったのは1945年7月27日で、29日には第二回、第三回の試験も行なった。8月5日の公試運転では石川島航空の荒木社長がジェットの排気を受けて(レシプロ機では後部に排気は出ない)4メートル下の川に落ちるという、ジェットエンジンゆえの小事件を起こしている。

橘花の初飛行は、8月7日。12分の飛行は、日本航空史における一大イベントであろう。

終戦の時点で、橘花は10機程度が生産されていたが、飛行に成功したのは8月7日に飛んだ一機だけであり、それも12日の事故で破損してしまった。終戦とともに日本初のジェット戦闘機は時の彼方に消えることになる。

橘花は、同じジェット機でありながら、Me262のように実戦で華々しい活躍をすることはなく、一部の者だけが知る幻の機体となった。

しかし、未知のエンジン開発に成功した技術は戦後日本の礎となり、高度経済成長へつながる道をたしかに切り開いたのである。

【中島試作特殊攻撃機「橘花」要目】

全幅：10m ／ 全長：9.25m ／ 全高：3.05m ／ 翼面積：13.21㎡　自重：2300kg
発動機：ネ20型ターボジェット × 2 ／ 最大速度：670㎞/h ／ 実用上昇限度：10700m
航続距離：889㎞ ／ 武装：爆弾250kg、または500kg × 1 ／ 乗員：1名

橘花は機首に30ミリ機関砲を装備した戦闘機型、複座の練習機型、偵察型も予定されていた。

計画国 アメリカ

ボーイングB29「スーパーフォートレス」

最強の高高度爆撃機

第二次大戦中の最大の爆撃機であり、戦中派の日本人にとって、恐怖の象徴であったB29。しかし、戦果をあげはじめるまでに、この機ほどの労苦を強いられた機体も珍しい。

おびただしい犠牲

初飛行は1942年。試作機が飛び立ったものの、あっさり事故を起こして焼失。さらに、2年をかけて完成はさせたものの、日本国内を攻撃しようにも適当な発進基地がなく、中国四川省、成都を出撃地として設定した。

日本初爆撃時のB29は、1944年6月16日に中国を出撃、北九州八幡製鉄所を空襲したが、出撃した68機中、機体の不調で21機が引き返し、日本上空に達したのは47機。夜間戦闘機の迎撃を受け、爆弾を捨てて逃げ帰るもの多数。7機が撃墜され、かろうじて1機が投弾しているが、当然外れている。そこでアメリカ軍は、発進基地をマリアナ諸島に移した。

もくろみどおり日本本土空襲を開始、主戦法は高高度からの軍需工場に対する昼間精密爆撃であった。B29は最新の照準システムを搭載していたが、この攻撃効果は疑わしいもので、とくに冬季は上空をジェット気流が吹き荒れるため、B29の対地速度は時速800キロを超えた。投下が0・1秒遅れても爆弾は風に振られてあさっての位置に落ちるのだ。

さらにマリアナ諸島には約1000機のB29が配備されたが、小島であるため、全機発進するには時間がかかる。結果、小機数ずつが日本本土上空に達して迎撃を受け、各個撃破される。

そこで急遽、米軍は硫黄島の攻略を強行。B29の緊急着陸地として利用すると同時に、護衛戦闘機の発進基地として利用するためである。同島攻略に際しての被害は甚大で、アメリカ軍の死傷者が日

ルメイ少将の「低高度、無差別爆撃」は成功し、数多くの日本国民を殺傷せしめた。これに対し、最後まで日本の防空部隊は有効な反撃手段をとることができなかった……。

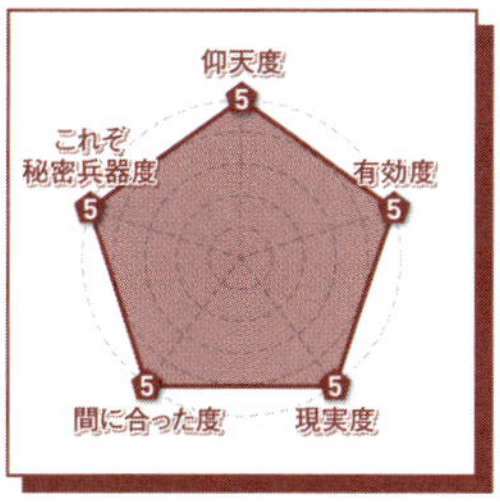
仰天度
5
有効度
5
現実度
5
間に合った度
5
これぞ秘密兵器度
5

【「スーパーフォートレス」要目】

全幅：43.05m ／ 全長：30.18m ／ 全高：9.02m ／ 自重：32.4t
最大重量：61.2t ／ エンジン：ライトR-3350-57×4 ／ 最大速度：576㎞/h
航続距離：5,200㎞（爆弾4.5t搭載時） ／ 武装：20㎜機銃 × 1、12.7㎜機銃 × 10
爆弾：9000kg（最大） ／ 乗員：11名

B29は日本人にとっては市民を無差別に殺害した悪魔の飛行機という印象が強い。

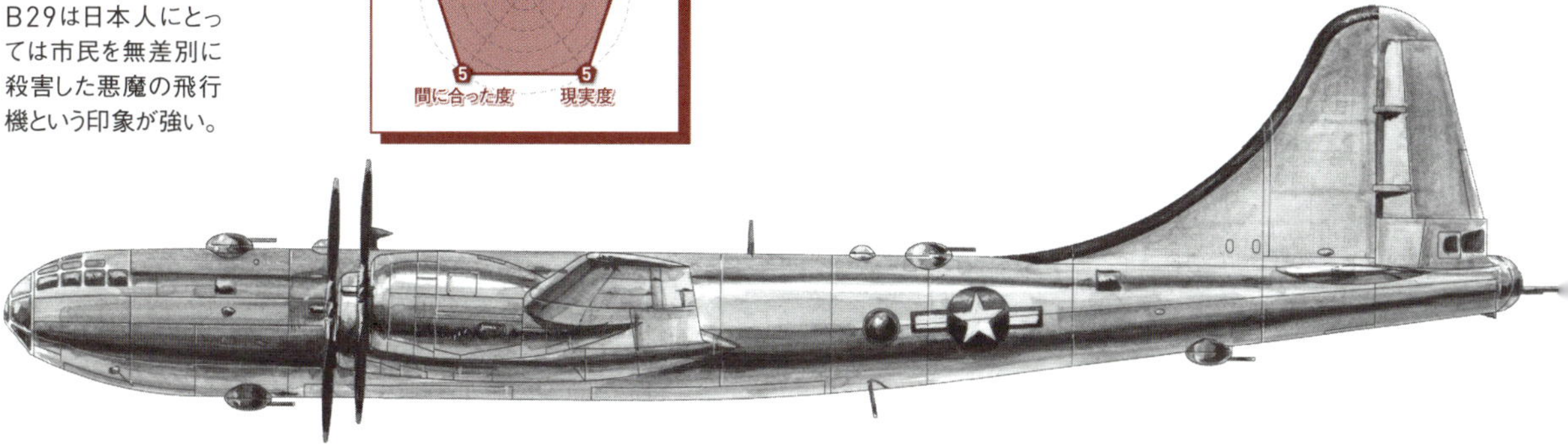

本軍のそれを上回った。

だが、被害に見あうだけの価値は充分にあった。硫黄島に不時着したB29はじつに1000機を超える。硫黄島がなければすべてが海の藻屑と化していたかもしれない。そして、のちに硫黄島を発進した護衛戦闘機のP51は日本軍の戦闘機の抵抗を排除し、日本本土の防空はとどめを刺されたのだ。

戦術変更で大戦果

その後もB29による攻撃は不調続きで、ヘイウッド・ハンセル准将は更迭され、後任にカーチス・ルメイ少将が就任する。彼は「低高度、焼夷弾による都市攻撃」を実施した。事前に攻撃範囲を確定させ、先行爆撃機が輪を描くように火災の列を作り、そしてそのなかの燃えていない場所めがけて、焼夷弾をばらまくのだ。

戦中派の人たちの文章に「探照灯のなかにB29が浮かび上がった」との描写を見かけるが、これはB29が人の目に見えるほど低空を飛んでいたためだ。ちなみに低高度爆撃の命令が下された時、パイロットからは大反発を受けた。日本軍戦闘機の迎撃と対空砲を恐れたのである。だが、結果はご存じのとおりで、B29はやっとまともな戦果をあげるようになった。

高高度精密爆撃を目的として開発されたB29が、本来の目的を放棄してはじめて実用的な機体となったのである。

COLUMN

嫌われた4発機

文：青山智樹

B29はもっとも成功した大型爆撃機であり、他国にはこれに匹敵するような爆撃機はない。各国例外なく4発機が軍部に嫌われたためである。

日本の一式陸攻も4発機として計画されたが、海軍のごり押しにより双発機として完成している。とはいうものの、一式陸攻は、それまでの単列星形エンジンを複列にしただけで、ひとつのナセルに2つの旧式エンジンを詰め込んだ機体である。

B29の前身であるB17も、欧州の様子がきな臭いので渋々採用された機体だ。ナチスの勃興がなければ量産されなかっただろう。B17はB29より航続力が劣っており、ドイツ奥地の攻撃に活躍したが、いささか機体強度に難点があり「空飛ぶ棺桶」と揶揄された。また、B29が失敗したときの保険としてB32が作られていたものの、こちらは高高度性能が優れず、生産は少数にとどまった。

イギリスのアブロ「ランカスター」爆撃機は、双発機を4発に再設計した機体で10トン爆弾が搭載可能な大型機であったが、航続力も短く、対空機銃に難点があり、被害が続出したため、のちに夜間爆撃専門に運用方法が切りかえられた。

ドイツ軍は開戦を見越してフォッケウルフ「コンドル」を爆撃機に改造可能な旅客機として開発していた。しかし、使ってみると、しょせんは旅客機の改造機、性能的に満足がいくものではなく、すぐに洋上の哨戒任務に回されている。皮肉にも、こちらでは大活躍したそうである。

しかしながら、ドイツは大型爆撃機を諦めない。しかも、軍はなんとしても双発にしろという。仕方なくハインケル社ではV型水冷エンジンを2つ直結してナセルに押し込んだ。ハインケル117「グライフ」である。

結果は無惨なもので、火災が頻発し、戦闘で失われたものより、事故での損失のほうが多かった。のちに4発に設計し直されるが、空軍は終戦直前まで量産を認めなかった。日本の「連山」は、実機が完成したものの、これまた終戦を迎える。

戦後ではソ連のTu4がある。通称ボーイングスキー。ソビエトが領内に不時着したB29をコピーしたものといわれている。結局、この話もB29の優秀性を示したにすぎず、大戦中、使い物になった4発爆撃機はB29だけだった。

画：吉原幹也

日本編・JAPAN／WORLD

▽B29を痛撃する大高射砲

五式15センチ高射砲

計画国 日本

五式（制式年号は付けられていなかったという証言もある）15センチ高射砲を語るうえで忘れてはならない存在が2つある。

ひとつはB29爆撃機、もうひとつは三式12センチ高射砲の存在だ。この2つがなかったならば、15センチ高射砲は存在しなかった。

15センチ高射砲の存在を抜きにしても、三式12センチ高射砲は従来の日本陸軍高射砲とは一線を画した存在だった。またそうならざるをえなかった。

理由は航空機技術の進歩、具体的には高速化と高高度化である。

高空を高速で飛行する敵機から要地を防衛するためには、高空に砲弾が到達しなければならない。

高射砲は敵機の進路上に次々と砲弾を送り込み、炸裂させる兵器であるから、砲弾の最高到達高度の6割程度が敵機の飛行高度となるようにする必要がある。そうでなければ、砲弾は敵機が直上に来た時しか届かないことになる。

砲弾を高空に飛ばすためには、初速を上げることが不可欠だが、従来の8センチクラスの砲弾の初速を高速化しても、弾体重量と空気抵抗の関係から容易に到達高度は伸びない。良好な弾道特性で砲弾を重くするには口径の増大が必要だった。これは、戦艦の主砲口径が増大するのと同様の理屈だ。

こうして高高度を火力制圧するため、高射砲の口径は12センチとなった。だが砲弾重量の増大により、人力での装填では発射速度の低下を招くため、自動装填装置が取り付けられることになる。

さらに従来は2〜3秒は必要だった照準から信管調定までのタイムロスも、この自動装填装置により著しく短縮され、電気式の二式照準具による算定ともあいまって、高性能高射砲の完成となった。

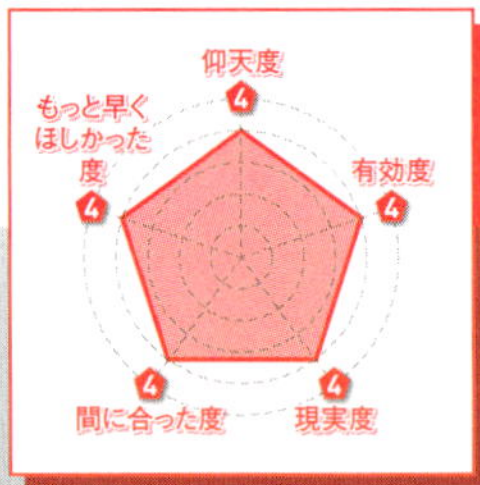

【五式15センチ高射砲要目】

砲身重量：9.2t ／ 砲身長：9m
高低射界：0〜+85度 ／ 方向射界：360度
最大射程：26000m ／ 最大射高：19000m

立っている人物と比べると、砲身の長大さが実感できる五式15センチ高射砲。2門だけの配備が惜しまれる。

逼迫する戦局に 五式15センチ高射砲登場

陸軍は、米国のB29爆撃機について、早い時期から情報を入手していた。しかし、その性能は不明であり、当初は三式12センチ高射砲で対応できると考えていた。だがその後、B29が高度1万～1万5000メートルで飛行することが明らかになり、B29を落とせる高射砲が必要となった。

すでに戦局は予断を許さず、新型高射砲は12センチ高射砲の拡大型と決まった。それが15センチ高射砲である。

B29の攻撃は、大戦後半になると無差別に都市を焼き払う非道なものとなった。

昭和18年12月の設計開始からわずか17カ月で試作第一号が完成できたのも、12センチ高射砲の存在があったがためである。

15センチ高射砲の算定（目標の測距、照準など）は、地上にあって敵機の追跡を行なう1号機と、地下にあって敵機の未来位置を計算する2号機によって行なわれ、高射砲と電気的につながっていた。

また、ウルツブルグレーダーとも連動しており、レーダーによる標定諸元は大隊本部から有線で受け取り、算定具手に伝えられた。算定具が計算して導き出した、方向・高度・信管の諸元はメーターに赤い指標で示され、砲手が砲位置を示す白い指標を合わせれば調定は完了したという。

この15センチ高射砲の戦果については、否定的な記録も散見される。だが、B29爆撃機の撃墜の事実はあったらしい。昭和20年8月1日に行なわれた空襲で久我山の15センチ高射砲は2機のB29爆撃機を撃墜したといわれている。この空襲には600機以上のB29爆撃機が参加し、4都市に対して爆撃を行なった。15センチ高射砲は、たしかに当初の目的である対B29爆撃機用の兵器としては成功したといえるだろう。

だが15センチ高射砲が初陣を飾った8月のあの日、すでに東京大空襲より数カ月が経過し、その都市機能は麻痺状態にあった。日本の大都市はほとんどが壊滅的な被害を受け、B29爆撃機は地方都市をその攻撃目標に選んでいた。

首都東京にあった高射砲の数は600門、対するベルリンのそれは3000門。歴史を変えるためには、半年早く100倍の数の15センチ高射砲の配備が必要だっただろう。

COLUMN

日本本土の防空システム

文：林譲治

結論からいえば日本における防空システムは、開戦時から本土を爆撃されたイギリスやドイツなどに比べ遅れていた。これは装備の技術的な問題よりも、当局の戦争指導の意識によるところが大きかった。問題意識がなければ、技術開発も行なわれないのだ。

これは日本軍の兵器行政全般にいえることだ。バトル・オブ・ブリテンより1年以上が経過した昭和16年1月の時点でさえ、東條首相が「防空は軍の積極作戦を妨害しない範囲で準備する」と答弁しているほどだ。

ドウリットル隊の日本本土空襲と、陸海軍航空隊が彼らを1機も撃墜できなかったという現実に、防空体制の整備がようやく着手されるが、それらの準備が軌道に乗り始めたのは、昭和19年春以降であった。本土防空で特に重要だったのは、電波警戒機、いわゆるレーダーであった。初期は、ドップラー効果を利用した警戒機甲を中心に整備されたが、パルス波を用いる高性能の警戒機乙が実用化されると、それが電波警戒機の中心となり、機材の進歩にあわせて防空組織も改編されていった。

硫黄島が陥落するまでは1600キロ南方の情報が入手できたが、陥落以降は範囲は400キロまで低下した。それでも太平洋岸に40基のレーダーが配備され、B29の空襲を1～2時間前には探知可能となっていた。

これらの情報は、おもに有線回線で東部軍司令部防空作戦室などの中枢に送られる。ここには各監視哨で、なにが感知されたかを表示する監視哨情報盤が置かれていた。回転式の文字盤により、数値が電灯で表現されるという高度な装置であった。

ただこれらの装置は自動的に切り替わるのではなく、徴用された若い女性オペレーターが操作していた。

世界編 ◆ JAPAN／WORLD

計画国 ドイツ

「対戦車」高射砲

88ミリ高射砲「アハトアハト」

ロシア戦車に向け、88ミリ砲を発射するドイツ軍。

万能兵器「アハトアハト」

88ミリ高射砲。マニアの間では「アハトアハト」と呼ばれるこの兵器のルーツは、ドイツ軍の高射砲のルーツ、プロイセン軍が1890年代末に製作した57ミリ対気球砲にまでさかのぼる。

そして対気球砲が、対航空機用のものに発展、やがて地上戦闘や野戦防空にも使える自走式の長砲身77ミリ、88ミリ砲が開発される。

これらのドイツ軍の高射砲は、全般的に優秀な火砲として活躍したが、そのため逆に戦後、ドイツが高射砲などの火砲の開発を、ベルサイユ条約で大きく制限されてしまう要因となった。

だが、ドイツの牙は決して抜かれず、厳しい条約規制のなかでも火砲の試作を継続、1931年にふたたび新型の88ミリ高射砲の開発を開始した。新型であるのに、口径が以前のものと同じなのは、88ミリ砲弾の重量である15キロ程度が、手動作による迅速な装填の限度だと判断されたがゆえだった。この高射砲は再軍備宣言の後、Flak18として制式採用され、量産が開始された。

真打登場！ Flak36&37

スペイン内戦の後、ドイツ軍は対戦車／トーチカ用の39型被帽付徹甲弾を供給すると同時に、砲身を分割式としたFlak37、砲身命数（砲身の寿命）を向上させたFlak36の量産を開始した。

以上の88ミリ高射砲シリーズは、開戦と同時に各所で大活躍することとなった。この砲は、優秀であるだけでなく、地上兵器としての性能も与えられており、敵戦車やトーチカにも有効だったからだ。

また、当時のドイツ軍戦車部隊の主力は、訓練用トラクターから発達したI号やII号戦車であり、連合軍の投入した重装甲の敵戦車に対しては著しく劣っていた。だが、そんな敵戦車でも、88ミリならば確実に撃破できた。

第二次大戦の緒戦における、こうした戦例でもっとも有名なのが、1940年のフランス侵攻作戦におけるアラスの戦いだろう。この戦いでは、ロンメル将軍率いる第7装甲師団は、イギリス軍のマチルダ歩兵戦車の反撃で危機に陥った。マチルダ戦車は、「歩兵を支援するため」の戦車であるため、当時ドイツ軍がもっていた対戦車砲では撃破できない装甲を備えていたのだ。だが、ここでロンメルは師団長として自ら陣頭にたち、88ミリ高射砲でマチルダをアウトレンジして撃退した。

ドイツ軍はこうした戦訓をもとに、その後に繰り広げられた幾多の戦いで88ミリ高射砲を対地攻撃に投入。北イタリアでは有名なハルファヤ峠の戦いでふたたびロンメルが88ミリ高射砲を用いてイギリス戦車部隊を撃破した。さらに独ソ戦の初期では、イギリスのマチルダ戦車よりもさらに強力なT

砲列を敷くアハトアハト。常識はずれの威力と運用法に対し、イギリス軍捕虜とドイツ軍の間では、「高射砲で戦車を撃つのは卑怯だ」「高射砲でしか撃破できない戦車を持ってくるほうが卑怯だ」という会話がなされたとか……。

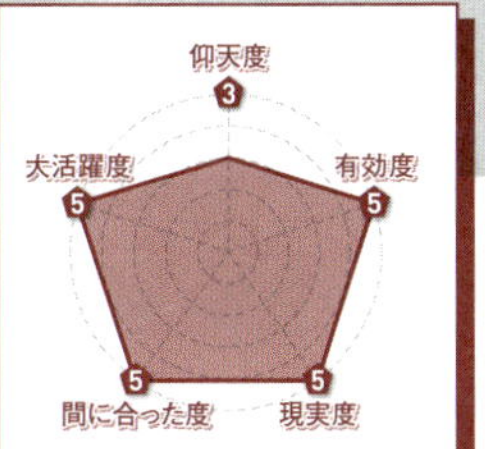

【「アハトアハト」要目】

重量：6861kg
砲身長：4.93m ／ 口径：88㎜
発射速度：不明 ／ 最大射程：2㎞

34中戦車や「モンスツルム（怪物）」の異名を持つKV1重戦車に、鉄槌が振るわれた。88ミリの対戦車兵器としての使用は、ドイツ軍が防衛戦に転じた大戦後半以降も続けられた。

また、ドイツ軍は前述の3種にくわえて、さらに強力な性能を持つFlak41、純粋な対戦車砲の88ミリPak43L／71、戦車搭載型の88ミリKwK36Lおよび88ミリKwK43L／71を開発した。特に最後の2種はそれぞれドイツ軍最強の戦闘車両ティーガーI重戦車、ティーガーII重戦車の主砲として搭載されたからだ。

かくのごとく、88ミリ高射砲は、地上、対空を問わず大活躍した傑作兵器だった。しかしそれは、砲の性能だけでなく、高射砲を対地攻撃に用いるという、ドイツ軍がもっていた柔軟な兵器運用構想がなければ、実現しえなかったともいえる。

COLUMN

ハルファヤ峠の死闘

文：内田弘樹

88ミリ砲がもっとも「超兵器」らしく活躍した戦闘は1941年6月、北アフリカ戦線の一戦、ハルファヤ峠の戦いである。

イギリス軍は、この戦いに重武装のマチルダII歩兵戦車を投入。それに対し、ドイツ軍はハルファヤ峠に第194歩兵連隊第一大隊を配備していた。

大隊の指揮官は、マンハイム福音協会で牧師を務めていたウィルヘルム・バッハ少佐。彼はいくつかの火砲とともに、たった5門の88ミリを陣地に隠し、イギリス軍を待ちかまえた。

6月15日、イギリス軍はマチルダIIを先頭に立て、ハルファヤ峠へと攻勢を開始した。バッハは冷静に情勢を見極め、88ミリで敵戦車を狙う。この時、イギリス軍は88ミリの存在に気づいていなかったため、バッハの攻撃は完全な奇襲となった。88ミリの高威力によって、マチルダIIはなすすべもなく討ちとられていく。陣地に突入した12両のうち、11両のマチルダIIが撃破され、イギリス軍の攻勢は完全に頓挫してしまった。

イギリス軍は、峠を「ヘルファヤヘル・ファイヤ（煉獄）の峠」と呼び、バッハ少佐も「劫火の牧師」と呼ばれるようになるのである。

日本編 ● JAPAN／WORLD

陸軍が誇る大射程列車砲

九〇式24センチ列車加農砲

計画国 日本

列車砲とは、鉄道車両に大口径砲を搭載した兵器である。第一次世界大戦において、のちに日本へ列車砲を輸出するフランスのシュナイダー社などが、列車砲の製造にあたった。フランスの列車砲は大きな戦果をあげ、対するドイツも列車砲を投入したため、敵味方が列車砲を撃ち合う大砲撃戦が展開された。

第一次世界大戦後、日本軍も列車砲の開発に着手することとなり、とりあえず海岸要塞用の27センチ加農《カノン》砲を流用、車体を新たに開発するが、すぐに問題が発生する。陸軍の要求に対し、射程が不足していたのだ。27センチ加農砲の射程は1万6000メートルあり、陸軍屈指の長射程を誇っていたが、第一次世界大戦に参加した諸外国の列車砲と対抗するためには、さらに長い射程距離が必要と考えられたのである。

フランスより列車砲を購入

ところが、まもなくシュナイダー社が長射程の列車砲を売り込んできたため、同社より列車砲を購入することになった。

シュナイダー社の列車砲の射程は5万メートル以上、最大射程でも弾着誤差100メートル以内という、きわめて優秀な射撃性能を発揮している。さっそく日本陸軍はこれを九〇式24センチ列車加農砲として採用した。そして、敗戦の日に至るまで、日本陸軍はこの砲を超える射程を持つ火砲を作れなかった。

日本が対ソ戦か対米戦かで揺れていた昭和16年末、九〇式24センチ加農砲は満州に送られた。対ソ開戦となった場合、長大な射程を活かしてシベリア鉄道を砲撃、破壊するほか、後方への撹乱《かくらん》射撃を行なう予定だった。

出撃指令が下れば、急ぎ引き込み線を敷設し、極秘裏に構築された射撃陣地へ移動する手筈だったが、出撃命令が下ることはなかった。そして、運命の昭和20年8月9日、ソビエトの満州侵攻が始まった。だが、不運にも指揮官が出張中で不在だったうえ、列車砲自体も分解整備中であり、ついに実戦へ参加することはなかった。

その後、この列車砲はソビエトが捕獲し、本国へ持ち去ったともいわれるが、詳細は不明である。

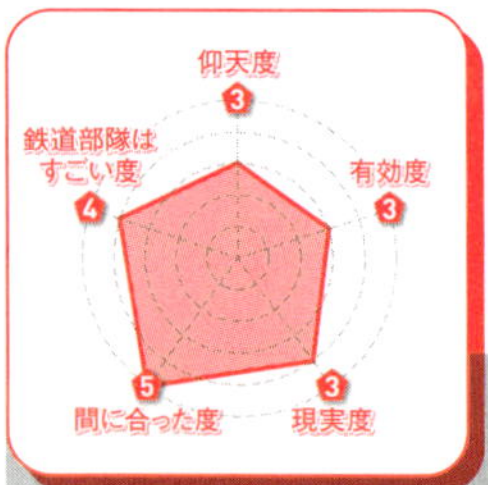

【九〇式24センチ列車加農砲要目】
重量：砲身35t／放列砲車：136.0t
砲口径：240㎜／砲身長：12.8m／高低射界：0～+50度
方向射界：360度／最大射程：50120m／弾量：165kg

満ソ国境近い水克陣地に到着した九〇式24センチ列車加農砲は、トンネル格納庫へ搬入された。そのうえで航空偵察によってトンネルの存在を推測されないよう、引き込み線は撤去されている。

和製ロケット兵器

四式噴進砲

計画国 日本

第一次世界大戦後、民間で宇宙旅行を目的としたロケット研究が大流行し、ロケットの飛翔や推進剤の燃焼に関する技術情報が蓄積された。

なかでも、新たな推進剤の登場と、飛行中の燃焼に関する研究が進んだことは大きく、その結果ロケット兵器も大きく発展することになった。

兵器としての実用化へ

研究が進んでいたドイツでは、1930年代から新型ロケット兵器の開発が進んでおり、日本陸軍もドイツとほぼ同時期の1931年（昭和6年）には、ロケット兵器の研究に着手している。当初は、三八式野砲からロケット弾を打ち出すことで、砲の射程を延長することが目標であった。

その後、研究の中心は野砲の射程延長からロケット兵器そのものへと移り、昭和15年頃にはロケット兵器がいちおうの実用段階へ達しつつあった。

日本やドイツのロケット兵器は、アメリカやソビエトが翼で弾道を安定させていたのと異なり、回転しつつ飛翔することで安定した弾道を描くようになっていた。この方式は、理論上は安定翼方式より弾道が安定することになっていたが、ロケットの飛翔や、推進剤の燃焼をうまくコントロールしないと、所定の効果を発揮しなかった。

太平洋戦争のロケット兵器

ところが、太平洋戦争が始まったため、量産も運搬も容易というロケット兵器はにわかに注目される。昭和19年には四式20センチおよび40センチ噴進砲という名称で二種類のロケット兵器を実戦に投入し、沖縄や硫黄島の防衛戦闘でアメリカ軍に大きな被害を与えた。

その他、日本陸軍はドイツからパンツァーシュレックやパンツァーファウストなどの図面を入手し、それらをもとに試製四式噴進砲を開発している。

九八式臼砲

そのほか、厳密にはロケット兵器ではないが、九八式臼砲というものがある。尾部に羽根のついた外見はロケットのようだが、これは砲弾で、ロケットのように自力で推進するものではない。使用時は発射座から伸びたパイプに、火薬を装填する。そのパイプの上に砲弾をかぶせて、火薬に点火すると、ロケット状の砲弾はその衝撃で飛んでいくのだ。

発射システムとしては類を見ないもので、おそらく世界唯一であろう。

【四式40センチ噴進砲要目】

全備重量：200kg
発射軌条長：3.22m／最大射程：4000m

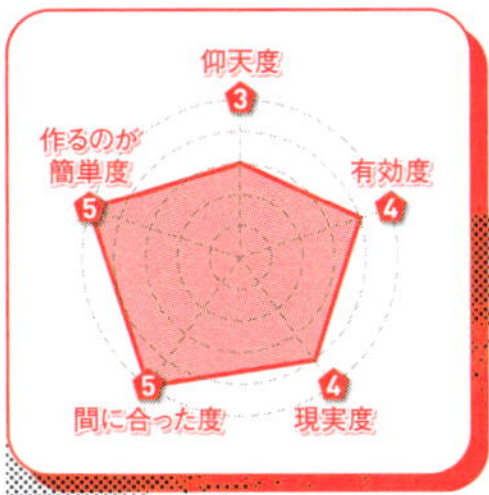
仰天度 3
有効度 4
現実度 4
間に合った度 5
作るのが簡単度 5

硫黄島の戦いで、米軍は飛来する噴進砲弾に仰天したと伝えられる。

世界編

JAPAN／WORLD

各国の原子爆弾計画

世界を終末に導く禁断の火

計画国　アメリカ／イギリス／ドイツ

アメリカの優位

原子爆弾の理論研究で第一線を走っていたのはアメリカであったように思われがちだ。相対性理論の創始者であるアインシュタインが亡命しているからである。だが、現実にはアインシュタインは原爆開発から遠ざけられている（魚雷の信管の改良や、より重大事項であるレーダー、あるいはVT信管の開発に従事していたといわれている）。

　また、アインシュタインはもともとはドイツ生まれであるため、その業績はドイツでも知られており、核開発の情報は世界中が共有していたといっても過言ではない。

　イギリスもまたG・P・トムソンの報告を受け、カナダ、モントリオールに研究所を設立。独自に「チューブアロイ計画」の名のもとに原子力開発を行なったが、これはアメリカとの共同開発という名目で「マンハッタン計画」に吸収されてしまう。ちなみにソビエトは完全に蚊帳《かや》の外に置かれた。とくに終戦が近づき、連合国の戦勝が確実なものとなってくると、アメリカは原爆の技術がソビエトに漏れないように徹底した情報統制を行う。

ドイツの理論はトップだが

当初、原爆理論研究のトップに立っていたのは本場ドイツのウェルナー・ハイゼンベルクであった。早くからウランの有用性に気づいたナチス・ドイツは併合したチェコ領内ヨアヒムシュタールのウラニウム鉱山に精製工場を建設、稼働させていた。

　また、原爆の製造にはウランよりもプルトニウムのほうが有効だが、プルトニウムは原子炉がないと作ることができない。アメリカは１９４２年に世界初の原子炉を稼動させているが、これは気体冷却式の原始的な実験炉であった。

　一方、ドイツもまた、重水と呼ばれる特殊な水を利用した原子炉を複数建設している。こちらは気体冷却式より高効率であり、高い濃度のプルトニウムを取り出すことが可能であった。

　しかしながら、これはOSS（戦略事務局）、のちのCIAの知るところになり、ドイツ国内の重水工場は完膚なきまでに破壊され、かろうじて運び出された重水も破壊工作員の手により輸送コンテナごと爆破されてしまう。

　そのうえ、ハイゼンベルグ自身も戦後の平和利用を優先すべきとして、原爆の開発には懐疑的であり、ヒトラーも興味を示さなかったため、爆弾開発は進まなかった。ハイゼンベルグは意図的に原爆開発を忌避した、ともいわれている。

　いずれにせよ、敗戦を目前にしてドイツは核開発を断念する。ドイツが保有していた酸化ウラン５５０キロは「Ｕ２３４」潜水艦によって日本に移送される運びとなるが、５月８日のドイツ降伏により、「Ｕ２３４」はアメリカ軍に

◆各国の原爆開発計画名

「マンハッタン計画」（アメリカ）／「チューブアロイ計画」（イギリス）

テニアン基地で発進を待つB29エノラゲイ。この狂気の爆弾を放った悪魔の機体は、いまもスミソニアン博物館でその姿をさらしている。

投降。同艦は大西洋で接収され、ポーツマスに回航されて搭載していたウランもアメリカ軍の手に渡る。これが広島に対し使用されたのではないかともいわれているが、いまも判然としていない。

　戦後、アメリカ軍はドイツの核開発施設を調査し、徹底的に破壊した。ソビエトに渡さないためである。もっとも、ドイツの核施設は調査報告によれば「お粗末きわまりない」ものであったという。

科学者の群像

核は人類の作り出した恐るべき業火だ。最後にこの焰を作り出した人々の言葉を述べ、項を終わりたい。

「おれたちはどいつもこいつもそったれだ」

—ロバート・オッペンハイマー。

　マンハッタン計画の科学者側責任者。のちに核開発反対運動に参加し、公職を追放される。

「気にするな。続けたまえ」

—仁科芳雄。

　仁科は「この戦争中に爆弾は間に合いません」と進言した部下にこう答えている。戦後、仁科は医薬品製造で人々の命を助ける。

「嘘だ。信じられない」

—ウェルナー・ハイゼンベルク。

　民間人であったハイゼンベルクは戦後、戦犯とされることもなく、ドイツのマックス・プランク物理学研究所長に就任。高名な科学者であるので伝記はあるものの、戦中の彼について触れられたものはわずかだ。

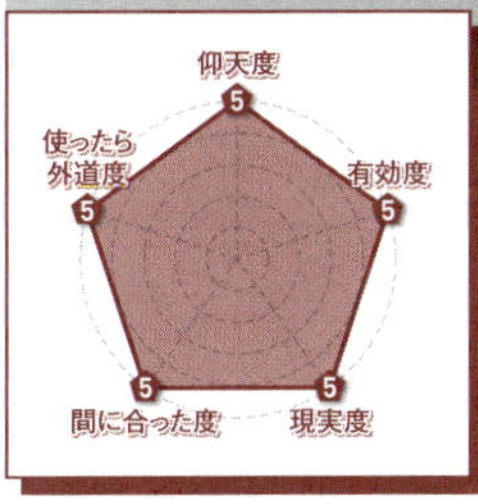
仰天度 5
有効度 5
現実度 5
間に合った度 5
使ったら外道度 5

COLUMN

爆弾に比べて遅れた動燃開発

文：青山智樹

　第二次世界大戦中、原子爆弾は各国でさかんに研究されていた。

　だが、原子力の動力としての開発はほとんど顧みられず、動燃について言及したのはドイツのオッペンハイマーくらいで、ほかはすべて爆弾開発であった。

　最初期の原子炉の構造は、燃料となるウランと、減速材と呼ばれる黒鉛などのブロックを積み上げられて作られた。「炉」というぐらいであるから高熱が発生する。この熱を外部に取り出すため炭酸ガスを循環させ、タービンを回すのである。

　もちろん、福島第一原発の例のとおり冷却しないと原子炉内が高熱になりすぎてメルトダウンが起きる（冷却剤には現在、おもに水が使われている）。燃料の組み上げ方のノウハウや、安全性の問題が残るにもかかわらず、プルトニウム製造原子炉が堂々と動いていたところを見ると、動力としての利用は著しく遅れていたといえよう。

　米国は水爆に関しても熱心で、第二次大戦終了前からスーパー計画の名で研究に着手していた。初めての水爆実験が1952年。第一号水爆「マイク」は液体水素を使った重量65トンもある代物で、とても実用化できるものではなかった。54年から小型化への研究が推進され、55年から56年にかけて爆撃機に搭載可能な爆弾が登場する。長崎に投下された原爆が20キロトンであるから、じつに100倍の威力である。

　むろん、動燃利用も無視されていたわけではないが、原子力潜水艦の開発が承認されたのは1946年なのに、計画は遅れ、初の原子力潜水艦「ノーチラス」の竣工は1954年である。また、発電用原子炉も稼動したのは1951年。水爆より若干早いが、原爆とはくらべものにならないスローペースな開発スピードである。歴史をひもとけば、あくまで軍事利用のスピンオフでしかないのが見てとれる。

原子爆弾

あと一歩だった日本の核開発

計画国　日本

広島に核爆弾が投下された日、軍部はそれがなにかを理解していた。裏を返せば、そうとわかるほど日本でも核研究が進んでいたのである。

原子爆弾の原理は天然ウランのなかに0・7パーセントだけ含まれる、ウラン235の濃度をあげて、一定量を一カ所に集めれば反応を起こす。

いわゆる広島型原爆では、半球形の金属ウラン塊を、金属筒の中で両側からぶつけて核爆発を起こさせた。プルトニウムを利用した長崎型原爆では、もう少し違った動きをするが、基本原理は同じである。

日本では仁科芳雄を中心とする、理化学研究所のグループが核開発に従事していた。日本が乗り越えられなかった問題の一つが、濃度をあげた濃縮ウラン製造である。

ウラン235をほかのウラン原子から分離濃縮するには、重さの違いを利用するしかない。原子1個1個の重さを量って、選別するわけにはいかないので、六弗化《ふっか》ウランという気体状の物質にして、235の多い部分をすくい取るのである。

抽出方法はいくつか存在する。気体化したウランを拡散させ必要な部分を収集する気体拡散法。熱を与え、軽いウランが浮き上がるのを待つ熱拡散法。ウラン原子に静電気を与え、これを磁石を使って分別する電磁分離法。遠心力で軽い物を選び取る遠心分離法（現在、もっとも一般的な方法）。

アメリカの場合は、主に気体拡散法を利用した。

テネシー州オークリッジに、全長およそ2キロのトンネルを作り、全体をスポンジで満たした。片方から気体ウランを注入し、一定時間後一番端の部分を絞る。この部分に軽いウラン235が溜まっている（実際にはもっと複雑な過程を経ている）。これを何度も繰り返してウランを濃縮し、最終的にはこの方法と、熱拡散法、電磁分離法を併用して原爆用ウランを生成したのである。

日本の原爆研究

日本で研究されていたのは、熱拡散法である。

垂直に立てた筒のなかに気体ウランを入れ、中心を熱してやる。そうすると煙が昇るように、軽い235が上に溜まってくる。この方法は気体拡散法より効率的であると考えられたのである。

◆理化学研究所が検討した濃縮ウラン製造方法

①質量分析器による方法
電場や磁場のなかでウラン235を分離しようと検討したが、収量が少ないと判断、部品の作成のみで終了。

②遠心分離器による方法
遠心分離器に入れたウランから抽出しようとしたが、収量と濃縮度が少ないと判断、未着手。

③熱拡散による方法
熱を与え、浮き上がったウランを収集する。この方法が採用された。

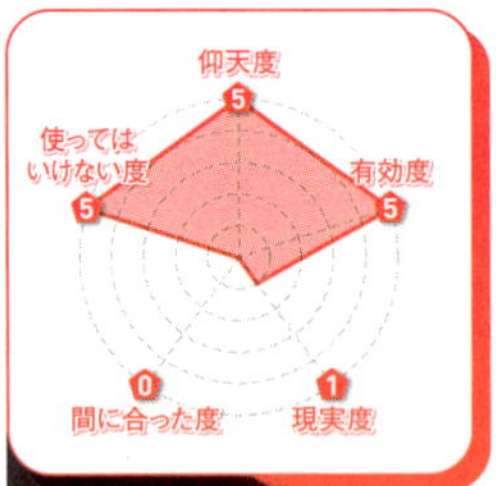

仰天度 5
有効度 5
現実度 1
間に合った度 0
使ってはいけない度 5

ATTENTION VISITORS
NO SMOKING
SOUVENIRS

1946年のビキニ環礁における原爆実験に供された米艦艇。主要な構造物以外はすべて吹き飛んでいる。

だが、この実験はうまくいかない。軍部が急がせるあまり、筒内にコーティングをしなかったため、反応性が激しい六弗化ウランが拡散筒の金属と反応してしまったのである。

資材不足と軍の無理解が、研究の足を引っ張ったのだ。

日本がアメリカに、徹底して遅れを取ってしまった部分が、プルトニウムの利用である。これは原子炉を運用して初めて得られる物質であるが、日本は原子炉開発までこぎつけられなかった。

なぜか？　原料たるウランそのものがなかったのである。それまでウランなど利用価値はなかったから、日本には鉱山がない。まずは鉱山開発から始めなければならない。状況はアメリカでも同じだっただろうが、鉱山開発もまた力技であり、国力がものをいう。

太平洋戦争の帰結は残念ながら日米の国力の差、と一言で片付けられる。核開発の顛末はその差を顕著に示す好例であるといえよう。

日本の原子爆弾研究を主導した仁科博士は、のちにノーベル賞を受賞する湯川秀樹、朝永振一郎らを育てた。

COLUMN

原爆輸送艦の悲劇

文：青山智樹

スピルバーグの映画『ジョーズ』のクライマックス近くになって、登場人物のひとりがサメの恐ろしさを語るシーンがある。太平洋戦争中、乗艦が沈没して漂流した時の恐怖を述べるのだが、この艦こそ米重巡「インディアナポリス」だった。同艦は、1944年6月のマリアナ沖海戦で、スプルーアンス長官の旗艦を務め、キスカを砲撃し、沖縄戦にも参加した。そして、最後の任務が原爆主要部品の輸送であった（事故を避けるため、パーツの一部は空輸された）。ここで沈みさえしなければ殊勲艦として讃えられただろうが、現実は悲惨であった。

原爆輸送後、レイテを目指している最中に日本海軍の「伊五八」潜の襲撃を受け、2本の酸素魚雷が命中してしまう。炸薬量も多く強力無比な酸素魚雷は、重巡には一撃で致命傷を与える。それを2本も受けたのだからたまったものではない。「インディアナポリス」はわずか12分で海中に姿を消し、1200人の乗員のうち、300名が艦とともに海に飲まれた。

残り900名は洋上を漂流するが、待てど暮らせど救助はやってこない。レイテ側でも「インディアナポリス」がやってくるとは聞いていたものの、救難信号は受け取っていない。そもそも、SOSを打つ暇もなかったのである。

しかも、事態が急すぎてボートもなければ、水も食料もない。雨が降れば口に入った水は飲めるが、貯められるはずもない。脱水症状、体温低下で生存者は次々に脱落する。横に浮いていた者が、ずぼりと水中に引き込まれたと思ったら、文字通りサメに食われていた。

さまざまな行き違いにより、救助隊がやってきたのは5日後。救助された乗員は、300名あまりであった。

チャールズ・マックベイ艦長は辛くも生き残ったが、戦後、警戒を怠ったとして軍法会議にかけられ有罪となる。自艦の損失によって有罪判決を受けたのはマックベイひとりであった。そして、判決を苦に1968年、自殺してしまう。

原爆輸送艦の最後は、人も艦もあわれであった。

なお、「伊五八」の橋本以行艦長も戦後、マックベイの軍法会議で証言し、著作『伊58潜帰投せり』に詳細が述べられている。ちなみに彼は2000年まで健在であった。

日本陸軍の特殊車両

日本陸軍は、機械化が遅れた軍隊というイメージで語られがちだ。
しかし種類だけみれば、諸外国にあった機械化機材は日本にもあり、
日本陸軍独自の機材も少なくなかった。もちろん工業力がともない量産できていれば……。
そうした機材のいくつかを紹介しよう!

◆ 装甲作業機

装甲作業機(SS器)は、残念ながら万能と呼ぶにはいまひとつの性能だった。右記は戊型と呼ばれる最終型の要目である。

【装甲作業機要目】

全長:5m ／ 全幅:2.3m ／ 全備重量:16t
発動機:直列6気筒空冷ディーゼル145hp
最高速度:37km/h ／ 装甲:6〜25mm ／ 武装:火炎放射器×2〜3、軽機関銃×1

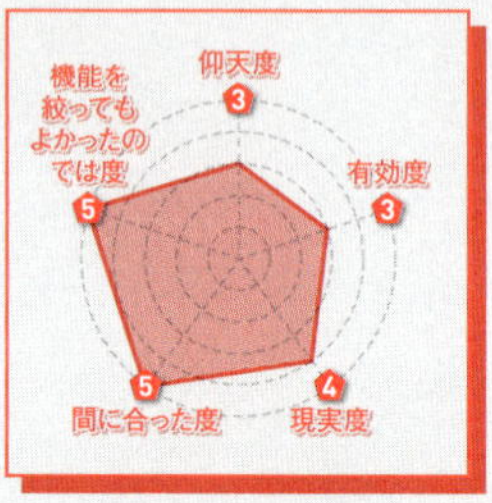
仰天度 3
有効度 3
現実度 4
間に合った度 5
機能を絞ってもよかったのでは度 5

地雷掃機
捲揚装置
取附金具
腕
櫛形刃

装甲作業機(SS機)

日本陸軍の特殊車両の多くは、対ソ戦を意識して開発されたものがほとんどだ。装甲作業機も同様である。

装甲作業機の用途は、壕の掘削《くっさく》や地雷の排除、障害物の破壊だけでなく、毒ガスの散布や散布された毒ガスの洗浄などの作業も予定されていた。

これらには国境地帯の陣地突破を行なう能力があった。

九一式広軌牽引車

牽引車の名前の通り、線路上で貨車の牽引を行なう車両である。しかしさらに九一式広軌牽引車は、偵察や警備などの任務もこなした。

この機材の最大の特徴は、必要に応じて軌道線路上から軌道外に、あるいはその逆へと短時間で移行できたことだ。鉄道が破壊されても、移動可能であるし、場合によっては敵を追跡することもできた。

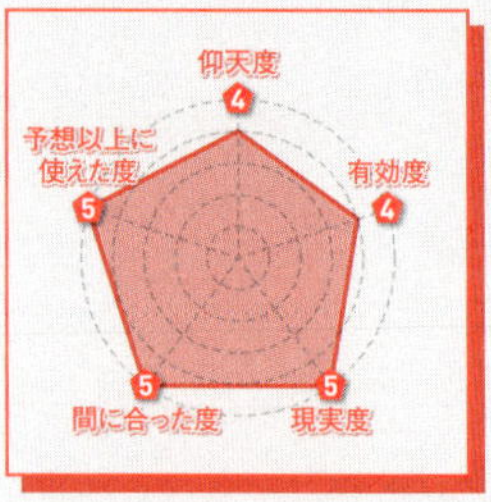
仰天度 4
有効度 4
現実度 5
間に合った度 5
予想以上に使えた度 5

【九一式広軌牽引車要目】

全長:6.5m ／ 全幅:1.9m ／ 全備重量:9t
最高速度:40km/h(路上)、65km/h(軌道)
装甲:6mm ／ 武装:重機関銃(着脱式)

九七式炊事自動車

陸軍の特殊車両は、九四式6輪自動貨車、つまりはトラックをベースとしたものが多い。

この炊事自動車もそうした車両のひとつである。炊事機材はそれ以前は馬匹《ばひつ》（馬のこと）で牽引していたが、陸軍の機動力が向上すると、部隊に追随できないという問題を生んだ。そこで自動車化されたのが本車両である。

この車両は停車中なら1時間に500食を、汁物なら750食を賄《まかな》う能力があったという。

熱源は電気で、炊事中でも煙が出ず、敵に発見されることはなかった。また飲料水の煮沸能力も高く、充分な数の九七式炊事自動車があったならば、将兵の衛生・栄養環境はまったく違っていただろう。

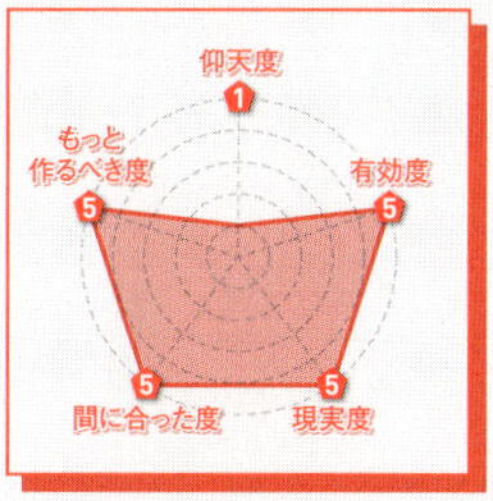

【九七式炊事自動車要目】

全長：5.8m／全幅：2.1m／全高：2.8m
全備重量：4800kg／装備品：炊飯びつ×120、湯沸し缶×2、水槽×3

九七式小型作業機

日本陸軍は昭和12年、何度かの試作を経て「九七式小型作業機」が完成させた。リモコン玩具のような操作が可能で、敵のトーチカやバリケードに作業機を突入させ、搭載した爆薬によって破壊するのが目的だったが、使用されることなく終戦となった。

超壕機（TG機）

装甲作業機には架橋作業も期待された。だが、地形に左右される面もあり完璧とはいえなかった。そこで戦車開発も軌道に乗った昭和15年に戦車の車体を流用し、開発期間の短縮を狙った機材がTG機である。これは橋桁《はしげた》をカタパルトで飛ばし、それをワイヤーで引きよせることで短時間に架橋を行なうという仕組みのものであった。

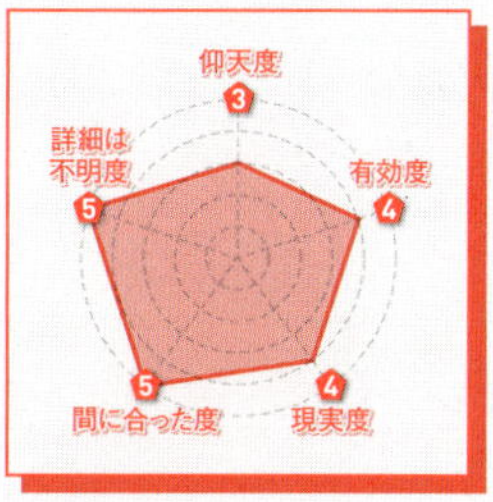

【超壕機要目】

全長：9m／全幅：2.3m
全備重量：5t／最高速度：37㎞/h
装甲：8〜25㎜
武装：車載機銃×1

◆超壕機

超壕機（TG機）の生産数は不明だが、資料によっては1両のみと伝えられている。

SB器・FB器

　ウスリー河方面の湿地帯を迅速に移動し、ソ連軍に対して奇襲攻撃を行なえる機材として開発されたのが、SB器と改良型のFB器である。
　ゴムの浮のうを組み合わせて作った履帯《りたい》（キャタピラ）で、浮力を確保し、湿地は踏破する。試験結果は良好だったが、実戦には使われていない。

◆ FB器

FB器には雪上車仕様の「ユキ車」、水上仕様の「ナミ車」などのバリエーションも存在した。

【FB器要目】
全長：6.9m ／ 全幅：2.8m
全高：2.2m ／ 重量：4.5t
発動機：4サイクル空冷ガソリン100hp（推定）
浮袋：片側28個 ／ 速度：6〜17km/h（陸上）、5〜15km/h（湿地上）、6〜8km/h（水上）

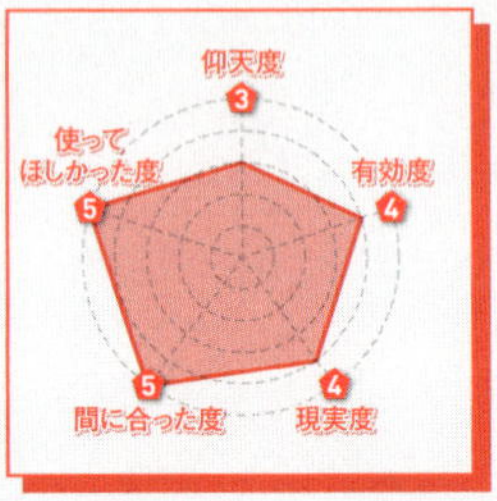

仰天度 3
有効度 4
現実度 4
間に合った度 5
使ってほしかった度 5

伐開車・伐掃車

　これらもやはりソ連軍を奇襲するために開発された。シベリアの密林を切り開き、部隊が前進できる道路を啓開するための機材である。
　伐開車《ばっかいしゃ》は九七式中戦車の車体に巨大な鉄の角を取り付け、樹木を押し倒そうというもの。伐掃車《ばっそうしゃ》は、伐開車がなぎ倒した樹木をクレーンなどで排除する車両である。

【伐開車要目】
全長：7.48m ／ 全幅：2.7m
全高：1.8m ／ 全備重量：15t
発動機：統制型100式V型12気筒空冷ディーゼル240hp
最高速度：39km/h

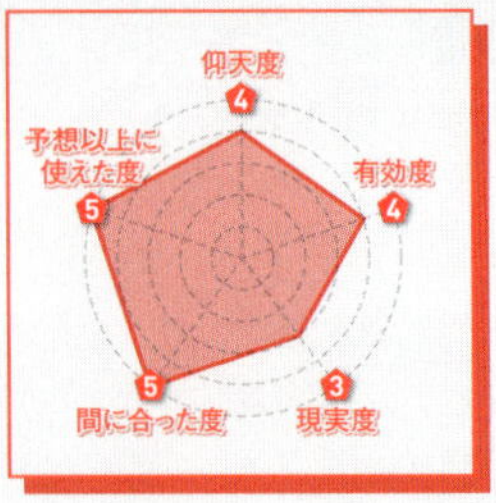

仰天度 4
有効度 4
現実度 3
間に合った度 5
予想以上に使えた度 5

◆ 伐開車

南方に送られた伐開車だが、惜しくも輸送船が途中で沈没し、失われたと伝えられる。

日本編 ● JAPAN/WORLD

計画国 日本

超長距離 浮遊攻撃爆弾

風船爆弾（ふ号兵器）

アメリカは日本側に情報を与えないため、一時的だが風船爆弾による被害の情報を秘匿した。

太平洋戦争で日本がアメリカ本土攻撃に成功した唯一ともいうべき兵器は、陸軍登戸研究所が開発した「風船爆弾」だ。和紙をコンニャク糊で接着して作成した直系10メートルの気球に水素ガスを詰めて飛ばし、敵地上空で爆弾を切り離すしかけであった。

一見、安直に見えるこの兵器も、実戦で使用するとなると課題は多く、なかでも太平洋上空の気流の状況を把握することは困難だった。どの季節にどの高度でどれほどの風がどの方向に吹いていて、日本から放流した気球はいつ米本土上空に達するかを、割り出さなければならなかったのだ。

また、気球の「しかけ」そのものにも、重要な課題があった。いくら密閉しても、微量の水素ガスが自然にもれ出るうえ、夜間には冷却による萎みからどうしても降下してしまう。登戸研究所の開発陣が考案したのは、高度計に反応して切り離される重り（バラスト）を、複数装着するという方法だった。これを1個ずつ切り離し、最後に米本土に爆弾を投下するのだ。

風船爆弾、米本土へ行く！

この風船爆弾が実戦で使われたのは、昭和19年11月から翌昭和20年4月までで、「発射」されたのは全部で約9000個。高度1万メートルの偏西風に乗って時速200キロ以上のスピードで太平洋上を8000キロも横断し、米本土に、合計300個到着した。

もっとも、その戦果は実際には微々たるもので、具体的な被害とはいえば、オレゴン州でピクニック中の牧師一家が漂着した爆弾の信管に接触して6人が死亡したのと、ワシントン州で工場の送電線を破壊し、電力供給を一時的にストップさせたという2件だけだ。

ただ、それまで外国の攻撃を受けた経験のなかったアメリカには大きな心理的衝撃を与えていたことは事実だったらしい。

特に、アメリカはすでに日本軍が本格的に生物・化学兵器の開発を行なっていることをつかんでいたから、「風船爆弾への生物・化学兵器搭載の可能性」を恐れた。

実際に登戸研究所でも、この風船爆弾に生物・化学兵器を搭載する研究は進められていたようだ。

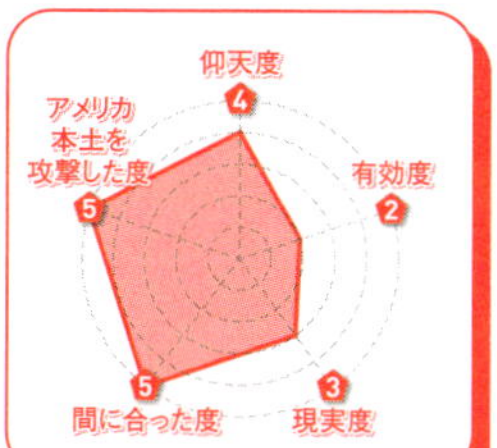

仰天度
4
有効度
2
現実度
3
間に合った度
5
アメリカ本土を攻撃した度
5

【風船爆弾搭載兵器要目】

92式15キロ爆弾×1（常備）／12キロ焼夷弾×1（常備）
1キロ焼夷弾×3（気象による）／5キロ焼夷弾×1（気象による）

風船爆弾は、複数の重りを切り離し、昼夜で飛行高度を上下させながら移動した。

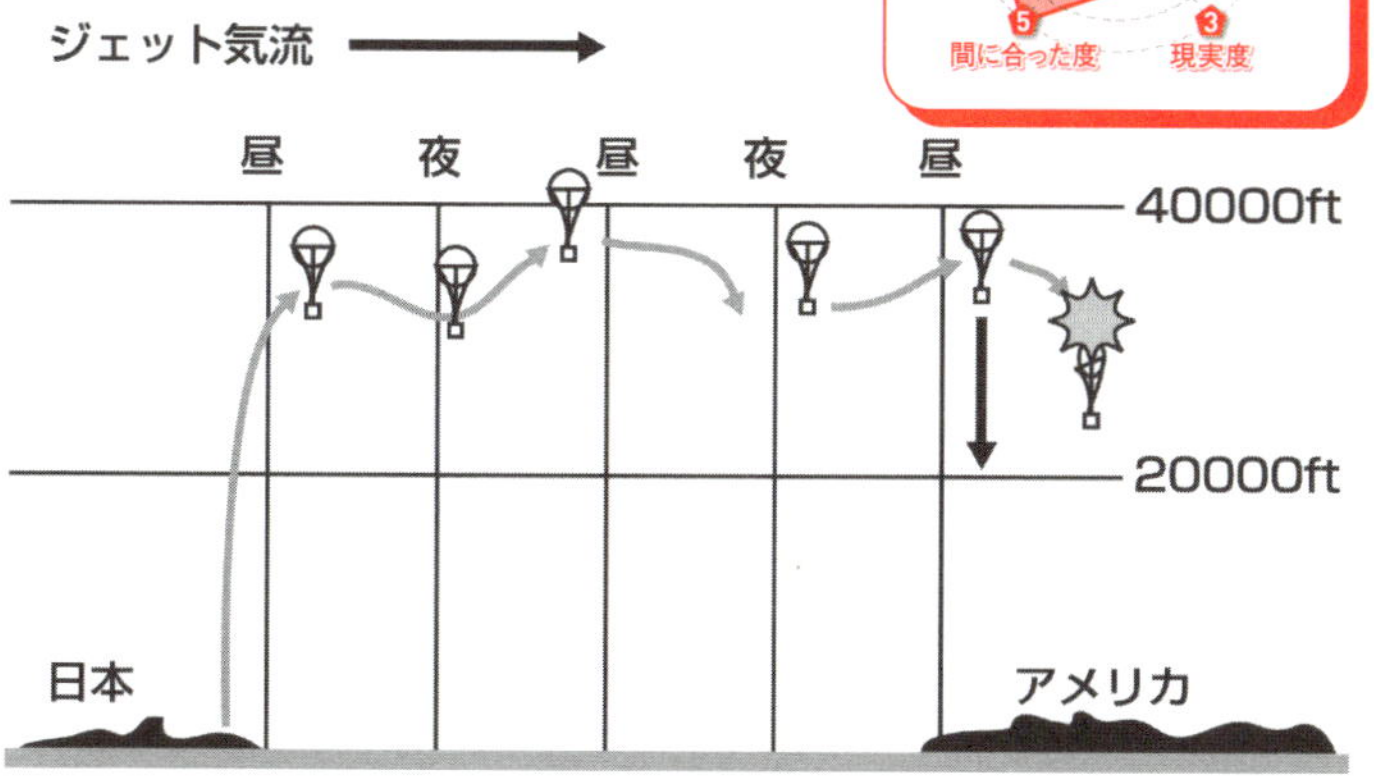

ジェット気流
昼
夜
昼
夜
昼
40000ft
20000ft
日本
アメリカ

 図：原田弘和

世界編 JAPAN/WORLD

電子に守られた指揮中枢
CIC（戦闘指揮所）

計画国 アメリカ

近代の海戦では、艦隊の指揮官は軍艦の艦橋に陣取って、指揮を執った。海戦は指揮官の視界の範囲内で繰り広げられ、戦闘での判断は肉眼で得られる情報をもとに下された。軍艦の搭載兵器、つまり主砲の射程はしだいに伸びていったが、主要兵器が大砲である間は、基本的に有視界戦闘に終始していた。

だが、航空機の登場が海戦の様相を一変させた。航空機は軍艦の10倍以上の速度で、軍艦の大砲の射程をはるかに超える距離を飛行しての攻撃を可能とした。海上においてこれは水平線の彼方、視界外からの攻撃を意味する。

航空攻撃を探知し、その情報を得るためには、肉眼あるいはそれを補強する光学兵器では当然、間にあわない。そこでより早く、より遠く探知するために、電波兵器が開発された。レーダーの登場である。第二次世界大戦はレーダーの優劣が勝敗の分かれ目になった。

CICの出現

海戦の主役は航空機を搭載した航空母艦となったが、航空戦においては偵察機から無線によってもたらされる情報、レーダーの電波により探知された情報など、広域に渡る情報が大量に集められることになった。これらの情報をもとに、戦闘を行なうことが勝利の鍵となっていく。

アメリカ海軍は、1943年から続々と完成していた「エセックス」級空母に、CIC（戦闘情報センター＝Combat Information Center）を設置した。このCICに、戦闘情報を集積して、作戦上の判断を下し、空母艦載機による効率的な戦闘行動を行なったのである。これは、各種の高性能レーダーによる情報探知、無線電信機による情報伝達が可能になってはじめて実現した、当時、アメリカだけが唯一開発しえた「秘密兵器」であった。

1944年6月のマリアナ沖海戦では、日本海軍航空部隊の攻撃を察知して、艦隊上空での迎撃態勢を決定。

日本の攻撃隊を優位な高度で迎え撃つことになった。さらに戦闘における状況判断材料の情報面で優位に立ったアメリカ海軍が、この海戦で完璧な勝利を得たのは、当然であったといえよう。

◆アメリカ軍艦の主要レーダー

- **SKレーダー**（対空レーダー）
- **SK2レーダー**（能力向上型）
- **SCレーダー**（対空／対水上兼用レーダー）
- **SC2レーダー**（小型化したもの）
- **SGレーダー**（大戦初期の対水上レーダー）

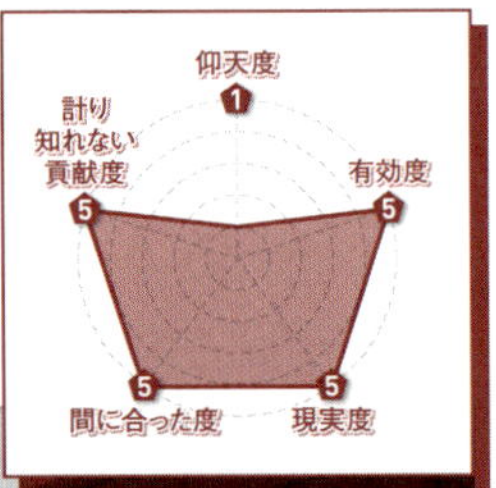
仰天度
1
有効度
5
現実度
5
間に合った度
5
計り知れない貢献度
5

写真はCICではないが、このように艦の状態をリアルタイムで集積することで、的確な判断と命令を下すことができた。アメリカの強さは、兵器の性能や数だけではない。

世界編 VT信管

広範囲弾幕 対空近接信管

JAPAN／WORLD

計画国 アメリカ

第二次世界大戦まで、航空機に対する高射砲による砲撃は、時限信管を付けた対空砲弾で行なわれていた。目標とする航空機の飛行高度を想定して、その高度に砲弾が達すると着火するよう信管をセットして射撃するのである。しかし、高い命中率は望めず、第二次大戦期には航空機の性能向上にともない、効果的な対空射撃が困難になっていた。

そのためアメリカ海軍は、新たな信管の開発に着手した。電波の送受信機を内蔵した信管により、自ら電波を発し、その電波が目標物に当たり、反射した電波を受信すると自動的に炸裂するという仕組みだ。当然、高射砲の命中率、撃墜率は、飛躍的に向上する。これがVT（Variable Time）信管である。

VT信管に封入された電波送受信機には、当時まだトランジスタが存在しなかったゆえ、真空管が用いられたが、砲弾発射時の衝撃に耐えて確実に動作する真空管を大量に生産することは、当時のアメリカの技術と工業力によって、はじめて可能となったことである。また、VT信管の開発には、原子爆弾開発のマンハッタン計画に匹敵する予算とスタッフが動員された、と言われている。

VT信管が最初に実戦で使用されたのは、1943年1月、ソロモン海域で軽巡洋艦「ヘレナ」が日本海軍攻撃機に対して行なった射撃で、以後、米海軍の防空能力はますます強力となった。従来の高射砲が、数千発撃って一発当たるかどうか、というのに対し、VT信管装着の対空砲弾は、1機撃墜あたりの発射数が約600発だったという。

ただし、米海軍の艦隊防空能力向上は、VT信管という一種類の兵器によってなされたわけではない。レーダーによる敵機の早期探知、レーダーと連動した艦上戦闘機によるCAP（戦闘空中警戒）、各艦に大量搭載された対空砲、その対空砲から発射される砲弾に取り付けられていたVT信管などで構成された防空システムの整備により、強力な艦隊防空能力が発揮しえたのである。

VT信管は、画期的な新兵器ではあったが、あくまで艦隊防空システムの一部を構成する要素にすぎないのだ。

VT信管の構成要素

小型浸漬式電池／電波の送受信機、電子管

アメリカの対空砲火は、VT信管導入以前も熾烈なことでは定評があった。写真はミッドウェー海戦時だが、さしもの日本海軍のベテラン搭乗員もこの弾幕を突破することは困難だった。

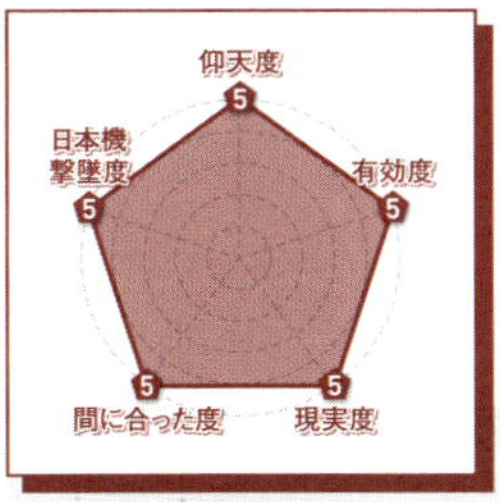

仰天度 5
有効度 5
現実度 5
間に合った度 5
日本機撃墜度 5

世界編 ◆ JAPAN/WORLD

計画国 イギリス

ウォーレス技師のダム破壊爆弾

ダムバスター/グランドスラム

この爆弾は厳重に防御されたダムを破壊し、下流域に洪水をもたらすという、エキサイティングな戦果をあげた兵器であり、第二次世界大戦を代表する秘密兵器のひとつでもある。開発者はイギリスのバーンズ・ウォーレス技師で、開戦前からダム攻撃の可能性を模索しており、彼は爆弾が地中に深く食い込んで爆発すると、極めて強力な衝撃波を生み出し、通常の爆発を上回る破壊力を発揮することに気づいた。

しかし、空軍上層部は彼の攻撃法ではダムに直撃させる必要があり、また彼の提案した新型爆弾はあまりにも巨大で（10トン爆弾だったといわれる）、イギリスには搭載可能な爆撃機が存在しないとして、ろくに検討もしなかった。

だが、ウォーレス技師はその後も研究を続け、最終的にはドラム缶型の爆弾（秘匿名「アップキープ」）を水面を飛び跳ねさせ、魚雷よけの網を飛び越して、ダム壁面に当ててから爆発させる計画を立てた。この計画も当初は空軍上層部の無理解に悩まされたが、ついにはガイ・ギブソン中佐率いる第617飛行隊による、ドイツのダム攻撃（チャスタライズ作戦）が認められたのである。

攻撃部隊は参加19機中10機が撃墜されたが、作戦は大成功を収め、ダムは完全に破壊された。のちに第617飛行隊は特殊攻撃の専門部隊とされ、ダムバスターズと呼ばれるようになる（やがて、爆撃機や爆弾もそのように呼ばれた）。

グランドスラム

チャスタライズ作戦の成功によって、ウォーレス技師は戦前から計画していた巨大爆弾（地震爆弾）の開発も推進する。

とはいえ、さすがに10トン爆弾は運用できなかったので、彼はまず小型の5トン爆弾を開発した。この5トン爆弾はトールボーイと名づけられ、トンネルやUボートシェルター（ブンカー）を攻撃したほか、戦艦「ティルピッツ」を撃沈するなどの戦果をあげている。

やがて10トン爆弾をも運用可能な爆撃機が登場し、ウォーレス技師はいよいよ地震爆弾の開発に取りかかった。爆弾はトールボーイを拡大したもので、グランドスラムと名づけられた。投下されたグランドスラムは地中深く40メートルも食い込み、ごく小規模の人工地震を発生させて、地表や地中の構造物を崩壊させる。

グランドスラムは、実戦使用された通常爆弾のなかで、もっとも大きく、かつ強力な爆弾だった。

【トールボーイ主要要目】

全長：6.35m／直径：950㎜／弾頭：2358kg

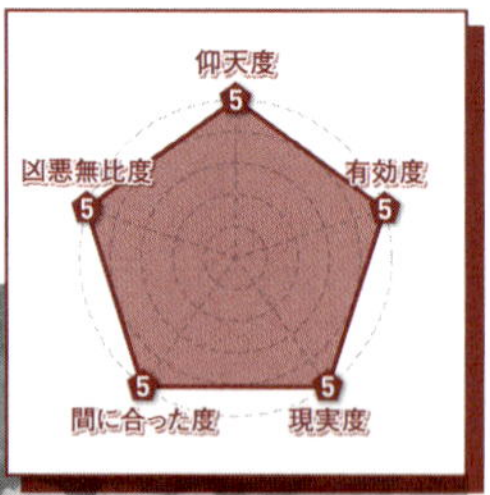

仰天度 5
有効度 5
現実度 5
間に合った度 5
凶悪無比度 5

トールボーイやグランドスラムは、ランカスター爆撃機によって運用された。

イラスト：牧田哲朗

大威力長射程の巨大列車砲

世界編 80cm列車砲「グスタフ」「ドーラ」

計画国 ドイツ

第一次世界大戦での経験から、フランスはドイツに対抗するための強力な要塞防御ラインである「マジノ線」の建設を急ピッチで進めていた。このマジノ線は、主要防御点に厚さ3メートル半以上のコンクリートを流し込み、多数の重砲を据えつけたうえ、発電室や武器弾薬庫はすべて地下数十メートルに建造し、各区画を装甲鉄扉で区分するなど、当時の最新技術を惜しみなく投じたハイテク要塞として、フランス内外に広く宣伝されていた。

80cm列車砲1両目「グスタフ」の写真。

要塞攻略のための強力無比な巨砲

そのため、ドイツではマジノ線突破兵器の開発が、熱心に進められることとなる。ドイツの大手兵器メーカーのクルップ社においても、社内で独自に研究プロジェクトが立ち上がる。それは、いかなる重防御拠点でも一撃で粉砕する、人類史上最大かつ最強の巨砲であった。

第一次世界大戦時、クルップ社は大ベルタ砲と呼ばれた42センチ榴弾砲をドイツ軍へ供給し、要塞攻略に大きな威力を発揮していた。その戦訓から同社は、さらに威力を増した巨砲を開発して、強力なマジノ線に対抗しようと考えたのだ。

当初は口径100センチ、85センチ、80センチ、78センチの4案が検討されたものの、承認が下りたのは80センチ案のみだった。この80センチ砲は、砲重量だけでも400トンあり、戦闘重量にいたっては1350トンに達していた。そのため、鉄道線路に乗せる方式を採用したが、それでも重量を支えきれず、レールを4本敷設して複線状態とすることで、ようやく運用が可能となったほどである。

史上例を見ない巨砲だけに、さすがのクルップも開発には手間取り、試作砲が完成したのは1941年のことである。すでにフランスは降伏していたが、ソビエトのセバストポリ要塞攻略戦において、地下30メートルにある弾薬庫を一撃で粉砕するなど、その能力を遺憾なく発揮している。

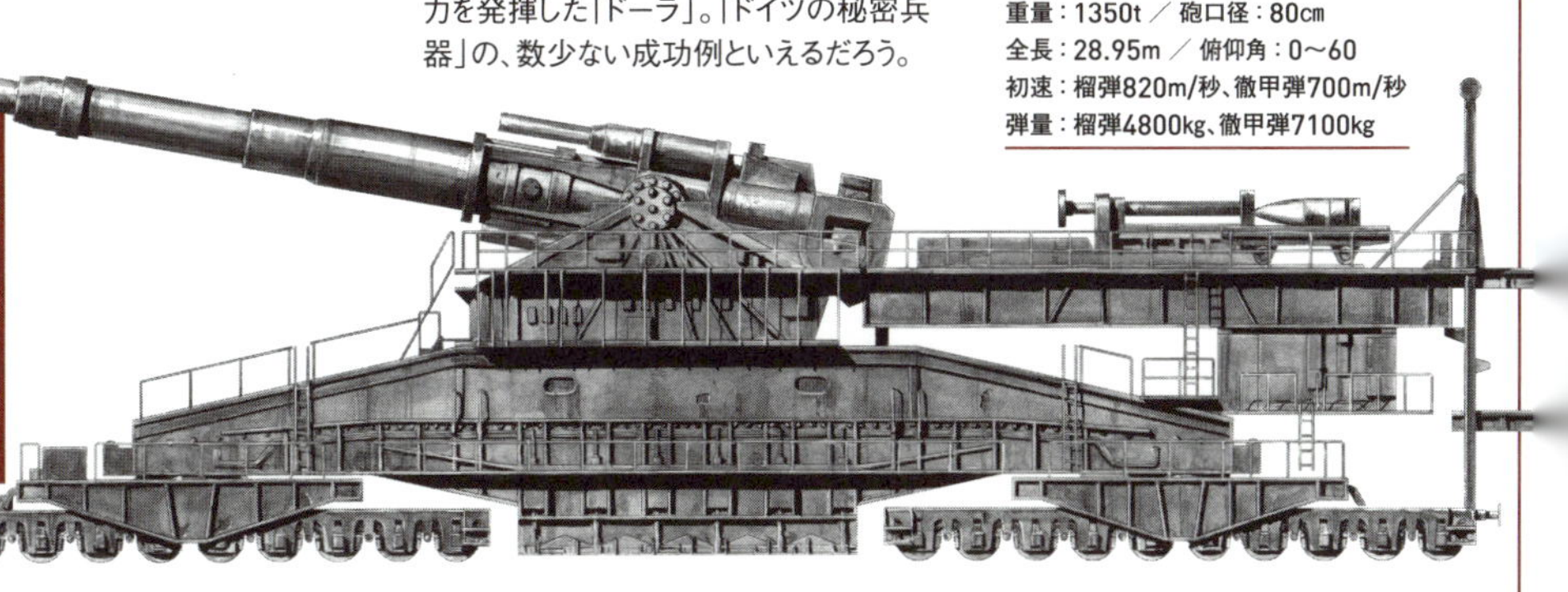

実戦投入はわずかだが、すさまじい破壊力を発揮した「ドーラ」。「ドイツの秘密兵器」の、数少ない成功例といえるだろう。

【「ドーラ」要目】

重量：1350t ／ 砲口径：80cm
全長：28.95m ／ 俯仰角：0〜60
初速：榴弾820m/秒、徹甲弾700m/秒
弾量：榴弾4800kg、徹甲弾7100kg

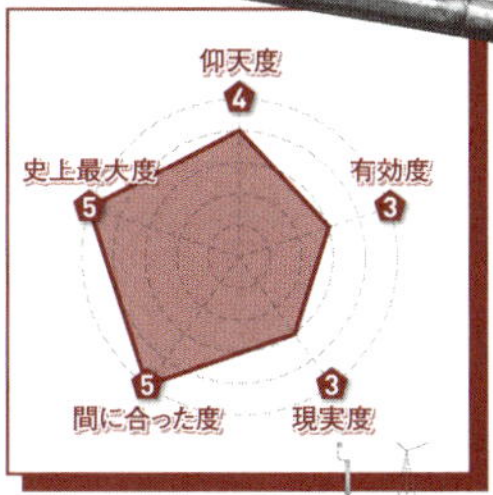
仰天度 4
有効度 3
現実度 3
間に合った度 5
史上最大度 5

ドイツより愛を込めて

訪独潜水艦による秘密兵器交換

ドイツに到着した「伊三〇」潜。

　1940年（昭和15年）の日独伊三国同盟締結後、ドイツは生ゴムや錫《すず》、タングステンなどの重要物資を東南アジアから封鎖突破船により本国へと持ち帰っていた。しかし、連合国の目を逃れての輸送はしだいに厳しくなり、やむなく大型の日本潜水艦が対独輸送に従事することとなった。

　1942年（昭和17年）6月の「伊三〇」潜を第一船として、終戦までに5回の訪独潜水艦が派遣されたが、第三船の「伊三四」潜と第五船の「伊五二」潜は往路において沈没。第一船の「伊三〇」潜と第四船の「伊二九」潜は帰路シンガポールを出航後に沈没し、成功したのは第二船の「伊八」潜だけであった。

　第1回目は太平洋戦争開戦直後でもあり、秘密兵器の交換は控えめで、ドイツが熱望した酸素魚雷も提供はしなかったが、第2回目の「伊八」潜では日本側から酸素魚雷および無気泡発射管、潜水艦自動懸吊装置、潜水艦搭載用小型水上偵察機等を譲渡。かわりに電波探知機、高速魚雷艇用ディーゼルエンジン、航空機用機銃や20ミリ4連装対空機関銃などの取得に成功した。

　1943年（昭和18年）11月、ペナン出航直後に沈没した第三船の「伊三四」潜に引き続き、ドイツに向かった「伊二九」潜は、戦略物資を満載してドイツに向かい、苦難の航海を乗り越えて、翌年3月ロリアンに到着、ヒトラー総統以下の熱烈な歓迎を受けた。

「伊二九」潜は、4月16日に秘密兵器のMe163ロケット機やMe262ジェット戦闘機の資料を満載し帰国の途についたが、シンガポール出航後、バシー海峡で米潜の雷撃により沈没する。

　だが、設計図のみはシンガポールから技術将校が航空機で持ち帰り無事であった。

　このデータをもとにして、ロケット戦闘機の秋水とジェット戦闘機の橘花が作られたのである。

文：衣島尚一

第三章

未完の奇想兵器たち

強襲用回転殺戮兵器「パンジャンドラム」

計画国 イギリス

1943年、来るべき連合軍の欧州反攻作戦に備えて、イギリスでは多種多様な特殊兵器の開発実験が行われていた。欧州反攻には、まずフランス北部海岸への上陸作戦が必要となるが、ドイツは上陸作戦に備えて、沿岸に強固な防衛陣地を構築していた。多数の砲、機銃を備えた分厚いコンクリート製のトーチカや防壁は、「大西洋の壁（Atlantic Wall）」と呼ばれ、上陸に際しては通過困難な障害として立ち塞がることが予想された。

このフランス海岸の段丘上に築かれた「大西洋の壁」の、高さ3メートル、厚さ2メートル

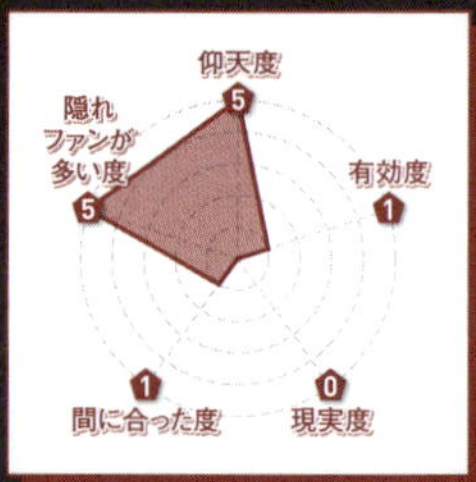

【「パンジャンドラム」要目】

直径：3m／車輪幅：30cm
推進ロケット：18〜70基
最大時速：160km/h／爆薬搭載量：1.83t

3DCG：赤城潤一

のコンクリート防壁をいかに破壊するか、という課題に、海軍兵器局諸兵器開発部（DMWD）のネビル・S・ノーウェイは、約1トンの爆薬を衝突させれば破壊可能である、と見積もった。それを可能とする特殊兵器として開発が着手されたのが、「パンジャンドラム」である。

　パンジャンドラムは、直径1・8メートルの車軸部に1トンの爆薬を収め、直径3メートル、幅30センチの金属製の車輪を両脇に装着した形状となっていて、車輪の円周部を囲むように18基の火薬ロケットが取りつけられていた。火薬ロケットの推進力で車輪を回転させてネズミ花火のように前進する、いわば、自走ロケット車輪爆弾である。

　実用化されれば、上陸用舟艇から発進して時速100キロ近い速度で疾走。上陸阻止のため海岸に埋設された地雷や障害物を破壊しながらコンクリート防壁に衝突する。そこで1トンの爆薬が炸裂して防壁を爆破、上陸部隊の経路を切り開くことが期待された。

　しかし最初の実験で、パンジャンドラムは数百メートル進んだだけで、火薬ロケットが車輪から外れて、停止してしまう。その後も、ロケットの火薬量を増やしたり、ロケットの装備数を増やしたりして、何度も実験が繰り返されたが、失敗が続くばかりだった。

　火薬ロケットの推進力を活かしてそのまま前進するのではなく、その推進力で車輪を回転させて前進する、というパンジャンドラムは、構造上どうしても直進性に難があり、進路は常に定まらなかった。そこで、ワイヤーによる進路の制御を試みたりもしたが、これも失敗に終わっている。結局のところ、自走ロケット車輪が上陸作戦の先頭を切って疾走するという場面は、ついに実現しなかったのである。

　なお、実験の模様は、映画フィルムに撮影され、ロケットの噴射炎をあげながら暴走する巨大な車輪の映像は、いまでもロンドンの帝国戦争博物館で閲覧できる。ちなみに撮影中には、パンジャンドラムがカメラに向かって暴走したため、身の危険を感じたカメラマンが慌てて逃げ出す、という一幕もあった。

　計画責任者のネビル・シュート・ノーウェーは、戦後オーストラリアに移住し、何冊もの本を著した。名作SF『渚にて』で有名な作家、ネビル・シュートその人である。

2009年にノルマンディー上陸作戦65周年の記念行事が挙行された際、パンジャンドラムのレプリカが製作された。21世紀の技術をもってしても50メートルほど前進して停止したが、その様子はYouTubeなどの動画サイトで視聴が可能だ。ここに掲載するのは、実用可能な状態のパンジャンドラムを開発した場合の想像イラストである。車輪部は接地性などを考慮した形状としているが、はたして実際には――。

軍事的には資源の無駄とも言えるパンジャンドラムだが、マニア好みの兵器として根強いファンが多い。

COLUMN

LSTという発明

文：伊藤龍太郎

第二次世界大戦で、イギリスが考案して戦局に大きな影響を与えた新兵器のひとつが、上陸用舟艇である。

とくにLSTと呼ばれた揚陸艦は特筆すべき存在だ。多数の戦車を積んで海岸に乗り上げ、艦首の扉を開き艦内の戦車を直接発進、即時に戦闘に参加させることを可能にして、上陸作戦の様相を一変させた。

軍事的には、画期的な「秘密兵器」といえたが、既存のタンカーの改装から始まり、箱型の単純な形状の船体、そして、船首に開閉式の扉と戦車が自走して降りるための導板をつけただけという構造で、技術的に高度かつ特殊な点はいっさいない。発想にしても、まったく独自かつ斬新なものというほどではない。

じつはすでに日本軍が日中戦争時、直接海岸に乗り上げ、船首の導板を下げて搭乗した兵士が上陸する舟艇「大発」(大発動機艇)を実戦で使用していたからだ。

イギリスは、LSTを「発明」したものの、これを大量生産する余力がなく、同盟国のアメリカにも仕様を提示して量産を依頼。アメリカは、LSTを1000隻近く建造し、そのうち100隻をイギリスに引き渡している。また、LSTより小型で高速のLSMや、歩兵揚陸用のLCIなど、多様な上陸用舟艇も多数建造した。

これら上陸用舟艇が北アフリカ上陸作戦に登場すると、その情報がドイツを通じて日本にもたらされ、日本海軍はLSTと同種の揚陸艦である二等輸送艦を建造した。

イギリスの奇妙な秘密兵器として有名なものに、パンジャンドラムがある。このパンジャンドラムの試験映像に、上陸用舟艇から発進し、そして失敗する場面が収められている。どちらも、上陸作戦の際に使用される兵器として開発されながら、一方は、堅実な発想と構造で多大な成功を収め、一方は珍奇な発想と構造で失敗し、単なる笑い話となってしまった。成功を収めた兵器は、対抗上すぐに模倣・追随したものが現われる。また、堅実な発想や構造で作られていれば実用化もたやすく、すぐに秘密ではなくなる。

開発に失敗した兵器は、戦場に登場することなく秘密のままで終わる。秘密兵器というものの正体の一面を、端的に表わした一例だろう。

イラスト：長谷川正治

世界編 ◆ JAPAN／WORLD

計画国 ドイツ

▼▼▼ドイツ・ビックリドッキリ奇想砲

「ムカデ砲」「風力砲」「渦巻き砲」「音波砲」

その名はムカデ砲

ナチスドイツの秘密兵器といえばとにかくV兵器（フェルゲルトゥンクス・ヴァッフェン：報復兵器）が有名だが、ドラマや映画にもたびたび登場するV1号や2号の陰に隠れて、すっかり忘れ去られたV兵器もあった。それが、通称「ムカデ砲」と呼ばれたV3号で、もっとも影が薄くかつもっとも資源を浪費し、さらにもっとも効果のなかったV兵器だった。このV3号は砲身側面に複数の装薬燃焼室を持つ多薬室砲で、あたかも魚の骨かムカデのような

3DCG：赤城潤一

形状をしていた。中央の主砲身へ枝状に接続されたパイプはすべて薬室で、それぞれ発射火薬が装填されていた。専門的な解説は割愛するが、砲弾が発射されると両側の発射薬が次々に発火し、砲弾を徐々に加速していく仕組みだった。
　少し考えただけでもすぐにわかることとして、砲弾が薬室を通過した直後に発火しないと、まったく加速しないどころか砲身が破裂する危険性もあり、発火タイミングの制御はきわめて困難だった。しかし、既存の技術の応用で射程300キロに達する火砲が手に入るのは魅力的で、北フランスからロンドンを砲撃することを目標として開発が進められた。
　だが、2万発もの砲弾を無駄にしてもなお実用にはほど遠く、最終的には連合軍の空爆で実験基地が破壊されたり、占領されたりしたため、なんら戦果をあげることはできなかった。

奇想天外な砲たち

ドイツは、そのほかにも奇妙な兵器をいくつか開発していた。

　まず、酸素と水素を混合して高圧の空気流を作り出し、空気の塊を飛行機に当てて撃ち落とす「風力砲」が開発された。ヒラースレーベン演習場で実験が行なわれ、約180メートル先に設置された厚さ2センチ半の木板を破壊できることが証明された。

　また、オーストリアアルプスの山中にあるローファ研究所では、これと別に圧搾空気で「人工竜巻」を発生させ、敵機を撃墜する兵器も開発されていた。この兵器は「渦巻き砲（ヴィルベルゲシュッツ）」と呼ばれ、途中から石炭粉を巻き上げて爆発させる方式に変わったものの、実用化のめどはまったく立たないまま敗戦を迎えた。

　また、同じローファ研究所では高波長域の音波が生物にとって非常に危険な効果をもたらすという理論を応用し、リヒャルト・ヴァラーチェク博士が「音波砲（ルフトカノーネ）」を開発していた。これは、メタンと酸素の混合物を爆発させ、その音を巨大なラッパ状の放射器より放射し、強度の衝撃波を浴びせて敵を殺傷するというふれこみだった。

　だが、敵を殺害するには50メートルまで接近して、40秒間も音を

V3号は、「ムカデ砲」のほか「やすで」、「高圧ポンプ」など愛称が多い。

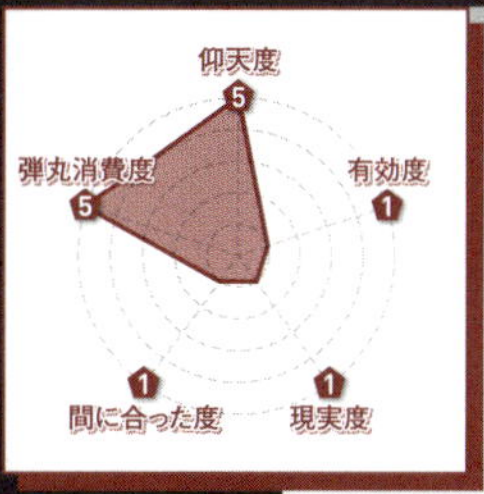
仰天度 5
有効度 1
現実度 1
間に合った度 1
弾丸消費度 5

【V3号「ムカデ砲」要目】

全長：150m ／ 口径：150㎜
初速：1463m/sec ／ 射程：88500m

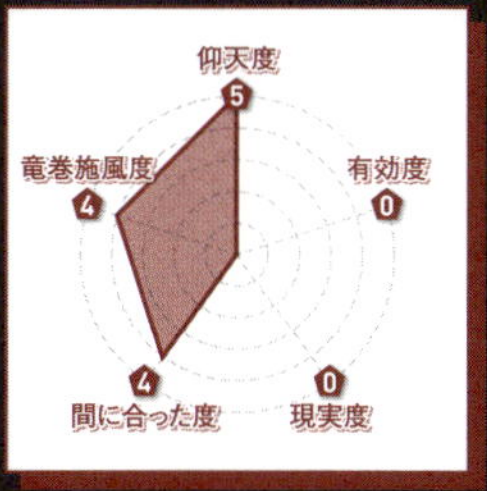
仰天度 5
有効度 0
現実度 0
間に合った度 4
竜巻施風度 4

【「渦巻き砲」要目】

威力：数百mの範囲にわたり渦巻きの発生に成功
そのほか不明

【「風力砲」要目】

筒の長さ：約15m ／ 威力：200m先の2.5㎝の角材を破壊 ／ そのほか不明

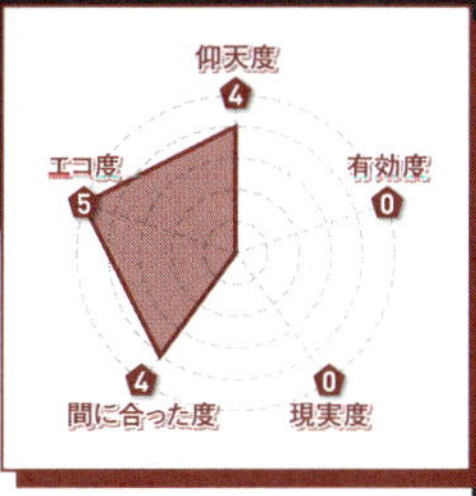
仰天度 4
有効度 0
現実度 0
間に合った度 4
エコ度 5

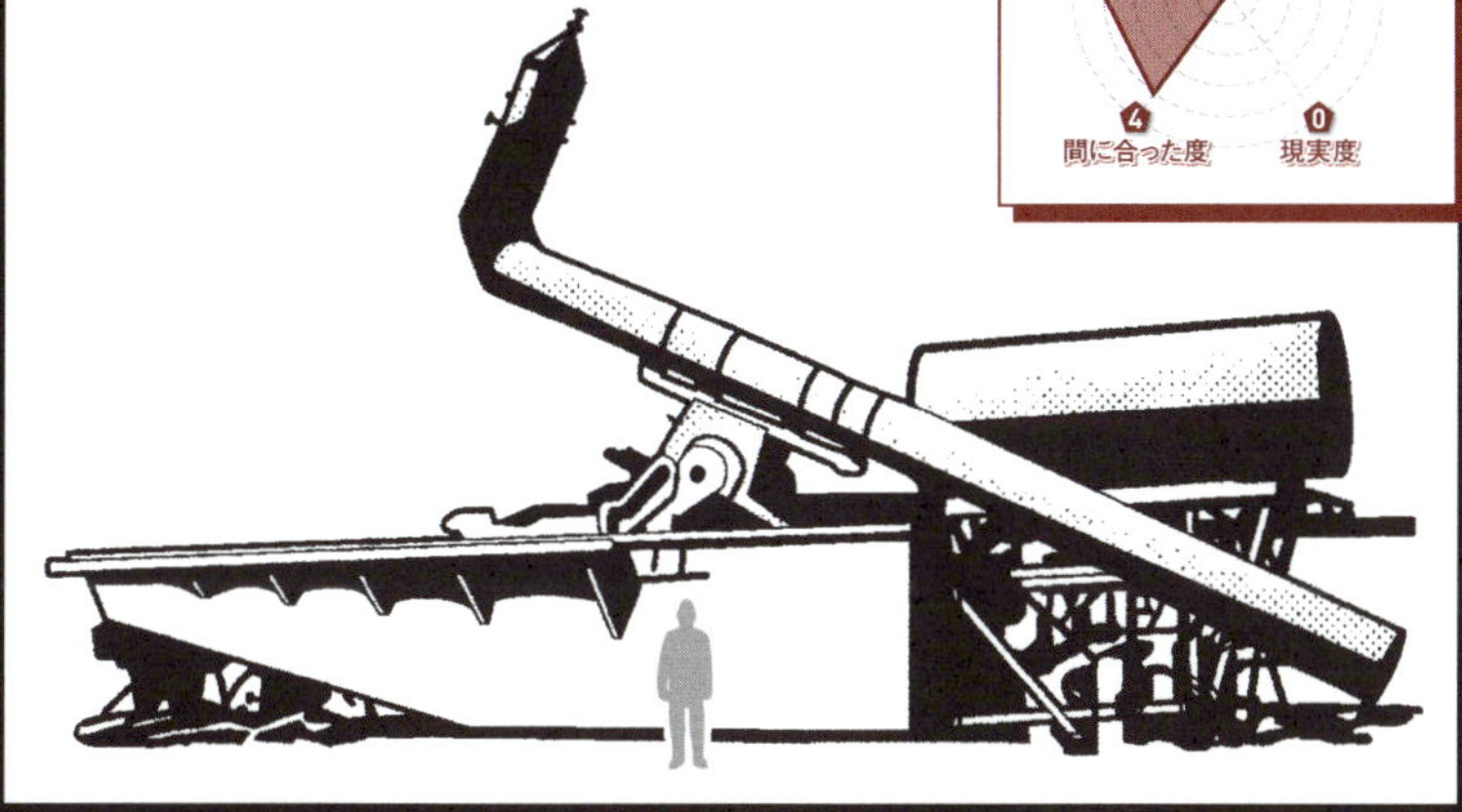

上が風力砲、下が音波砲。発想は奇抜だったがそれ以上の域を出ることはなかった……。

【「音波砲」要目】

反射鏡直径：3.2m
威力：50m先の兵士に40秒発射し続けると死亡
　　　200mではしばらく活動が不能
そのほか不明

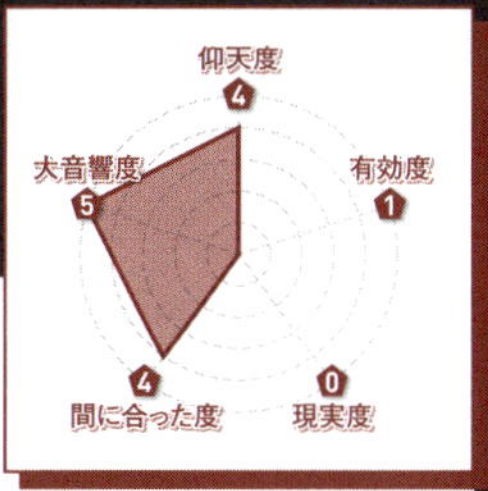
仰天度 4
有効度 1
現実度 0
間に合った度 4
大音響度 5

浴びせ続けなければならず、一時的に行動不能とするためだけでも、200メートルにまで接近しなければならなかった。

　これらの兵器は、どれも通常ならば開発に着手するどころか、書類選考の段階で却下されるような代物であった。

　しかし、親方日の丸ならぬ、親方ヒトラーの社会主義的な政治体制下では、今日でいうと、無駄な公共事業の見本としか思えないような兵器開発も、堂々とまかりとおっていたのである。ナチスの正式名称は「国家社会主義ドイツ労働者党」であるが、「社会主義」の名前は伊達ではなかったといえよう。

巨砲潜水艦

「X1」「シュルクーフ」

計画国 イギリス／フランス

【「シュルクーフ」要目】
基準排水量：2880t（水上）、4304t（水中）
全長：110m ／ 全幅：9m
最大速力：18.5kt（水上）、10kt（水中）
出力：7600hp（水上）、3400hp（水中）
航続力：10000浬（10kt） ／ 安全潜航深度：80m
武装：55cm魚雷発射管 × 6（艦首4、中央上構内2）、
40cm魚雷発射管 × 2（艦尾）、
50口径20.3cm連装砲 × 1、
37mm単装機関砲 × 2、13.2mm連装機関銃 × 2
乗員：118名

巨砲潜水艦「X1」（イギリス）「シュルクーフ」（フランス）

第一次世界大戦中、イギリス海軍は30センチ砲を装備した潜水艦を建造したが、就役後まもなく終戦となり、実戦では威力を発揮できなかった。

だが、潜水艦に強力な火砲を搭載するという発想は関係者の関心を呼び、イギリス海軍は1924年にも13センチ連装砲塔2基を装備した「X1」を完成させ、10年後の1934年にはフランス海軍も20センチ連装砲を搭載した「シュルクーフ」を建造、就役させた。

これらの潜水艦はいずれも大きな航続能力を持ち、火力を活かした通商破壊戦を実施することとなっていたようだが、実用性に乏しいという欠点があった。結局、「X1」はロンドン軍縮条約の際に解体され、「シュルクーフ」は1942年にカリブ海で米商船「トムソンライクス」と衝突、沈没した。通商破壊を目的とした潜水艦が、商船に沈められるという皮肉な最後だった。

なぜ小型艦艇に巨砲を搭載したか

「X1」や「シュルクーフ」のような潜水艦に大型砲が装備されたのは、軍縮条約が関係している。各国とも戦艦の建造が制限されたぶん、それ以外の艦艇に戦艦並みの大型艦砲を搭載しようと考えたのだ。

たとえば日本海軍では、空母「蒼龍」の設計時に、20センチまたは15センチ砲の搭載を検討している。これは当時、空母の運用方法がまだ確立されておらず、敵艦に遭遇した際の砲撃戦も想定されたからである。

ただし、こうした「ハイブリッド」艦の成功事例は皆無と言ってよく、それは「シュルクーフ」のあっけない最期でも証明されている。やはり軍艦や兵器は、欲張らない単一の設計で勝てるにこしたことはないのだ。

イラスト：霜方降造

「シュルクーフ」については、映画『ローレライ』に登場した潜水艦といえば、ピンとくる方も多いはずだ。

仰天度
4
有効度
2
現実度
2
間に合った度
5
映画「ローレライ」で知名度アップ度
3

【「戦艦空母」要目※ギブス&コックス社が計画したとされる】

●A案　排水量：66074t ／ 航空機：36機
武装：46㎝連装砲 × 4、12.7cm連装砲 × 14

●B案　排水量：71850t ／ 航空機：36機
武装：40㎝3連装砲 × 4、12.7cm連装砲 × 14

イラストは活躍想像図だが、ソ連艦艇ならば政治将校の無茶な命令により、搭載機の損傷もかまわず主砲砲撃が行われる可能性も高い……。

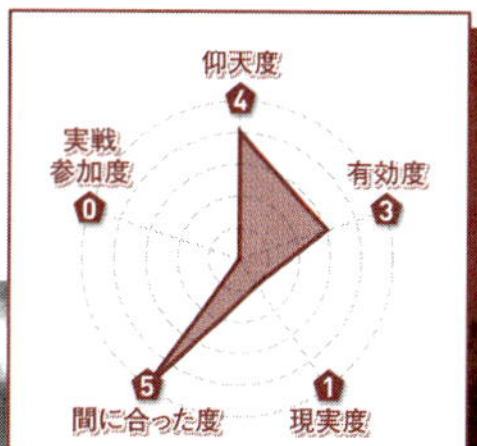
仰天度
4
有効度
3
現実度
1
間に合った度
5
実戦参加度
0

日本編 ● JAPAN/WORLD

計画国 日本

夜戦専用スーパー巡洋艦

大型巡洋艦「超甲巡」

日本海軍の艦隊決戦計画

史実では2隻の「大和」型戦艦が日本海軍最後の戦艦となったが、ほかにも水上戦闘艦の建造が計画されていた。

そのなかには、「超甲巡」と呼ばれる大型巡洋艦も存在する。「超甲巡」計画は、日本海軍の対米戦計画に深くかかわっている。太平洋戦争が開始されるまで、海軍はアメリカ海軍との戦争を、中部太平洋での艦隊決戦で決しようとしていた。

この戦いで海軍は、まず航空攻撃を担当する空母部隊と、夜間砲雷撃戦を挑む第二艦隊を敵艦隊にぶつけて戦力をすり減らし、最後に戦艦部隊を突入させて決着をつけようと考えていた。

このうち第二艦隊の旗艦には、混乱が多発しやすい夜戦を統制するために、高速戦艦の「金剛」型が用いられる予定だった。「金剛」型は戦艦であることから、打たれ強く、沈みにくいからだ。

だが「金剛」型には大きな問題があった。第一次大戦時に就役した旧式艦であり第二艦隊の旗艦として用いるには荷が重かったのだ。

その代役として昭和16年の㊄《マルゴ》計画で建造が考えられたのが、大型巡洋艦「超甲巡」だった。

戦艦に匹敵する性能で夜戦に活躍

「超甲巡」の性能は、以上の背景から「金剛」型に準じるものとなった。俊足の水雷戦隊に追随できる33ノットの最高速度、敵の重巡を圧倒する31センチ砲9門の火力、そして充分な装甲防御と、「超甲巡」はまさにミニ「金剛」であった。ちなみに、装甲配置や艦橋構造は、新鋭戦艦の「大和」型に酷似している。

「超甲巡」は㊄計画で2隻、その後の㊅《マルロク》計画で4隻の建造が計画されたが、太平洋戦争の開戦で取りやめられ、完成しなかった。海軍が戦時下の緊急性の高い建艦計画に力を注いだためである。

ただし、もし数年ほど建造開始が早ければ、「超甲巡」は史実の「金剛」型と同様、俊足を武器にして空母部隊の直衛やガダルカナルへの砲撃などに真価を発揮しただろう。また、船体さえある程度完成していれば、空母への転用も行なわれた可能性がある。

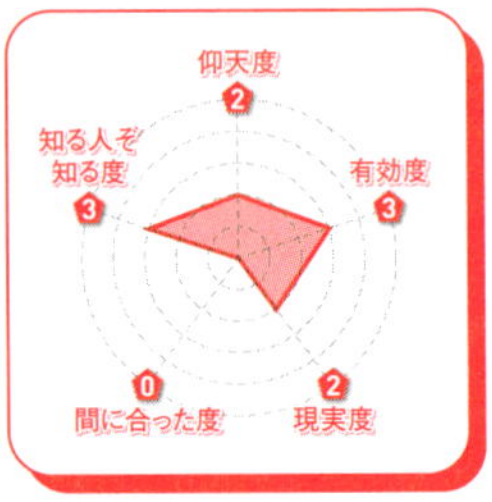

【「超甲巡」要目】

基準排水量：31400t ／ 全長：240m ／ 全幅：27.5m ／ 速力：33kt
出力：170000hp ／ 航続力：8000浬（18kt）
武装：31㎝3連装砲 × 3、10㎝連装高角砲 × 8、25㎜3連装機銃 × 4
搭載機：水偵 × 3 ／ 乗員：不明

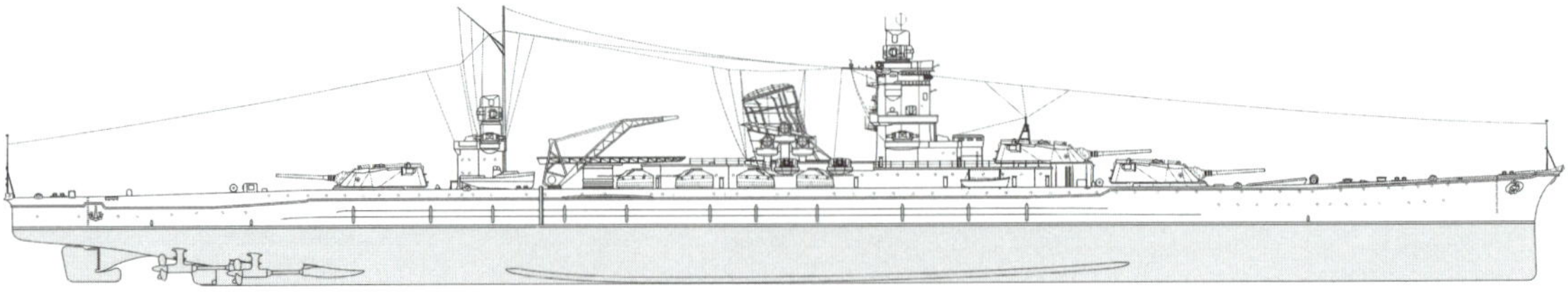

大型巡洋艦はアメリカが完成させたが、「もっとも役に立たなかった艦」というレッテルを貼られてしまっている。図は超甲巡予想図。「大和」型と類似した配置である。

図：神奈備祐哉

世界編 ◆ JAPAN／WORLD

計画国 ドイツ

▸▸▸ドイツ・幻の空母

「グラーフツェッペリン」

重武装空母の謎

「グラーフツェッペリン」は、1938年よりドイツ海軍が空母として建造していた艦だが、労働力の不足や空軍の非協力などにより、結局未成艦となってしまった。一説によれば、その設計には日本海軍の空母「赤城」が参考にされたといわれているものの、後世に残された図面や模型などを見る限りでは、その影響を見出すことは難しい。それほどまでに本艦の設計は、独特で、空母というより対艦戦闘を重視した重巡洋艦に匹敵する武装であった。

飛行甲板には3基の大型エレベーター、艦首には2基の台車式カタパルトがあり、短時間に多くの艦載機を展開することが可能だ。

驚異の管制能力

そもそも本艦は、日本海軍の空母のように遠距離から航空戦闘で雌雄を決するための艦ではなく、極近距離で敵艦や航空機と渡りあうための航空巡洋艦としたほうが、正しい。さらに本艦には対水上レーダーと対空監視レーダー、くわえて4基の目標捕捉レーダーが搭載されている。これは周囲の監視やレーダー射撃だけでなく、洋上で航空機の飛行管制を行なうための装備である。これらの装備を用いて、艦載機だけでなく地上基地の友軍機をも指揮し、夜間も含め、対艦、対空戦闘を実施する。

また特殊装備として、艦首に2基のフォイト・シュナイダープロペラが搭載されている。これは微細な機動に使用されるものでこれにより、本艦は大型艦とは思えないほどの微細で俊敏な機動を可能とした。

結論を述べよう。本艦が最大の能力を発揮できるのは、遠洋での通商破壊戦ではない。ドイツ近海での対空、対艦迎撃戦こそが、本来の主戦場なのである。

従来は「完成していたら通商破壊戦に投入されたはず」という説が流布していた「グラーフツェッペリン」だが、今回の検証で本来の運用方法が解明された。

【「グラーフツェッペリン」要目】

基準排水量：19250t ／ 最大排水量：28100t
全長：251.5m ／ 全幅：31.3m ／ 最大速度：32kt
出力：200000hp ／ 航続距離：8000浬（19kt）
武装：15cm連装砲 × 6、15cm単装砲 × 8、10.5cm連装砲 × 5、37mm連装機関砲 × 11、20mm機関砲 × 28
乗員：1760名 ／ 艦載機：40機

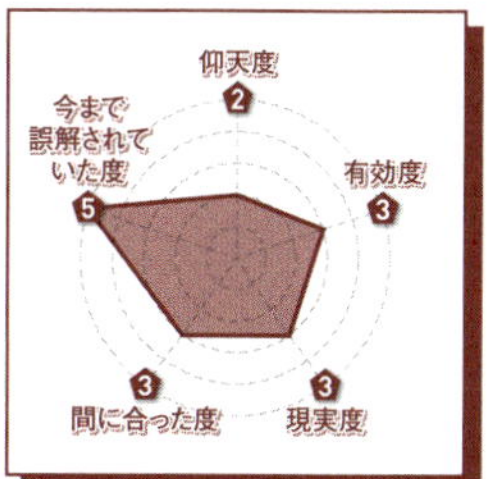

「グラーフツェッペリン」1945年4月に沈没した本艦は、2006年に沈没位置が判明して反響を呼んだ。

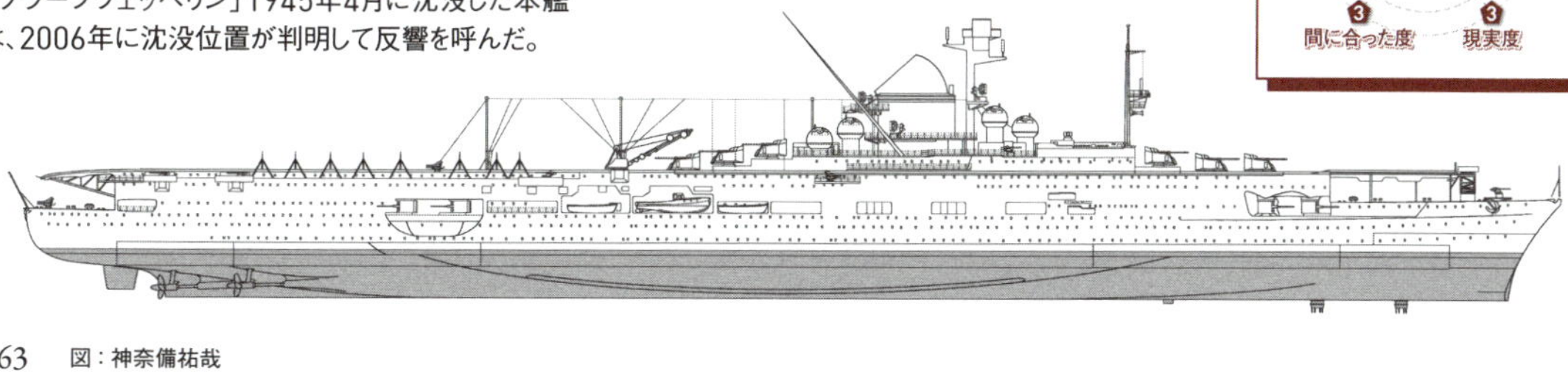

 図：神奈備祐哉

試作迎撃戦闘機

**日本陸海軍の試作機の大半は、
B29の迎撃のために開発されたといっても過言ではない。
現在の目で見れば、「もう少しラインナップを整理してもよかったのでは」と思う点もあるが、
個性的な試作機たちの活躍に思いをはせるのも楽しい。**

〈野心的なスタイル〉三菱十七試局地戦闘機「閃電」

閃電は、雷電の後継機として開発された迎撃機である。

中央胴体後部にエンジンを搭載、その後端にプロペラを配置し、細い2本のブームで尾翼を支持する「単発双胴推進式」と呼ばれる設計だった。この構造は武装を機首に集中できるという利点を持つ半面、空冷発動機の場合は冷却に問題が生じるなどの短所もあった。

閃電の開発も冷却問題に苦しみながらの進行だったが、昭和19年春に行なわれた、エンジンを搭載した運転実験では良好な成績が示され、高性能が期待された。

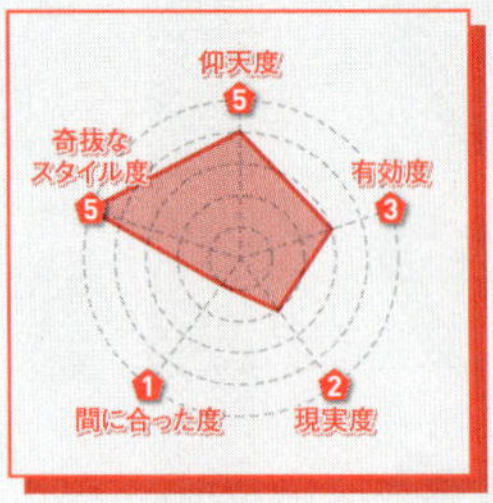

【三菱十七試局地戦闘機「閃電」要目】

全幅：不明／全長：不明／全高：不明／自重：不明／全備重量：不明／発動機：ハ四三　四一型／最大速度：不明／実用上昇限度：不明／航続距離：不明／武装：30㎜機関砲×1、20㎜機関砲×2／乗員：1名

だが、昭和19年10月、戦局の悪化によって海軍は試作機開発の縮小を行なわざるをえなくなる。閃電も整理対象とされて開発は中止。当時海軍では、閃電よりも、類似のコンセプトで、より実用化が期待できるエンテ式局地戦闘機の震電のほうが評価されていたのだ。

閃電と同様の設計は、立川のキ94や、満洲飛行機のキ98でも採用されているが、いずれも試作だけに終わっている。

〈排気タービン装備〉中島試作高々度戦闘機「キ87」

日本陸軍では、昭和17年末に存在が確認された超重爆撃機B29を迎撃するために、排気タービンを装備した高々度戦闘機をいくつか計画していた。そのうちの1機がキ87試作高々度戦闘機である。

昭和18年7月から開発が開始されたキ87は、2450馬力を発揮する中島のハ二一九ルエンジンを装備、時速700キロを超える性能を期待されていた。また、機体の胴体右側には排気タービンがむき出しとなっており、一種異様な姿ではあるが、これは排気タービンを下方に露出させないために選択された設計だった。

昭和20年2月に試作1号機が完成したキ87だったが、排気タービンや主脚に不具合が続出し、試験飛行も敗戦までに5回ほど行なっただけで、実力を発揮することは一度もなかった。陸軍はキ87の救済策として、排気タービンを廃し、20ミリ機関砲6門を装備したキ87乙の製作を計画していたが、こちらもまた間に合わなかった。

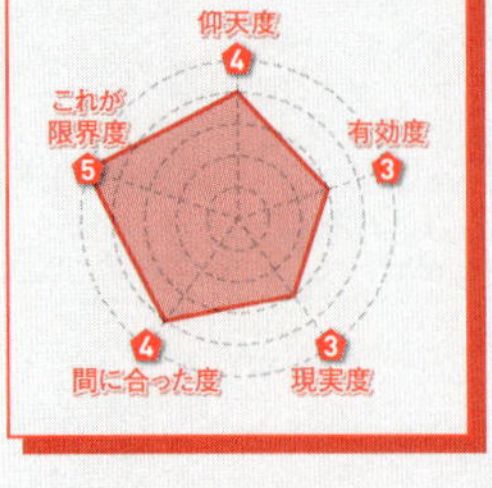

【中島試作高々度戦闘機「キ87」要目】

全幅：13.42m／全長：11.82m／全高：4.3m／自重：4383kg／全備重量：6100kg／発動機：ハ二一九ル／最大速度：698km/h／実用上昇限度：12855m／武装：30㎜機関砲×2、20㎜機関砲×2、爆弾250kg／乗員：1名

〈まさに空飛ぶ大砲〉陸軍試作防空戦闘機「キ109」

日本の防空戦闘機隊がB29に手

を焼いた原因はさまざまだが、そのうちの大きな要因のひとつに、B29の圧倒的に強固な防御性能があげられる。

ならば、より強力な砲で「一撃で破壊」しようとしたのが、八八式75ミリ高射砲を搭載したキ109である。母体は傑作と謳われた重爆撃機飛龍で、宙返りもできる軽快な運動性能を誇った。これに各種試験の末、75ミリ砲が取りつけられ、引き続き浜松で訓練が行なわれていた。

しかし昭和20年3月13日、飛行訓練のため離陸したキ109へ、「B29の編隊が名古屋方面へ侵入」の報が入った。

搭乗していた航空本部の酒本少佐は、ただちに迎撃を決意、敵編隊の群れに飛び込んだ。戦果は不明だが、敵編隊は遁走《とんそう》したという。

その日以降も数回にわたりB29を迎え撃ったものの、排気タービンがないため高空での捕捉ができず、無念のまま終戦を迎えた。

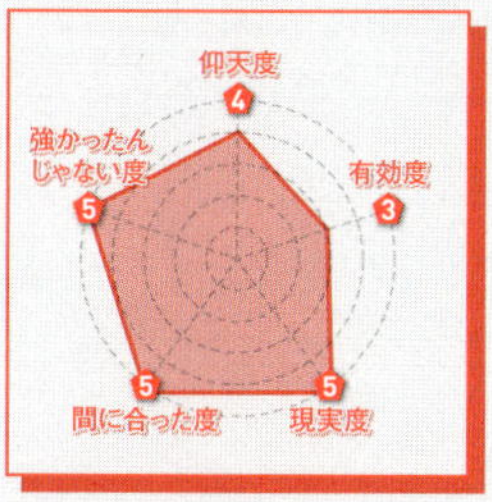
仰天度 4
有効度 3
現実度 5
間に合った度 5
強かったんじゃない度 5

【陸軍試作防空戦闘機「キ109」要目】

全幅：22.5m／全長：17.95m、／全高：5.8m／自重：7424kg／最大重量：10800kg
発動機：ハ一〇四×2／最大速度：540km/h／実用上昇限度：不明／航続距離：2200km
武装：75mm高射砲×1、13mm機銃×1／乗員：4名

〈海軍夜間戦闘機〉愛知十八試丙夜間戦闘機「電光」

太平洋戦争中、日本海軍は専用の夜間戦闘機を1機も実用化することができなかった。そして、この電光は海軍が試作を進めた、数少ない夜間戦闘機のひとつである。

開発は昭和18年6月に開始された。二式陸偵を改良した即席の夜間戦闘機（のちに「月光」として採用）が、ソロモンで夜間迎撃に活躍したことが発端である。

機首には20ミリ機銃×4、30ミリ機関砲×2の重武装が予定されたものの、さすがに途中で変更された。

また、夜戦機材として機上レーダーを搭載、設計的にも親子式二重フラップを採用し、生産効率を上げるために機体を5分割構成にするなど、野心的な機体だった。

雷光は天雷とともに、海軍が計画した双発夜間戦闘機

昭和19年8月にはモックアップ（木型模型）が完成、昭和20年6月には試作1号機が95パーセントの完成度となったものの、同月8日の空襲で機体は焼失。試作2号機も敗戦直前に空襲で大破した。電光は夜空に一度も飛び立つことなく姿を消したのだった。

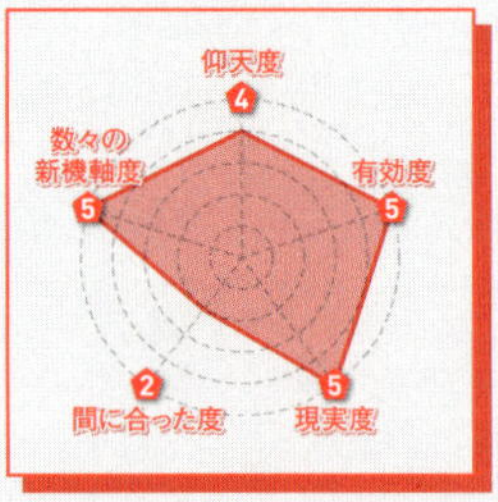

【愛知十八式丙夜間戦闘機「電光」要目】

全幅：17.5m／全長：14.25m／全高：4.25m／自重：7320kg
全備重量：10180kg／発動機：誉二二型×2／最大速度：635km/h
実用上昇限度：12000m／武装：30mm機関砲×1、20mm機銃×2／乗員：2名

〈串型エンジンで超速化〉川崎試作高速戦闘機「キ64」

昭和15年の陸軍研究方針によって、開発が始まった試作重戦闘機のひとつが、キ64である。担当は三式戦飛燕などを生んだ川崎であった。

キ64は、2基のエンジンを胴体内に串形に前後に並べて配置し、単発機でありながら双発機に等しい馬力をえようとした野心的な機体だった。選択されたエンジンは、飛燕と同様にDB601Aを国産化したハ二〇一で、後方のエンジンは操縦席後部に置き、ラジエーターも空気抵抗を抑える配置となっていた。また機首には二重反転プロペラを備えている。設計には、東大航空研が開発した高速機・研三の経験が活かされているという。

キ64は昭和18年12月に初飛行を行なったが、試験飛行中に火災事故で機体が破損して、開発は中止された。ほかの排気タービン装備機と同様に、キ64も日本の航空産業には手に余る機体だった。また、もしも実用化されたとしても、不具合の多い液冷エンジンを2基も装備している以上、運用には飛燕を上回る困難が待ちかまえていたと想像せざるをえない。

キ64の串型エンジンは、発想は秀逸だが当時の技術では実現困難だった。

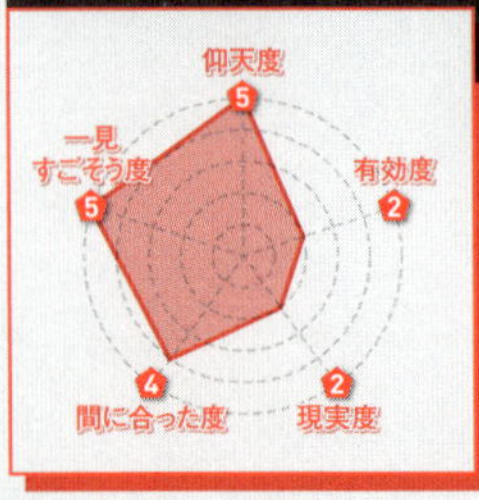

【川崎試作高速戦闘機「キ64」要目】

全幅：13.5m／全長：11.03m／全高：4.25m
自重：4050kg／全備重量：5100kg／発動機：ハ二〇一×2
最大速度：690km/h／実用上昇限度：12000m／
航続距離：1000km／武装：20mm機関砲×2または4
乗員：1名

〈最強の火力を誇る〉川西十八試甲戦闘機「陣風」

十八試甲戦闘機陣風は、紫電改を生み出した川西が、大戦末期に開発した新型の局地戦闘機である。陣風のルーツは、昭和17年に海軍から要求され、適当な発動機がないために開発中止となった十七試局戦までさかのぼる。陣風は十七試局戦をベースに、二段二速過吸器を備えた誉四二型を搭載、性能を向上させた機体だった。

開発が川西であったことから、陣風は紫電改の発展型というべき姿の機体となった。低翼単発短翼とスタンダードな設計ながらも、2000馬力級エンジンの誉四二型によって、最高時速は685キロを発揮する見込みだった。また、武装は20ミリ機銃×4、13ミリ機銃×2もしくは30ミリ機銃×2、13ミリ機銃×2と、ほかの試作単発戦闘機と比べても最強クラスの火力だった。

陣風は昭和19年6月にモックアップ審査までたどりついたものの、同年7月に実施された試作機整理によって開発中止となった。烈風よりも開発方針が明確だっただけに、未完成が惜しまれる機体といえよう。

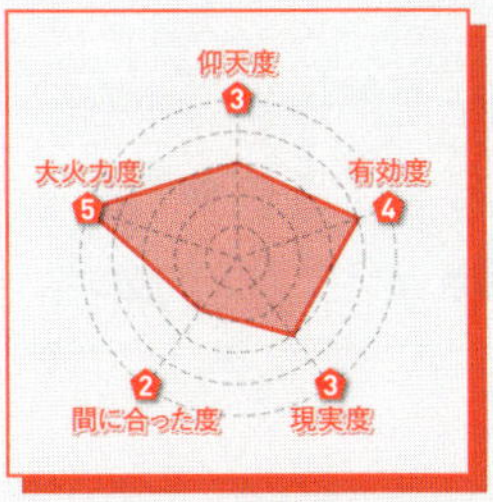

【川西十八試甲戦闘機「陣風」要目】

全幅：12.5m／全長：10.12m／全高：4.13m／自重：3500kg／全備重量：4373kg
発動機：誉四二型／最大速度：685km/h／実用上昇限度：13000m
武装：20mm機銃×4、13mm機銃×2または30mm機銃×2、13mm機銃×2／乗員：1名

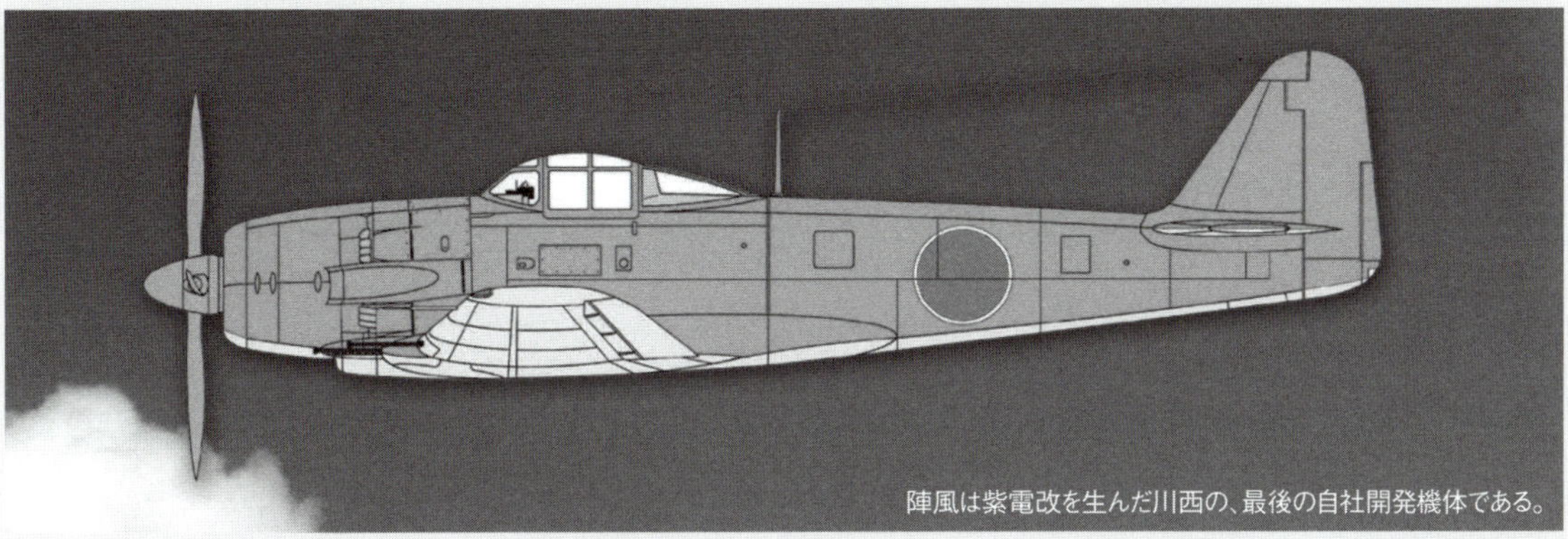

陣風は紫電改を生んだ川西の、最後の自社開発機体である。

〈異形の双胴体式〉航空技術研究所試案軽爆撃機

陸軍直属の航空技術研究所は昭和16年夏、重戦闘機と軽爆撃機の研究に着手した。重戦闘機はまずまずの成果を残し、のちの新型機開発の基礎となったようだが、軽爆撃機は左図のように異様な形状が考案された。

これは「第三案」と呼ばれているものだが、双発双胴というきわめて特異な形状となった。同様の研究はドイツやアメリカでも行なわれており、特にアメリカの「ツインムスタング」などは有名である。しかし両国は既存の機体をつなげたものだったのに対し、日本陸軍の場合はまったくの新規で、計画とはいえ双胴型式にした真意は不明である。

おそらくは技術的な限界を見極めるためだったと思われるが実現していたならば群を抜く異彩を放っていたことであろう。

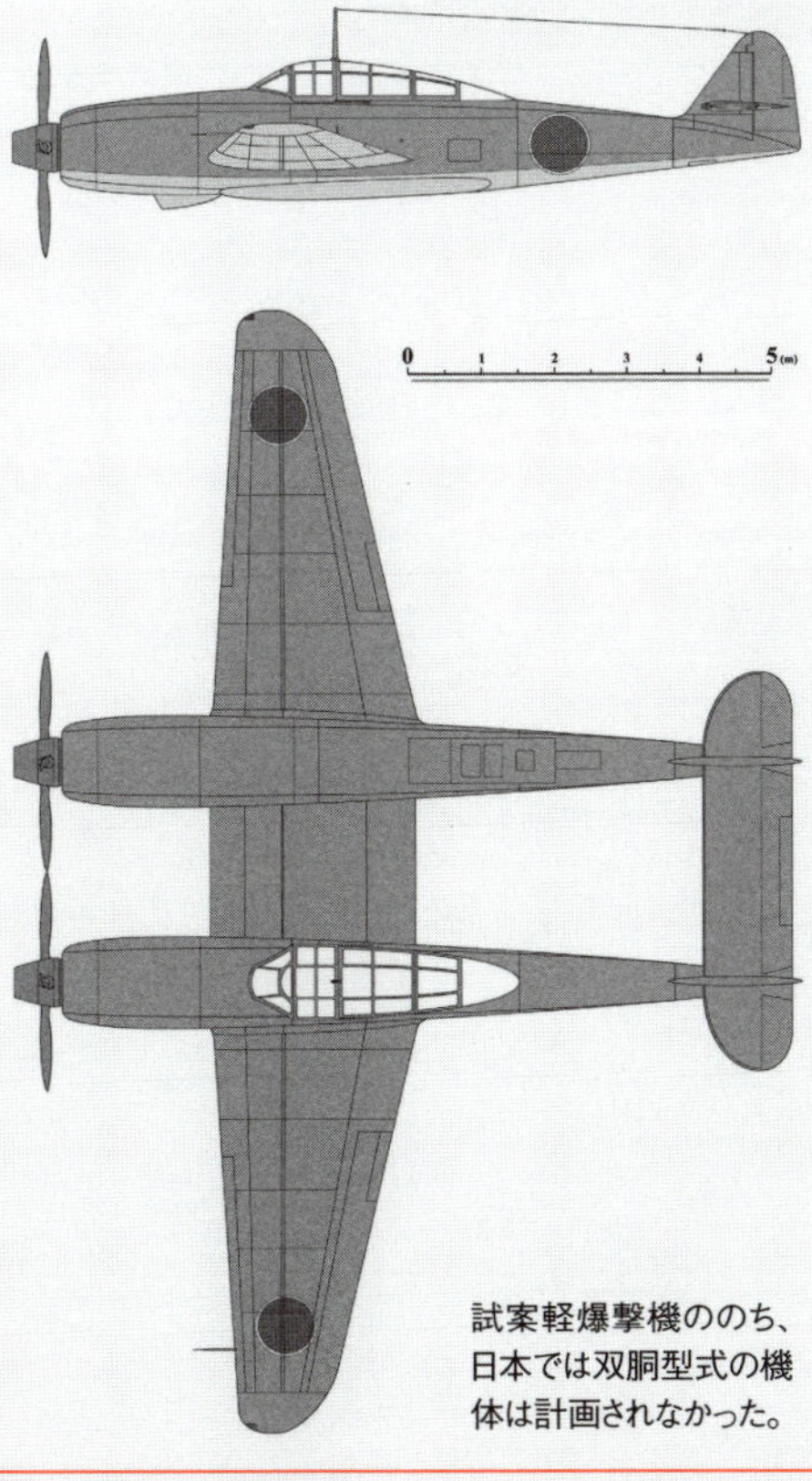

試案軽爆撃機ののち、日本では双胴型式の機体は計画されなかった。

【航空技術研究所試案軽爆撃機要目】

全幅：14.6m／全長：10.72m／全高：3.8m／自重：5303kg／全備重量：7510kg
発動機：ハ三九／最大速度：650km/h／武装：爆弾400kg／乗員：3名

 図：神奈備祐哉

飛ばなかった異形の翼

ドイツ空前の計画機列伝

**第二次世界大戦末期、激化する戦況のさなか、
ドイツは複数の超兵器開発を計画していた。
量産段階に入ったものから、試作に終わったものまでさまざまな超兵器が存在するが、
ここではそのなかから特筆すべき兵器を紹介したい。**

フォッケウルフ「トリープフリューゲル」

フォッケウルフ社のハンス・ムルトホプ技師が、1944年9月に設計した垂直上昇迎撃機。機体の中央には、逆テーパー（翼端にいくほど太くなる翼）の主翼が3枚、120度の角度で取りつけられており、主翼の先端には円筒形のポッドが設置されている。

このポッドには、ヴァルターロケットモーターとパブスト式のラムジェットが配置されており、機体を中心にその周囲を回転するようになっている。ロケットに点火して始動、加速し、ラムジェットの動力で飛行する仕組みだ。

また主翼は、垂直上昇から水平飛行に移行する過程でその角度を変更することが可能となっている。

気密式のコクピットは機首先端に配置されており、パイロットは上を向いた状態で離着陸する。このため機体尾部に、大きな1輪の主車輪と4基の補助車輪からなる引き込み式の降着装置が配置されている。

武装は機首に搭載された30ミリのMK103機関砲2門と、20ミリのMG151／20機関砲2門である。

終戦までに、遷音速での風洞実験が実施されたという。

トリープフリューゲルは、その異形もあってか、知る人ぞ知る人気の機体である。

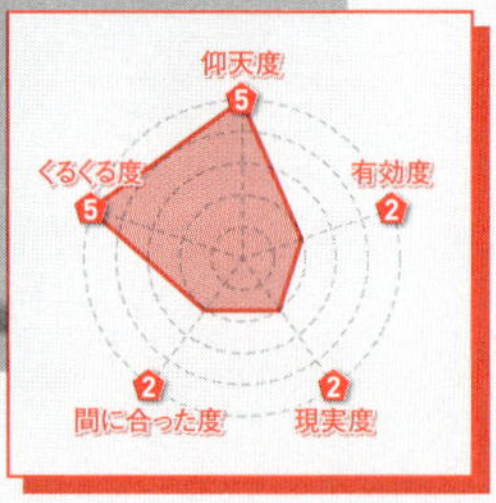
仰天度 5
有効度 2
現実度 2
間に合った度 2
くるくる度 5

【「トリープフリューゲル」要目】

全長：9.15m ／ ローター直径：10.7m ／ 翼面積：80㎡ ／ 自重：3200kg ／ 全備重量：5300kg
エンジン：パブスト式ラムジェット×3 ／ 最大速度：990km/h ／ 航続距離：500km ／ 実用上昇限度：14000m
武装：30㎜機関砲×2、20㎜機関砲×2　乗員：1名

ホルテンH 0229

1943年8月から、ホルテン兄弟が開発した全翼ジェット戦闘機である。

機体は完全な無尾翼で、生産性を考慮して合板が多用された。合板の接着に使用した接着剤にカーボンを混入したことで、レーダー電波を拡散させることに成功。

結果的にステルス機となり、量産機には電波吸収塗料まで使用される予定であった。

無動力の試作機HⅨV1は44年3月に飛行。ユモ004Bジェットエンジン2基を搭載したHⅨV2がエルウィン・ツィーラー中尉の手で12月に飛行し、時速800キロ以上の速度を記録した。

最終的には単座戦闘攻撃機型のA型と、複座夜間戦闘機型のB型が生産機として計画されていたが、結局のところ6機の試作機の生産中に終戦となり、1機が米軍に接収された。

特徴的な全翼機のホルテンは、現在も現物がアメリカのプレーンズ・オブ・フェイム航空博物館に保管されている。

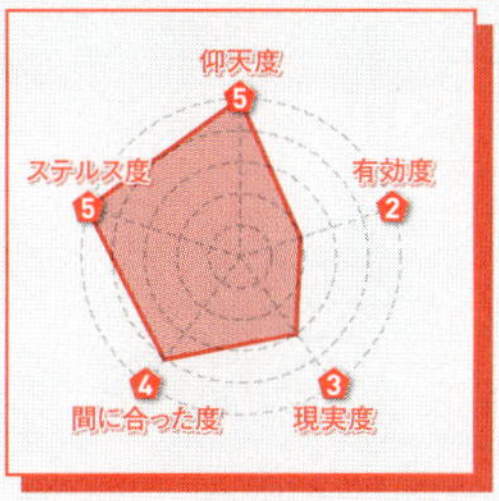

【ホルテンHo229要目】

全長：7.465m／全幅：16.8m／全高：2.81m／翼面積：57㎡／自重：5067kg
全備重量：8999kg／エンジン：Jumo004B ジェットエンジン×2／最大速度：977km/h
航続距離：2500km／上昇限度：15000m／武装：20mm機関砲×2／乗員：1名

バッヘムBa349「ナッター」

大戦末期に試験が行なわれた単座ロケット迎撃機。特に生産性を考慮し、機体はすべて木製であった。

3機を1個小隊とし、対空監視レーダーと目標追尾レーダーからの情報を受けると、4基の補助固体ロケットと1基の液体燃料ロケットを噴射して、ランチャーから垂直に発進する。さらに上昇中、補助ロケットを分離、または敵機の上空で反転し、敵機の直上から攻撃するというものだった。

武装は機首に搭載された24発の24ミリフェーン空対空ロケット、または32発の55ミリR4M空対空ロケットで、強力な爆発力により敵爆撃機を粉砕する。また状況によっては機体を敵機にぶつけ、パイロットが直前に脱出する攻撃方法も考えられていた。

この場合、パイロットは機体からパラシュートで脱出、さらに機体後部も分離して液体ロケットごとパラシュートで降下させ、回収して再利用することになっていた。

1945年までに20機ほどが試作され試験が開始されたが、有人打ち上げ試験の際に人命が失われる事故が発生。実用化に至らぬまま終戦となった。

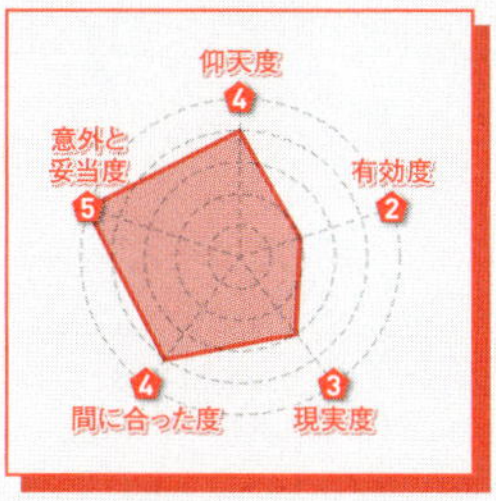

【「ナッター」要目】

全長：6.1m／全幅：3.6m／全高：2.2m／翼面積：2.75㎡／自重：800kg／全備重量：2050kg
エンジン：HWK109-509ロケット モーター、補助エンジンとしてシュミディッヒ109-533ロケットモーター×4／最大速度：900km/h
航続距離 ：40km／実用上昇限度：16000m／武装：24mmフェーンロケット×24、またはR4M55mmロケット弾×32／乗員：1名

もしかするとナッターこそ、当時のドイツの国情に沿った機体だったかもしれない。

フォッケウルフTa183「ヒュッケバイン」

フォッケウルフ社のクルト・タンク博士が、1944年の緊急戦闘機計画のために設計したジェット戦闘機。緊急戦闘機計画とは、機体の量産性を考慮した戦闘機開発計画で、機体構造の簡素化や機体の木製化、フォッケウルフFw190戦闘機との部品の共通化などがその目的とされた。

中翼配置の後退翼を主翼とし、尾翼にはT字尾翼を採用した。気密式の操縦席は機首に配置され、視界の広いバブルキャノピーが採用されている。

44年末に制式採用が決定し、生産が開始されたが、45年4月連合軍により工場が占領されたため、開発は終了となる。

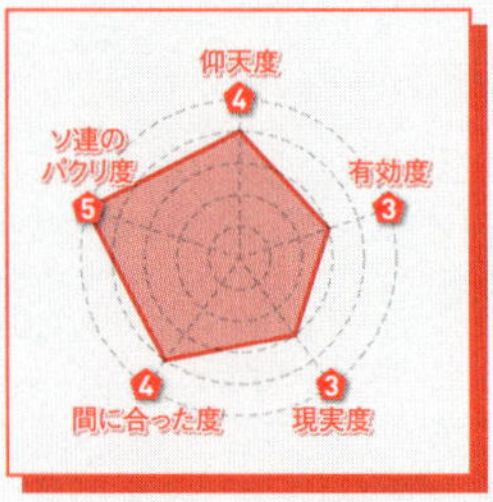

【「ヒュッケバイン」要目】

全長：9.35m ／ 全幅：10m ／ 全高：3.48m ／ 翼面積：22.5㎡ ／ 自重：2824kg
全備重量：4291kg ／ エンジン：ハインケル・ヒルト HeS011Aジェットエンジン ／ 最大速度：1017km/h
航続距離：969km ／ 上昇限度：14400m ／ 武装：30㎜機関砲 × 4 ／ 乗員：1名

皮肉なことに、ヒュッケバインはのちにソ連新型機の原型となった可能性がある。

ハインケルHe162「サラマンダー」

1944年9月にドイツ空軍は、生産が簡単で、どんな初心者にも操縦が容易、そして連合軍の機体よりも高性能なジェット戦闘機を目指した国民戦闘機を計画した。

ハインケル社独自開発のジェットエンジンBMW003を機体背部に背負い式に搭載し、中翼配置の主翼とH字型の尾翼を配置。生産性を考慮した全木製の機体として12月に試作機が初飛行した。

本機はHe162「シュパッツ」（すずめ）として採用されたが、機体安定性の不良により主翼端に下げ角が追加され、極めて操縦の難しい機体となった。

合板に使用された接着剤の不良による空中分解事故や、当初搭載予定だった30ミリ機関砲の工場の壊滅など数々のアクシデントがあったが、45年には本機のみの飛行隊が創設された。

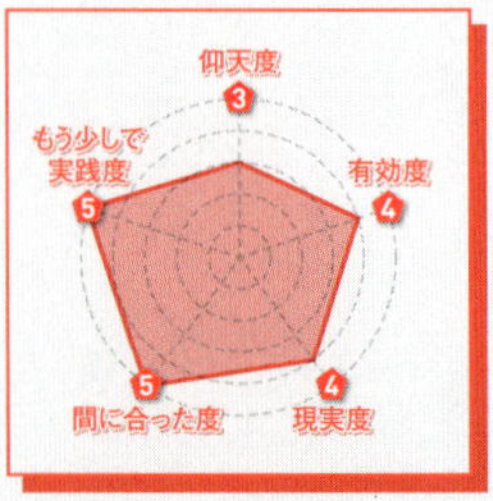

【「サラマンダー」要目】

全長：9.05m ／ 全幅：7.2m ／ 全高：2.6m ／ 翼面積：14.5㎡ ／ 自重：1660kg ／ 最大重量：2800kg
エンジン：BMW003E-1 ／ 最大速度：905km/h ／ 実用上昇限度：12000m ／ 航続距離：975km
武装：30㎜機関砲 × 2または20㎜機関砲 × 2　乗員：1名

ドルニエDo335「プファイル」

1943年10月、ドルニエ社が初飛行させた単座の重戦闘機。ダイムラーベンツDB603液冷エンジンを機体の前後に串形配置した、その独特の形状からプフィー

「国民戦闘機」と称されたサラマンダーであったが、華々しい戦果を残すことはできなかった。

ル（矢）ともアマイゼンベア（オオアリクイ）とも呼ばれた。

時速770キロもの最大速度を誇り、1基の発動機が停止してももう1基のみで時速560キロの速度で飛行が可能であった。

戦闘攻撃機型のほかに、夜間戦闘機・駆逐機などが計画された。

終戦までに37機が完成したが、実戦に参加することは一度もなかったという。

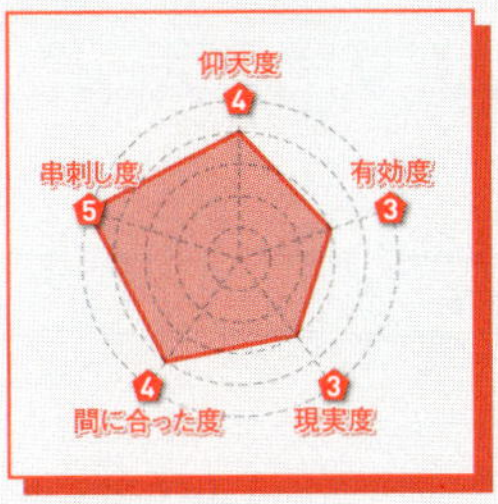

【「プファイル」要目】

全長：13.85m／全幅：13.8m／全高：5m／翼面積：38.5㎡／自重：7260kg／全備重量：9600kg
エンジン：ダイムラーベンツ DB603A-2×2／巡航速度：685㎞/h／最大速度：770㎞/h
航続距離：1380㎞／上昇限度：11400m／武装：30㎜機関砲×1、15㎜機銃×2／乗員：1名

ミステルV

大戦末期のドイツ空軍では、余剰爆撃機の操縦キャビンを撤去して特殊成形炸薬を搭載した大型飛行爆弾が開発された。

この爆弾の上に戦闘機を操縦母機として積み上げたものを「ミステル」（やどり木）と呼称し、敵目標上空で爆弾を分離落下して帰投するという戦法が採られた。

特に、余剰機となったユンカースJu88爆撃機とメッサーシュミットBf109、またはフォッケウルフFw190戦闘機との組み合わせはミステルVと呼称され、50機が生産された。

このほかにも、メッサーシュミットMe262戦闘機2機を重ねたものや、新規開発した大型爆弾Ar E377aの上にハインケルHe162戦闘機を重ねたもの、Ju287爆撃機をもとにした大型爆弾の上にMe262戦闘機を重ねたものなどが構想された。

「ミステル」は、ノルマンディー作戦での数隻のタンカーを撃沈、ドイツ本国に迫ったソ連軍の侵攻を阻止するため、各地の鉄橋を破壊するなど、少ないながらも戦果をあげている。

【ミステルV組み合わせ事例】

メッサーシュミットBf109（母機）＋ユンカースJu88（子機）
フォッケウルフFw190（母機）＋ユンカースJu88（子機）

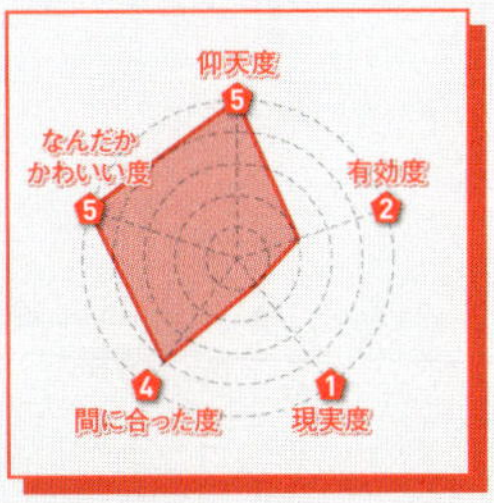

ブローム・ウント・フォス BvP202

1944年9月に、ブローム・ウント・フォス社のリヒャルト・フォークト技師が設計した単座高々度戦闘機。2機のBMW003ジェットエンジンを胴体下部に配置し、武装は機首に搭載された30ミリ機関砲1門と、20ミリ機関砲2門となっていた。

本機のもっとも特徴的な部分は、肩翼に配置された長い主翼であろう。この主翼は重心位置に設置されたピボットを中心に、最大35度の角度で可変することが可能となっていた。開発が難しく1979年にNASAが実験機ADIを開発したことで、ようやく日の目を見た。

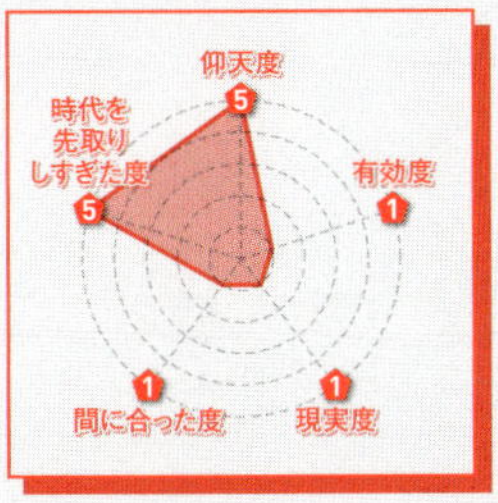

【ブローム・ウント・フォス　BvP202要目】

全長：10.45m／全幅：11.98m／全高：3.7m／翼面積：20㎡
全備重量：5400kg／エンジン：BMW003ジェットエンジン×2
武装：30㎜機関砲×1、20㎜機関砲×2／乗員：1名

リピッシュP13a ラムジェット迎撃機

メッサーシュミットMe163「コメート」を開発したアレキサンダー・リピッシュ博士はラムジェット機とデルタ翼の研究を行なっていた。

本機はその研究成果を形にするために計画された超音速迎撃機だ。

運用の際はフォッケウルフFw58やジーベルSi204といった輸送機の機体背面に搭載されて飛行し、高度8000メートルで分離して液体燃料ロケットにより上昇加速する。武装は30ミリ機関砲2門で、戦闘後はスキッドを使用して着陸する。

空力試験用のDM1滑空機が完成し、風洞実験が開始された時点で終戦を迎えた。

リピッシュP13aは、その形状も設計思想も、時代を先取りしていた機体であった。

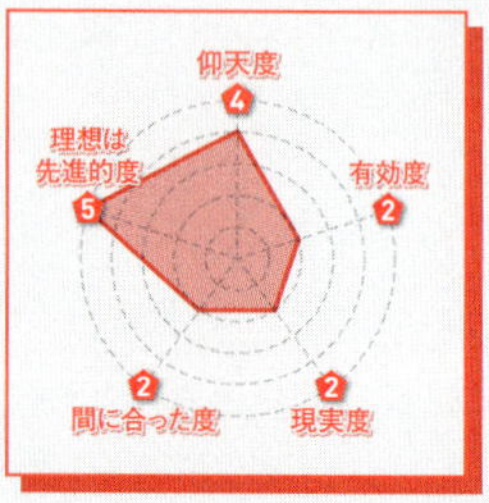

仰天度 4
有効度 2
現実度 2
間に合った度 2
理想は先進的度 5

【リピッシュP13aラムジェット迎撃機要目】

全長：6.7m ／ 全幅：6m ／ 全高：3.25m
翼面積：20㎡ ／ 全備重量：2300kg
エンジン：クロナッハ ローリン石炭燃焼式ラムジェットエンジン
最大速度：1650㎞/h ／ 武装：30㎜機関砲 × 2 ／ 乗員：1名

ソムボルトSo344

ドイツ空軍の簡易迎撃機計画のために、ハインツ・ソムボルト技師が設計した単座の小型ロケット迎撃機。ドルニエDo271などの大型爆撃機の主翼に懸吊されて離陸し、敵爆撃編隊直前で分離、ロケットエンジンにより上昇する。高高度からの急降下の後、上昇し敵爆撃機めがけて機首に装着された500キロ大型無誘導ロケット弾を発射。通常ならば敵機もろとも爆散するが、失速落下して逃れる。1／5スケールの模型で風洞実験が実施されたが、1945年の初頭に計画は破棄された。

ソムボルトSo344もまた、大戦末期のドイツ軍らしい計画機であった。

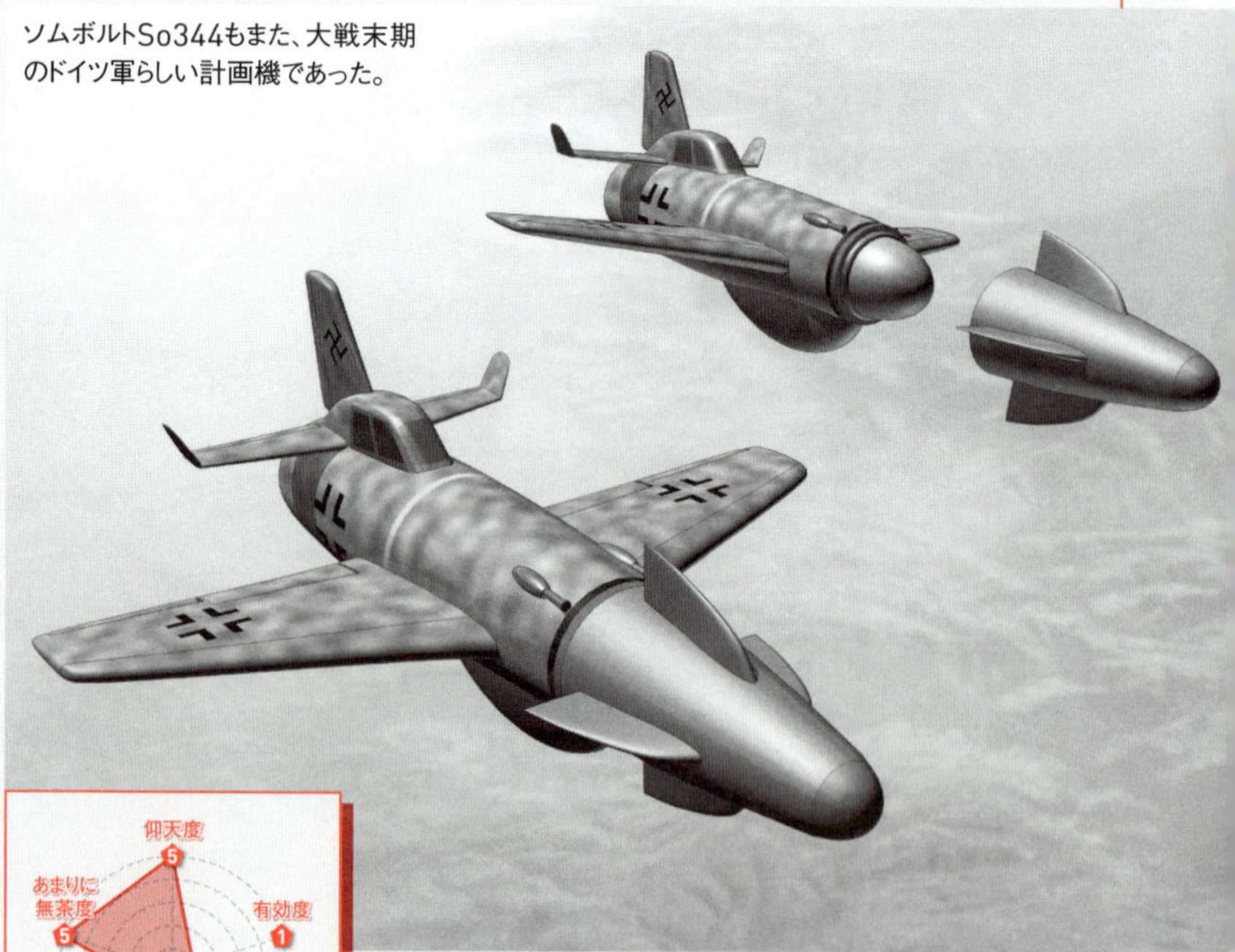

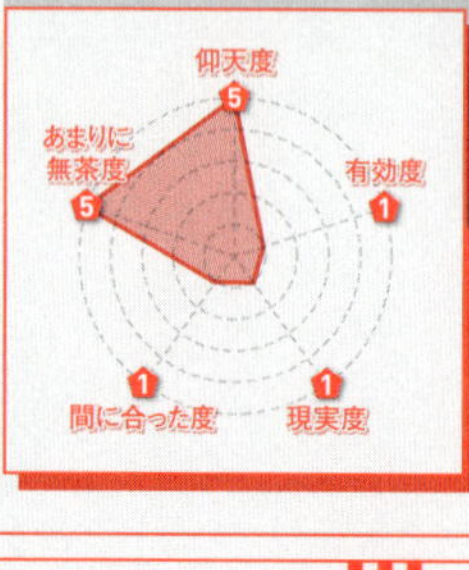

仰天度 5
有効度 1
現実度 1
間に合った度 1
あまりに無茶度 5

【ソボルトSo344要目】

全長：7m ／ 全幅：5.7m ／ 全高：2.18m ／ 翼面積：6㎡
全備重量：1350kg ／ エンジン：ヴァルター509ロケットモーター × 1
武装：400kgロケット弾 × 1、機関砲 × 2 ／ 乗員：1名

早すぎた超重爆撃機構想

ドイツ巨大爆撃機大全

**数々の超兵器を生み出していたドイツは、
当時の最新技術を結集した巨大爆撃機の生産を計画していた。
そこでここでは、完成していれば驚異的な戦力になったであろう
巨大爆撃機たちを紹介しよう。**

アラドE555-1

1943年12月から、アラド社は空軍の米国本土爆撃計画にもとづき、大型高速長距離爆撃機の開発に着手した。その骨子は、BMW003ジェットエンジン6基を機体上部にまとめて搭載し、時速860キロの最大速度で5000キロを飛行して、4トン以上の爆弾の雨を降らせるというものだった。全翼の機体形状や、機体前部に設置された気密式の操縦キャビンなど、当時のドイツの最新技術を結集して開発される予定の機体であった。

防御武装も、操縦席上部に旋回式の20ミリ連装機関砲1門、左右

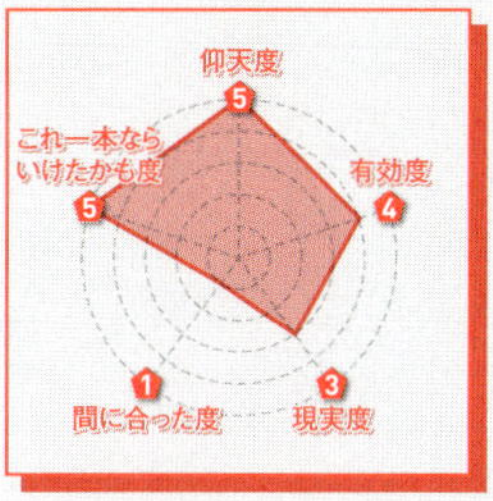

【アラドE555-1要目】

全幅：21.2m ／ 全長：18.4m ／ 全高：5m ／ 翼面積：125㎡ ／ 全備重量：24000kg
発動機：BMW003ジェットエンジン×6 ／ 最大速度：860㎞/h ／ 上昇限度：15000m ／ 航続距離：4800㎞
武装：30㎜機関砲×2、20㎜連装機関砲×2、爆弾4000kg ／ 乗員：3名

アラドE555-1長距離爆撃機は、その特異な形状が印象的だ。

の主翼付け根に30ミリ機関砲が1門ずつ装備され、機体尾部にはこれに加え、20ミリ連装機関砲による砲座があり、操縦キャビンからのリモコン操作による射撃が可能となるはずであった。

　しかし戦局の悪化により、44年の12月にこの計画は中止される。

ホルテンHoXⅧA

　空軍の米本土爆撃計画のため、1944年の末にホルテン兄弟が計画した長距離爆撃機。

　軍からは、4トンの爆弾を搭載し、1万キロを無補給で飛行することが要求されていた。これに対しホルテン兄弟は、主翼幅40メートルの大型無尾翼全翼機を設計、機体は完全な全木製として、6基のユモ004Bジェットエンジンを機体内部に搭載した。これにより本機は、時速900キロの最大速度で飛行可能となっていた。

　また、機体の組立てにはカーボンを混入した接着剤が使用され、結果的にレーダーに探知されにくい、ステルス性も持ち合わせることになった。

　だが、空軍側が尾翼のない設計にまったく理解を示さなかったため、巨大な着陸脚をまとめたスパッツを機体下部に配置したHoXⅧBへと設計を変更したものの、実戦参加には間に合わなかった。

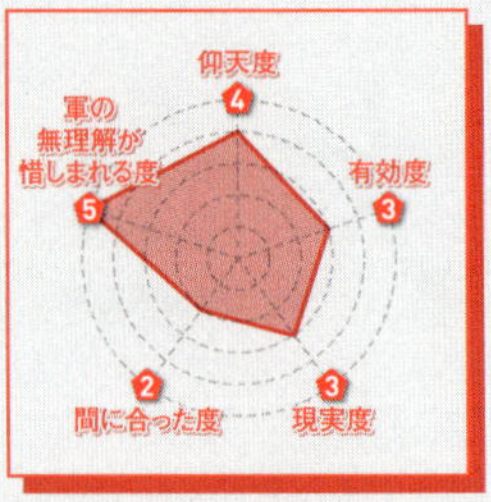

【ホルテンHoXⅧA要目】
全幅：40m ／ 全備重量：33100kg
エンジン：Jumo004Bジェットエンジン×6
最大速度：900km/h ／ 爆弾：4000kg ／ 乗員：6名

フォッケウルフTa400

　クルト・タンク博士が設計した米本土爆撃のための大型爆撃機で、1943年よりフランス各地で部品単位の生産が開始された。

　42メートルという長大な主翼に、1700馬力のBMW801E空冷エンジン6基を搭載し、時速535キロの最大速度で4800キロの距離が飛行可能とされた。また、補助動力として2基のユモ004ジェットエンジンが搭載されており、非常時にはこれを用いて、時速720キロという、大型機としては驚異的な加速力を発揮する。

　ボンブベイと機体下部、主翼下面を合わせた爆弾搭載量は最大10トンで、機体下部と主翼下面にはフリッツXやヘンシェルHs293などの対艦ミサイルを搭載し、対艦攻撃も可能であった。

　しかし、ドイツ空軍省がこの機体を採用することはなく、大戦途中で開発は中止となっている。

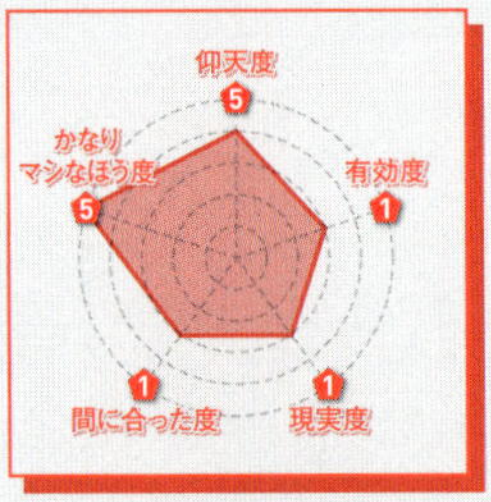

【フォッケウルフTa400要目】
全幅：42m ／ 全長：29.4m ／ 全高：6.5m ／ 翼面積：170㎡ ／ 全備重量：62500kg
エンジン：BMW801E×6、Jumo004ジェットエンジン×2 ／ 最大速度：535km/h、720km/h（ジェットエンジン使用時）
上昇限度：15000m ／ 航続距離：4800km ／ 武装：20mm連装機関砲×6 ／ 爆弾:10000kg ／ 乗員：9名

ゼンガー成層圏爆撃機

　オイゲン・ゼンガー博士が戦前に発表した論文をもとに、成層圏を飛行する超音速長距離爆撃機の開発が秘密裏に行なわれていた。この機体は、今日のスペースシャトルのように、機体自体が揚力を発生するリフティング・ボディ機として設計されていた。

　後部に600トンの推力を発揮する巨大なロケットブースターを連結し、全長3キロという長大な離陸用レーンを滑走して離陸する。離陸後は、推力100トンの液体ロケット1基により加速、大気圏を離脱する。

　ニューヨーク上空でボンブベイを開放し、約4トンもの大型爆弾を投下する予定であったうえ、核弾頭や化学弾頭の使用も想定されていた。

　攻撃終了後は、大気ブレーキを使用して減速を繰り返し、全長2

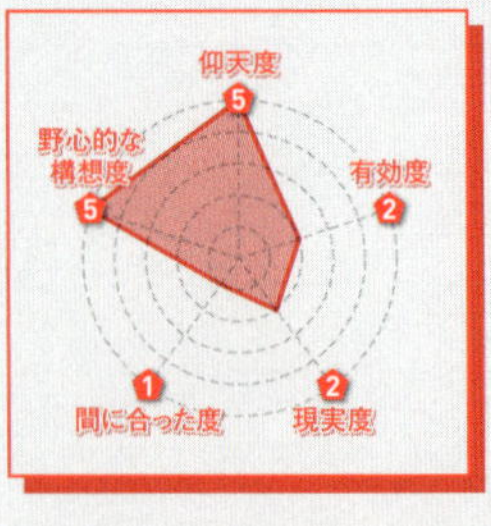

【ゼンガー成層圏爆撃機要目】
全幅：15m ／ 全長：28m ／ 全高：2.1m ／ 翼面積：44.7㎡ ／ 重量：9979kg
発動機：液体ロケット×1 ／ 最大速度：22100km/h ／ 上昇限度：40000m
航続距離：23500km ／ 武装：爆弾3629kg ／ 乗員：1名

ゼンガー成層圏爆撃機は、実現性はともかくコンセプトは画期的なものだった。

万3500キロにもおよぶ長大な行程を飛行してドイツ本国へと帰還し、任務は終了となる。
機体の耐熱の問題が解決しなかったものの、45年までにメインロケットの試験設備が建設されていたという。

COLUMN

日本陸海軍の未成大型爆撃機

文：松田考宏

富嶽以前から、日本陸海軍は大型爆撃機を開発していた。便宜上、4発機を大型爆撃機と定義して、陸海軍の未成機を紹介する。

最初期に計画されたのが、昭和6年に試作1号機が完成した陸軍の九二式重爆撃機である。ドイツの大型爆撃機、K51の製造ライセンスを買い取り4発爆撃機として開発を試みたものであったが、速度は約200キロと非常に低速で、ほかにも問題点が多数あったため6機を製造して開発は中止となった。

昭和16年になると陸軍航空技術研究所で、研究目的による「試案重爆撃機」が2案作成された。3種のエンジンいずれかを2〜4基搭載の予定で、最大速度は700キロ前後に達するものとされたが、計画のみで終わった。

その後、陸軍は昭和18年に4発の重爆撃、キ91の開発を開始。富嶽をふたまわりほど小さくした機体は爆弾8000キロ、20ミリ機関砲9門を搭載する予定であった。しかし当時の日本の技術では開発が困難で、昭和20年2月に計画は中止された。

これらの計画に対して海軍はもう少し現実的で、昭和12年に民間名義で輸入した4発機ダグラス DC-4Eを十三試陸上攻撃機として実用化を試みた。だがDC-4E自体が難のある機体で、深山と名づけられた機体は6機が試作されて不採用となった。陸軍仕様のキ68も検討されたが実現されていない。なお2機の深山が輸送機型の深山改に改造されたが、使い勝手は悪かった。

海軍は大戦中の昭和18年にも十八試陸上攻撃機・連山を計画、深山の失敗も教訓に開発を進めた。昭和19年10年には初飛行にこぎつけたものの、戦局悪化のため昭和20年6月に開発中止となった。

昭和18年は「TB」の名を与えられた4発爆撃機も検討されたが、富嶽を優先するため翌年に計画自体が消滅している。

こうして概観してみると、当時の日本は双発の爆撃機が身の丈にあっていたことが実感できる。

世界にさきがけた回転翼機

至高のヘリコプター研究

**兵器や物資の輸送手段、
そして偵察機として戦場で重要な役割を担っていたヘリコプター。
戦況を左右するこの兵器は、
先進国ドイツのほか日本でも、研究されていた。**

フォッケアハゲリス Fa223「ドラッヘ」

フォッケウルフ社の創始者であるハインリッヒ・フォッケは、1936年に同社初の本格的なヘリコプターとなるフォッケウルフFw61を開発した。この機体はベルリンオリンピックの際に、ナチスドイツの技術力を誇示するために使用されている。

その後フォッケは、グレッド・アハゲリスとともにフォッケアハゲリス社を設立し、6人乗りの本格的な実用ヘリコプターの開発生産に着手する。

1940年に初飛行したFa223「ドラッヘ（ドラゴン）」は、対潜作戦、偵察、輸送、救難などでの使用を目的として製造された大型ヘリコプターで、1トンの小型車両を懸吊輸送できるほどの大馬力を有していた。

しかしながら空軍からの理解が得られず、5種類が予定されていた生産機は、1種の他用途機へと設計変更が行なわれた。そのうえ、あいつぐ工場への爆撃で生産が遅れていった。

晴れ舞台となるはずだった1943年のムッソリーニ救出作戦の際も、ローターの故障により、本機は作戦に参加できていない。同作戦で本機の有効性が証明されていれば、活躍の機会は増していたであろう。

1945年2月にオーストリアで捕獲された機体がイギリス本土へ飛行し、世界初のドーバー海峡を渡った回転翼機となった。

D-O...W

Fa223ドラッヘは、イタリア統領のムッソリーニ救出作戦に投入される予定だった。

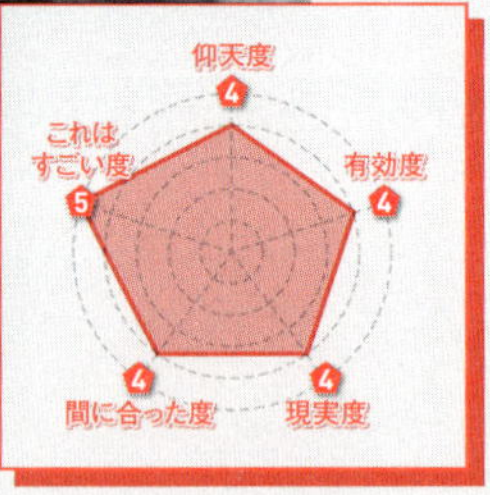
仰天度 4
有効度 4
現実度 4
間に合った度 4
これはすごい度 5

【「ドラッヘ」要目】

全幅：24.5m（ローターハブ間）／全長：12.25m／全高：4.35m／ローター直径：12m／翼面積：226.1㎡／自重：3180kg
全備重量：4300kg／エンジン：BMW301R／最大速度：175km/h／巡航速度：120km/h／実用上昇限度：2000m／航続距離：700km
武装：7.92mm機銃、爆弾500kg／乗員：6～8名

世界にさきがけた回転翼機

至高のヘリコプター研究

Fl282コリブリは、現代のヘリコプターに通じる構造が特徴だ。

【「コリブリ」要目】

全長：6.56m ／ 全高：2.2m ／ ローター直径：11.96m ／ 自重：760kg ／ 全備重量：1000kg
エンジン：ブラモSh14A ／ 最大速度：150km/h ／ 実用上昇限度：3300m ／ 航続距離：170km ／ 乗員：1名

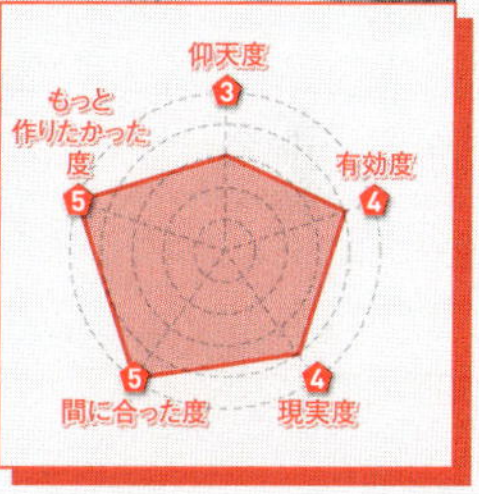

フレットナー Fl282「コリブリ」

アントン・フレットナーが研究していた本格的な偵察用ヘリコプターで、「コリブリ」とはハチドリを意味する。

偵察、弾着観測、対潜哨戒に用いる単座の艦載ヘリコプターとして、ドイツ海軍が1940年前半にフレットナー社に発注し、42年には試作・原型機による運用テストが開始されている。最大の特徴は、なんといっても動力が2軸V型の配置になっていることで、これに2翅のプロペラを1組ずつ配置して回転トルクを打ち消している。この配置は現在もカマン社のヘリコプターで採用されている方式である。

徹底的な軽量化のせいで運動性は悪かったものの、状況しだいでは悪天候でも飛行が可能で、43年にはエーゲ海、地中海方面での船団護衛任務に活躍した。

A型は単座偵察機だが、B0、B1型には5キロ爆弾2発を搭載可能であった。またB2型は非武装の複座型であった。

海軍から1000機もの発注を受けていたが、連合軍の爆撃により生産は思うようにいかなかった。

フォッケアハゲリス Fa330「バッハシュテルチェ」

大西洋で「ウルフパック」の勇名をはせたドイツ海軍のUボートは、遠洋型のUⅨ型が開発されるとインド洋へと進出した。このUⅨ型に搭載し、長期遠距離偵察を主目的に使用されたのが本機で、「バッハシュテルチェ」とはセキレイの意味である。

外観は3翅のプロペラを回転翼とした単座無動力の凧で、通常はUボートの艦橋に配置されたキャニスターに折り畳んで格納する。

偵察任務の際は、3分で組み立てを完了して離艦。Uボートの艦橋からロープで牽引され、最大120メートルまで上昇することで、4万メートルまでの遠方洋上を偵察可能とする。この時パイロットは、送受話装置のついたヘッドセットを装着し、牽引ロープに併設された電話を用いて洋上の状況を母艦に報告する。

また、偵察時に母艦が敵艦の攻撃を受けた場合、本機は牽引ロープを切り離し、操縦席下部のレバーを引いて機体よりローターを分離する。その後パイロットは、パラシュートにより脱出するしくみだった。

インド洋上で行われた日独潜水艦の交流（152ページ参照）の際に、何機かが日本の潜水艦にも譲渡され、運用されたともいわれている。

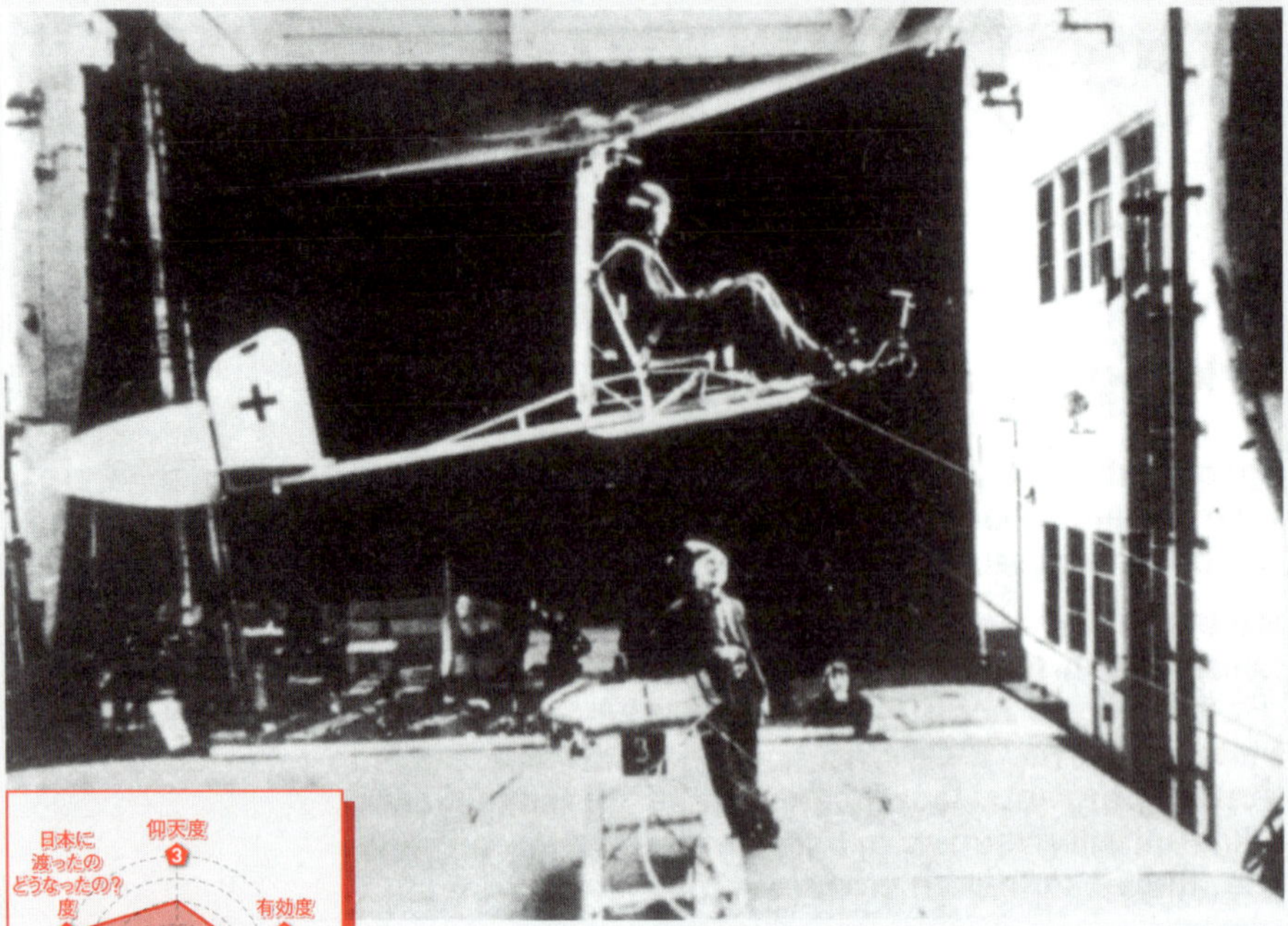

凧のような外観が印象的なFa330バッハシュテルチェ。

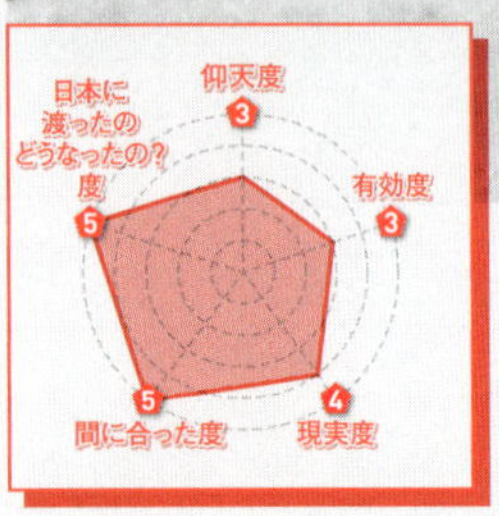

【「バッハシュテルチェ」要目】

全長：4.45m ／ ローター直径：7.32m ／ 翼面積：42㎡ ／ 自重：68kg
最大運用速度：40㎞/h ／ 実用上昇限度：220m ／ 乗員：1名

フォッケウルフVTOL

第二次世界大戦中に、フォッケウルフ社で構想されていたといわれている垂直上昇機。おそらくは、偵察機や連絡機、観測機としてヘリコプターのかわりに使用される予定であったものと思われる。

大型の円形の機体の中央には2重反転式のローターと、形式不明のジェットエンジンが配置されている。運用の際はローターの回転により機体下部に揚力を発生させるとともに、機体上部からの吸気をジェットエンジンに送り込み、これを機体後部左右にある噴射口よりノズルを通して噴射、推進力を得る。じつはこの構造は、多くのドイツ円盤機の飛行原理とされているものと、ほぼ同じである。

そのほか、武装など本機についての詳細はまったく不明であり、実際に開発が行なわれたかどうかも定かではない。

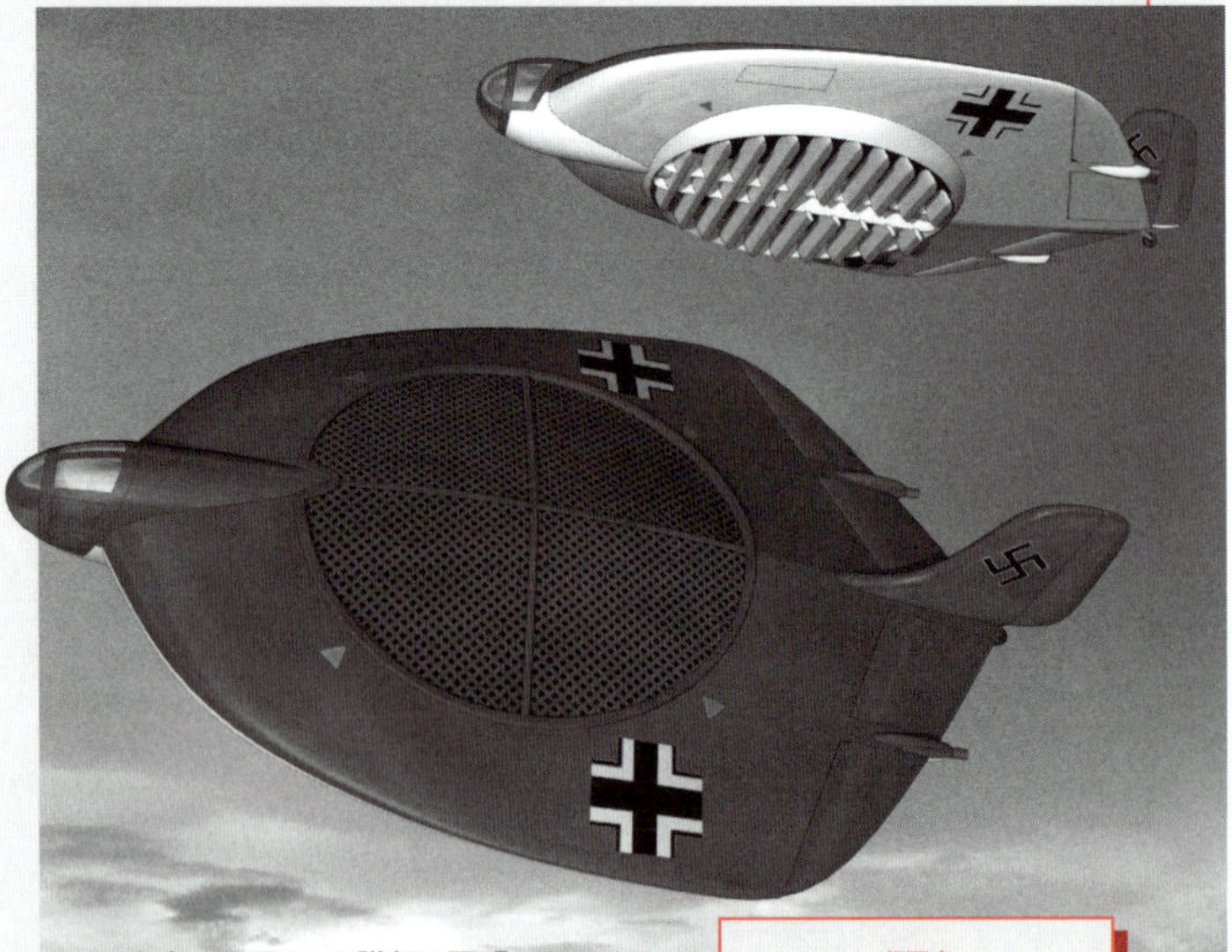

フォッケウルフVTOLの詳細は不明。

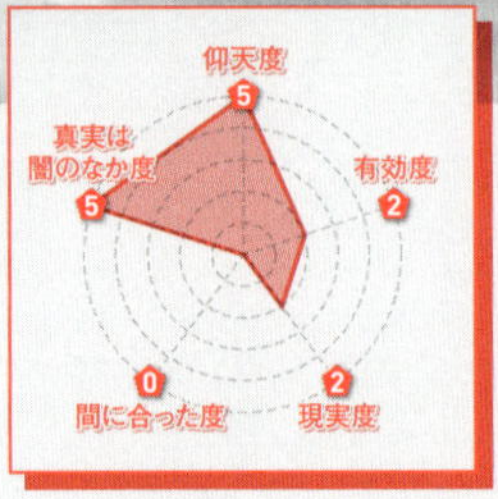

【フォッケウルフVTOL要目】

全長：不明
ローター直径：不明
翼面積：不明 ／ 自重：不明
最大速度：不明
実用上昇限度：不明 ／ 乗員：不明

茅場カ号観測機

日本唯一のオートジャイロ

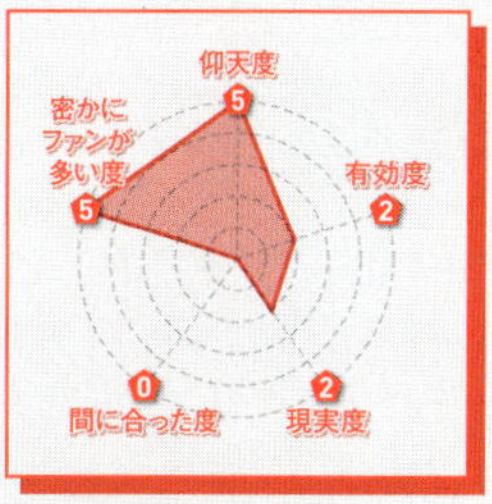

【カ号観測機】
全幅：6.68m
ローター直径：12.2m
翼面積：不明 ／ 自重：750kg
最大速度：165km/h
実用上昇限度：不明 ／ 乗員：2名

日本で実戦投入されたものとしては、唯一のオートジャイロだ。

唯一、実戦配備されたオートジャイロ

カ号観測機はその名称のとおり、もともとは砲兵部隊の弾着観測用に開発された機体である。一見するとヘリコプターのような形状をしているが、本機は正しくはオートジャイロだ。

回転翼（ローター）で揚力を得るのはヘリコプターと同様だが、ヘリコプターのように回転翼と動力が直結していないため、垂直飛行や空中停止（ホバリング）などはできない。ただし、20メートルと、短距離で離陸ができた。

カ号はエンジンなど神戸製鋼が提供、萱場製作所が製造にあたっている。1号機は昭和16年4月に完成したものの、審査に時間がかかり、昭和17年に制式化、量産が発注されたのは昭和18年からである。

しかし戦局の悪化により、当初予定された砲兵の弾着観測に従事する状況は、失われていた。

むしろ、その短距離離陸性能により陸軍版空母「あきつ丸」（本書122ページ）などに搭載し、対潜哨戒機として運用する構想も浮上。「あきつ丸」での発着実験には成功したものの、結局は対潜機として、三式指揮連絡機が搭載され、実現はしなかった。同機は短距離で離陸が可能な一種のSTOL機で、回転翼よりは固定翼のほうが運用しやすいと判断されたためだ。

行き場を失ったカ号は、日本初となる回転翼部隊・船舶飛行第二中隊に組み込まれる。

カ号は同中隊で訓練後、九州方面に配備されて、本土や朝鮮半島間の対潜哨戒任務を行う。

昭和19年秋ごろには、同部隊のため筒城浜基地が組織され、船舶飛行第二中隊は同年末から翌20年1月ごろに移動して壱岐水道で哨戒や索敵などを開始。昭和20年5月には石川県の七尾基地で終戦を迎えた。

華々しい戦果は得られなかったが、少ない兵力で戦後まで奮闘した点は特筆に値する。また、数度の弾着観測も行っている。

ちなみに、通常の陸軍機と異なりいわゆる「キ番号」を持たない。本機の開発を行ったのが、陸軍航空本部ではなく、陸軍技術本部（戦車や銃砲など地上兵器の試験・研究を行う組織）であったためだ。

 イラスト：沖一

計画国 アメリカ

夢想の円盤翼機

ヴォートXF5U1「フライング・パンケーキ」

巨大な専用プロペラを持つ。

背面より。コクピットへの搭乗方法がわかるめずらしいカット。

この怪物を語るにおいて、まず強調しなければならないのは、本機がれっきとした「戦闘機」だという事実だろう。「XF5U1」という開発コードに注目願いたい。Fはまさしく戦闘機のFである。しかも、フライング・パンケーキは軍艦から発進する「艦載機」なのだ。

このUFOを思わせる機体が現実化した背景には、1930年代前半における合衆国航空界の渇望があった。低空低速での安定性から、超高空における高速性能まですべてを満たす飛行機は設計できないか？

このリクエストに応えたのは、チャールズ・H・ジンマーマンという、全米航空諮問委員会に勤める技師であった。円盤翼こそそれを満たせる唯一の設計だと確信したジンマーマンは1937年にチャンスヴォート社に移籍し、本格研究に着手した。

たしかに全体翼ともいえる形状ならば揚力は稼ぎやすい。だが反面、翼端失速を起こしやすくなる。

ジンマーマンはそれを避けるため巨大なプロペラを機体の両脇に抱えるという案に行きついた。

エンジン性能にもよるが、計算上は空中静止から時速750キロ超の速度発揮が可能だった。失速速度も低く、6メートルの甲板があれば離着陸ができた。つまりフライング・パンケーキは現代の短距離離着陸機の始祖鳥的存在だったわけである。

評価機は完成したが

彼のアイデアを買ったアメリカ海軍は、試作機の製作を命じた。ジンマーマンとチャンスヴォート社は、1942年11月に「V173」という評価機を完成させた。ここにアメリカ海軍は「XF5U」というナンバーを与え、プロトタイプ2機の製造を発注したのであった。

しかし「XF5U」の評価機が完成したのは1945年8月20日。第二次大戦が終結した5日後だった。奇怪な円盤翼は、もはや飛ぶ空を失っていたのだ。

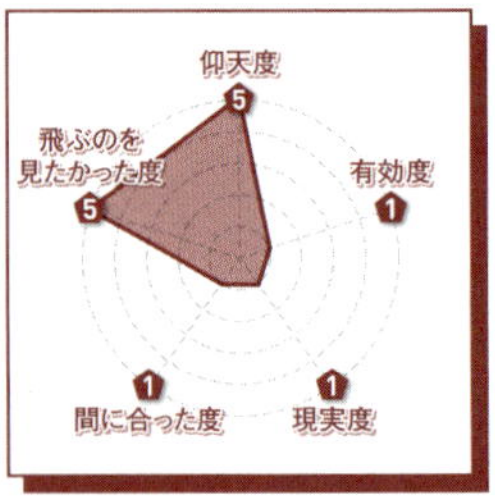
仰天度 5
有効度 1
現実度 1
間に合った度 1
飛ぶのを見たかった度 5

【「フライング・パンケーキ」要目】

全幅：11.10m ／ 全長：8.72m ／ 自重：5945t ／ 発動機：P&W R2000-7×2
最大速度：775km/h ／ 航続距離：1465m ／ 武装：12.7mm機銃×6または20ミリ機銃×4
乗員：1名

日本編 JAPAN／WORLD

本土決戦用 主力戦車

三式／四式／五式中戦車

計画国 日本

将来戦の主力！ 五式中戦車

太平洋戦争は航空機と船舶の戦争であり、資材はこの2つに優先配備された。昭和19年以降、戦車の生産はゼロ、試作のみを細々と続けることは陸軍も納得づくのことであった。

しかし、日本の機甲関係者が戦車発達の世界的趨勢《すうせい》に無関心であったわけではない。

ただ「太平洋戦域は海軍サンの縄張」と悠長に構えすぎた。

あくまで陸軍機甲部隊の仮想敵はソ連軍であり、それとの激突はまだまだ先のことと考えていたのである。

ようやく昭和18年、日本陸軍は戦車開発方針に大改定をくわえる。

これも独ソ戦の趨勢、ドイツ軍の「パンター」「ティーガー」の新戦車体系の分析から対戦車戦闘を最重要視した陸軍が、ソ連軍重戦車の撃滅を考えたためであった。

いままで足枷となっていた国内鉄道・港湾施設の限界を無視。主力戦車の重量を35トン級に引き上げて、日本陸軍の新戦車体系の中核として開発されたのが、五式中戦車（「チリ」車）である。

五式中戦車は、従来の日本戦車とは一線を画す大面積防弾鋼板の溶接構造で、単純な、しかし力強

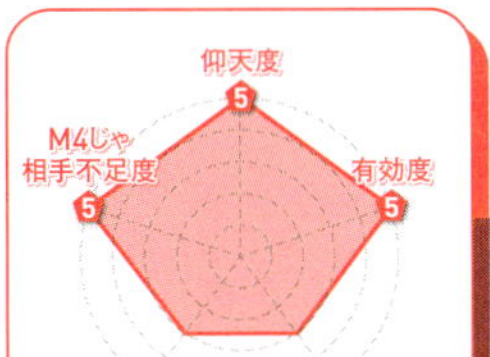
仰天度 5
有効度 5
現実度 3
間に合った度 3
M4じゃ相手不足度 5

【五式中戦車要目】

全長：7.3m ／ 全高：3m ／ 自重：37t ／ 発動機：BMW改造V型12気筒水冷ガソリン550hp ／ 最高速度：45㎞/h

装甲：75㎜（車体前面）、25～20㎜（側面）、50㎜（後面）／武装：75㎜戦車砲 × 1、37㎜戦車砲 × 1、7.7㎜機銃 × 2 ／ 乗員：5名

ORD.TECH INTEL

日本最強戦車として期待された五式中戦車に、砲が取りつけられることはなかった。

181

【四式中戦車要目】

全長：6.34m ／ 全幅：2.86m ／ 全高：2.77m
全備重量：30.8t ／ 発動機：四式V型12気筒空冷ディーゼル400hp
最高速度：45km/h ／ 装甲：75mm（車体前面）、35mm（側面）、50mm（後面）
武装：75mm戦車砲 × 1、7.7mm機銃 × 2　乗員：5名

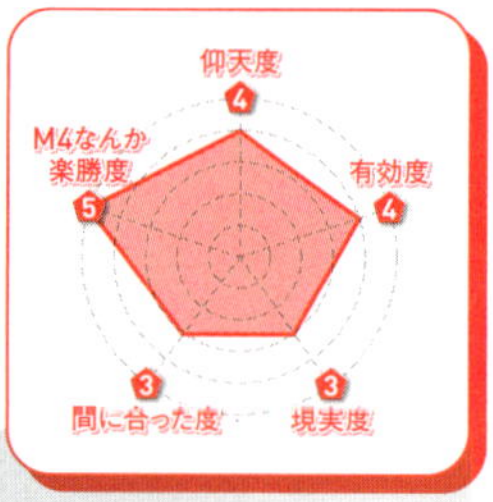

終戦時に四式中戦車が沈められたといわれる静岡県の猪鼻湖では近年数度の調査が行なわれているが、いまだ発見に至っていない。

いフォルムを有した。

日本戦車初のバスケット付き砲塔は、自動装填機付きの75ミリ長砲身戦車砲と大量の砲弾を積載するために巨大化した。これが、五式中戦車の最大の特徴だ。

日本陸軍は、伝統的に戦車砲の発射速度を重視する。75ミリ以上になると、人力装填による高い発射速度の維持は難しくなる。

そこで新戦車には、自動装填装置が不可欠とされた。しかし、肝心の自動装填装置の開発に手間取り、結局試作車に戦車砲は搭載されずじまいだった。

また、88ミリ戦車砲搭載案も有名な噂だが、現在までの研究ではその真偽を確認できていない。

五式中戦車は、性能的にはM4シャーマン中戦車を凌駕する。

実際に対戦の可能性が高かった、M26パーシング重戦車にはさすがに見劣りするが、中・近距離であれば、（装弾機が良好に機能すれば）十分対抗できただろう。

日 「代打」だった四式中戦車

本戦車初の鋳造砲塔と、長大な戦車砲を備えた姿が印象的で、米軍調査団からも「この戦車が大量に整備されていたら、太平洋戦域での戦車戦の様相は大きく異なっていただろう」と賞賛を得たことでも有名な四式中戦車（「チト」車）は、じつは五式中戦車の代打的存在だった。

四式中戦車は、従来重量20トン、57ミリ砲搭載の新戦車として開発が進められていたものであるが、昭和18年の方針改定によって、五式中戦車開発の基礎研究として、重量25トンに拡大して開発が続行された。

新型の空冷ディーゼルエンジン・油圧操向機を備えた車体性能は良好なものに仕上がった。

そのため、五式中戦車の戦車砲から自動装填装置を取り去った簡易型を搭載、量産されることになった。

しかし、量産性向上を意図したはずの鋳造砲塔の製作が難物で、結局終戦までに2両（6両とする資料もある）しか生産されなかったという。一部が、終戦時に静岡県の浜名湖付近に展開していたとされる。

四式中戦車は、平成11年、配備部隊所属の元兵士による、終戦直後に浜名湖（猪鼻湖）に同戦車を沈めたという証言に基づき、「引き揚げる会」が発足。平成24年には湖底の探査が行われたものの、それらしきものは発見されていない。現在はこの事実がやや疑わしいとも考えられている。

また、四式は令和5年に公開された『ゴジラ-1.0』にも登場している。劇中で登場したゴジラに対し、4両の量産型が砲撃を行なった。ゴジラに対して効果はなく、放射熱線によって全滅するものの、わずかなシーンながら東京を守るために戦った四式中戦車の姿は観る者の胸を熱く焦がした。

なお劇中の年代は昭和22年で、

本土決戦のため秘匿・温存されていた車両と小説版では説明されている。

決戦戦車！ 三式中戦車

四式・五式中戦車の量産化は遅々として進まない。

だが、米軍のＭ４中戦車出現の情報や、本土決戦の生起も睨んで、早急に戦車の火力増大が必要となった。

そこで、一式中戦車（「チヘ」車）に既存の野砲を搭載する新戦車が急きょ開発・量産されることとなった。これが三式中戦車（「チヌ」車）である。

発砲すると大きく後座する、九〇式75ミリ野砲をそのまま搭載したため、砲塔は巨大なものとなった。しかしこの砲はソ連軍の「ラッチュ・バム」76・2ミリ野砲に匹敵する優秀砲で、南方ではＭ４中戦車を撃破した実績もある。

さらに、四式中戦車の長砲身75ミリ戦車砲に換装する計画もあった。戦車としてはアンバランスな三式中戦車だが、実戦なら優秀な日本戦車兵の技量とあいまって、連合軍戦車を痛撃しただろう。

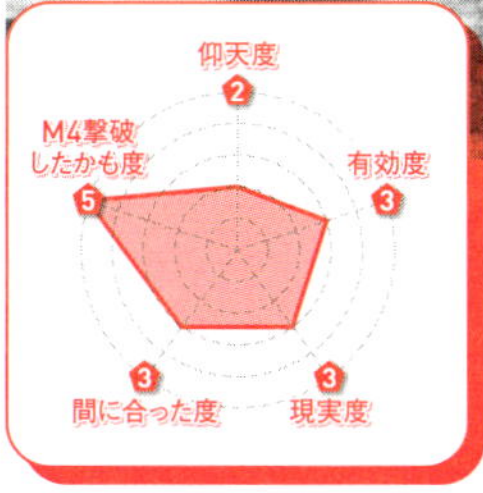
仰天度 2
有効度 3
現実度 3
間に合った度 3
M4撃破したかも度 5

近年、長所も短所も明確になってきた三式中戦車。列強の戦車に劣る面もあるが、それは大戦参加国でほとんど唯一、走行中の射撃をやってのけた日本戦車兵の超絶技量で補えたはずだ。

【三式中戦車要目】

全備重量：18.8t ／ 発動機：統制型100式V型12気筒空冷ディーゼル240hp ／ 最高速度：39㎞/h
装甲：50㎜（車体前面）、25～20㎜（側面）、20㎜（後面） ／ 武装：75㎜戦車砲 × 1、7.7㎜機銃 × 1 ／ 乗員：5名

計画国 ドイツ

▼▼▼ドイツの珍車両群

「ミーネンロイマー」「球戦車」「ラムタイガー」「シュトルムタイガー」

活躍することはできなかったシュトルムタイガー。完成時期によっては使い道もあったことだろう。

第二次世界大戦においては、各国で戦車を主力とした機甲部隊が活躍した。それにともない、主力となる戦車が充分な力を発揮するために、支援部隊にもまた戦車と同様の機動力や作業能力が求められた。

地雷を踏み潰せ

たとえば、地雷が敷設された敵陣地正面などを突破するために、機械力を用いて効率よく地雷を処理する車両が多数開発されている。

地雷の処理方法はさまざまだが、基本的には叩いたり踏んだりして爆発させてしまう方式が主流で、そのために戦車の前面へチェーンを巻きつけたドラムや、鋼鉄のローラーを取りつけた地雷処理戦車が開発された。

ただし、ドイツ軍はなぜか車両自身が地雷を踏む方式にこだわり、Ⅲ号戦車を改造して頑丈なキャタピラを取り付けた車両を試作したほか、ミーネンロイマーと呼ばれる地雷処理戦車を開発している。

謎の球戦車？

このミーネンロイマーはかなり異様な姿をしているが、もっと異様な車両としては、クー

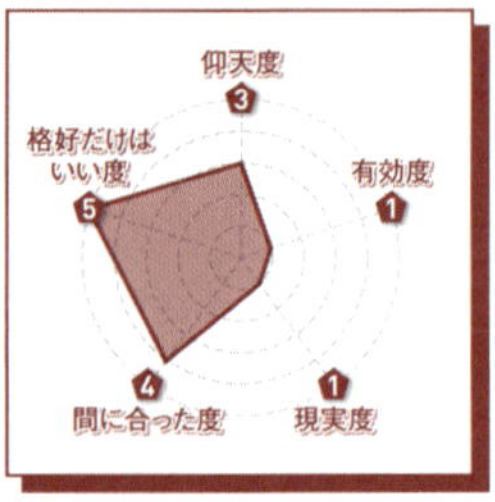
仰天度 3
有効度 1
現実度 1
間に合った度 4
格好だけはいい度 5

【「ミーネンロイマー」要目】

全長：6.28m ／ 全幅：3.22m
全高：2.9m ／ 武装：機関銃×2

ゲルパンツァーと呼ばれる車両もある。直訳すれば「球戦車」とでも称される兵器で、球状車体の両サイドに皿型の鋼製車輪を備え、後方には安定脚と小型鋼製転輪があった。内部機構が残っていないため、詳細はわからない。用途に関しても諸説あるが、砲兵用の偵察、観測用車両だったのではないかとの説が有力視されている。

　またドイツにはそのほかにも奇妙な姿の車両があり、家屋およびバリケード破砕用の車両として、ラムタイガーと呼ばれる車両も検討されていた。ラムタイガーは車体上部にプレハブ小屋のような装甲戦闘室を設け、体当たりで建造物を破壊するとされた。

　そのほか、タイガー戦車のシャーシに38センチロケット砲を搭載し、ラムタイガーと同じく建造物などを破壊するための車両として、シュトルムタイガーという車両も開発された。

ミーネンロイマーは、巨大な車輪で地雷を踏みつけるという、荒っぽい処理を想定していた。

計画国　ドイツ

リモコン式自爆戦車「ゴリアテ」

ソ連の自走砲に肉迫するゴリアテ。……だが、これはドイツ軍が作った「やらせ」写真である。

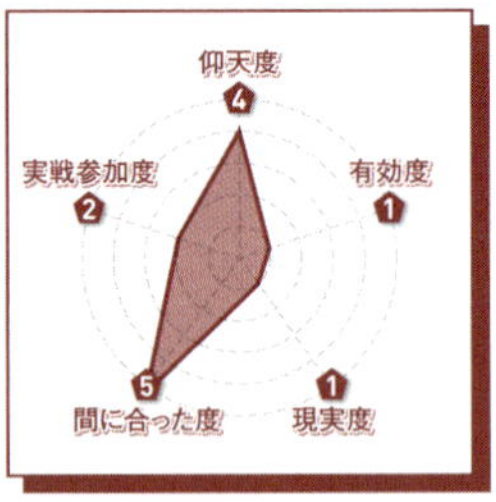
仰天度 4
有効度 1
現実度 1
間に合った度 5
実戦参加度 2

【「ゴリアテ」要目】

重量：0.43t ／ 全幅：0.9m ／ 全長：1.63m
全高：0.6m ／ 最大速度：12km/h
装甲：10mm（車体前面）

無人兵器の誕生

第二次世界大戦前、一部の夢想的な軍事技術者は、やがて無人兵器が戦場の主役になると予測し、実際にいくつかの無人兵器を計画した。

無人兵器にもっとも大きな期待が寄せられていたのは、地雷の除去や鉄条網の破断、敵陣地への爆薬設置といった、生身の人間がこなすにはあまりにも危険の大きい任務の肩代わりで、基本的には工兵が主体となって開発を進めていた。

たとえば、１９３０年代にはイギリスのヴィッカース社が有線操縦の無人小型車両を試作したほか、ほぼ同時期には、日本でも、遠隔操縦で爆薬筒を設置する九七式小作業機を開発したが、どちらも実戦には投入されることはなかった。

また、ドイツも１９３９年後半に遠隔操縦の無人地雷除去車両Ｂ１を開発しており、翌１９４０

年にはボルグヴァート社に対して障害物除去用の自爆車両を開発させている。

1942年4月に完成した試作車は、爆薬60キロを搭載する有線誘導式の小型車両で、ケーブルの有効長は800メートルあり、動力は2基の小型モーターだった。試作車は陸軍兵器局の要求をほぼ満たしていたため、多少の手直しを加えただけで、試験後すぐさま量産が開始された。

また、試作車完成前には、アドルフ・ヒトラーがこれをゴリアテと命名している。ゴリアテとは旧約聖書に登場する巨人の名前で、のちに古代イスラエルの王となるダビデに倒される、というのは皮肉である。

そののち、バッテリーで電動モーターを駆動する方式は、コストパフォーマンスが悪いとの指摘がなされ、量産開始からしばらくしてバイクメーカーのツェンダップ社に改良型の開発が発注された。

改 B4とゴリアテ

良型は車体を一新してバイク用エンジンを搭載し、爆薬搭載量も75キロに増加した。そののち、さらに車体を大型化して炸薬量を100キロに増やした改良型も生まれたほか、無線と有人のどちらでも操縦可能な重爆薬運搬車B4も開発している。

B4は一定の戦果をあげたものの、ドイツ軍はより安価で手軽に使える自爆兵器のゴリアテに重点を移した。

B4の爆薬搭載量は500キロで、対するゴリアテの爆薬は60〜100キロであり、爆発威力は比較にならないほど大きかった。しかし、B4の製造コストはゴリアテの9倍強で、またトラックなどで手軽に運搬することもできなかった。

結局、第二次世界大戦当時の技術では遠隔操縦で複雑な作業をこなすことができず、ドイツがこれを自爆兵器として運用する方向に流れていったのは当然だろう。

このような無線または無人操縦機の子孫は、RQ-4グローバル・ホークなどのUAV（無人航空機）、爆発物を処理するタロンなどUGV（無人車両）など、ウクライナ戦争でも多数運用され、現在まさに戦闘の様相を変化させている。

COLUMN

無線操縦艦「摂津」の生涯

文：伊藤龍太郎

無線操縦という技術に関しては、我が日本も戦前、実用にこぎつけていた。装置を搭載したのは、海軍の標的艦「摂津」である。

「摂津」は、日本海軍最初の弩級戦艦として建造されたが、ワシントン海軍軍縮条約の結果、戦艦として保有することができなくなり、兵装が撤去され標的艦に改装されることになった。なお、同様の経緯で、アメリカ海軍では戦艦「ユタ」が標的艦となっている。

標的艦となった「摂津」は、標的の曳航が主な役割で自身が標的になることはなかった。ところが、この「摂津」に無線操縦装置が搭載され、駆逐艦「矢風」から操縦する、無人の爆撃標的艦として使用されることになる。改造は昭和12年に行なわれ、無線操縦装置や、耐爆撃用装甲板が取りつけられた。

爆撃標的艦となった「摂津」の駆逐艦「矢風」からの無線操縦は、良好な結果を見せたといわれているが、「摂津」は砲撃標的艦としても使用されることになり、昭和14年から15年にかけて再度改造を受け、その際に無線操縦装置は撤去、有人操縦方式にされた。同時に演習砲弾に耐える装甲が追加され、速度の増加も図られている。

砲撃、爆撃訓練の際に標的になるとともに、操縦者は航空攻撃の回避訓練を「摂津」で受けた。この回避訓練を受けた士官の多くが、のちの太平洋戦争で戦艦や空母などの艦長となっている。特に、「摂津」艦長の松田千秋大佐は、「航空機の爆撃はすべて回避可能」という持論すら抱くに至り、レイテ沖海戦などで華麗な回避運動を実現している。

戦争も末期となった昭和20年には、「摂津」は瀬戸内海の広島湾でアメリカ空母機の空襲を受けて大破、江田島の海岸に着底した。

それより4年前、真珠湾攻撃の際に、上空から見た艦型は戦艦そのものだった標的艦「ユタ」が、日本空母機の攻撃を受けて沈没。他艦や基地施設に加えられるはずだった攻撃を引き受け、損害吸収の役割を果たした。これと同様に、「摂津」もまた、アメリカ海軍のパイロットたちに戦艦とみなされて猛攻を加えられ、損害吸収の役割を果たしたことになる。ただ残念ながら、燃料もなく身動きのとれない状態で瀬戸内海に残存する空母、戦艦、巡洋艦などの艦艇は、「摂津」に加えられた以上の攻撃を受けて、ほとんどが奮闘むなしく大破、着底させられている。

日本編 JAPAN/WORLD

計画国 日本

日本製誘導ミサイル

イ号無線誘導弾

1943（昭和18）年5月、ドイツは連合軍に降伏したイタリアの戦艦「ローマ」を無線誘導爆弾フリッツXで撃沈した。

この報を聞いた日本陸軍は検討の結果、同様の無線誘導爆弾の開発に着手した。

2種類の無線誘導弾

こうして「イ号一型無線誘導弾」が生まれるが、先端に爆薬を積んだ無人飛行機ということで、飛行機なみに「キ148」という機体番号も与えられ、甲乙2種類の試作が進められた。

胴体は金属製、翼は木製、液体ロケットエンジンで飛行した。

甲型は四式重爆撃機「飛龍」、ひとまわり小さな乙型は九九式軽爆撃機を母機として搭載し、発進後は母機から無線操縦して目標に命中させようとした。

類似の機体構成ながら、パイロットが乗り込んで操縦してそのまま体当たりさせる海軍の人間爆弾「桜花」よりも、はるかにまっとうな兵器である。

実験失敗で不名誉なあだ名

昭和19年秋、乙型30機が完成して投下テストが開始された。ところが相模湾の真鶴沖で試射を行なった際、無線誘導に失敗して熱海の温泉旅館に飛び込んでしまった。結果、「入浴中だった女中たちが驚いて裸で逃げまどった」、などと話に尾鰭《おひれ》がついて、イ号一型誘導弾には「エロ爆弾」というあだ名がついてしまった。

イ号一型誘導弾乙型による敵空母機動部隊攻撃は、母機が敵艦の11キロまで接近して高度1000メートルで投下、イ号誘導弾は時速600キロで飛行し、その間母機は目標の4キロまで接近、無線誘導を続ける必要があった。

これでは、母機が敵空母から迎撃に出た戦闘機に襲われてしまい、無線誘導どころではない。誘導できなければ命中は期待できない。そして低速の爆撃機である母機の生還はまず望めなかった。

これなら、戦闘機に爆弾を積んでの体当たり、特攻攻撃のほうがまだ戦果が期待できる、という結論に達し、陸軍はイ号誘導弾の実戦投入を諦めてしまった。

戦争中からレーダーや無線誘導など各国で電子戦の萌芽を見せ始めた第二次世界大戦にあって、無線誘導兵器の開発を試作までこぎつけた日本だが、当時の技術力では実戦レベルには達しえなかった。

無線誘導が不可能であれば、人間が乗り込んで体当たりをする特攻兵器を投入するしかない。

それが当時の、日本の秘密兵器の悲しい現実であった。

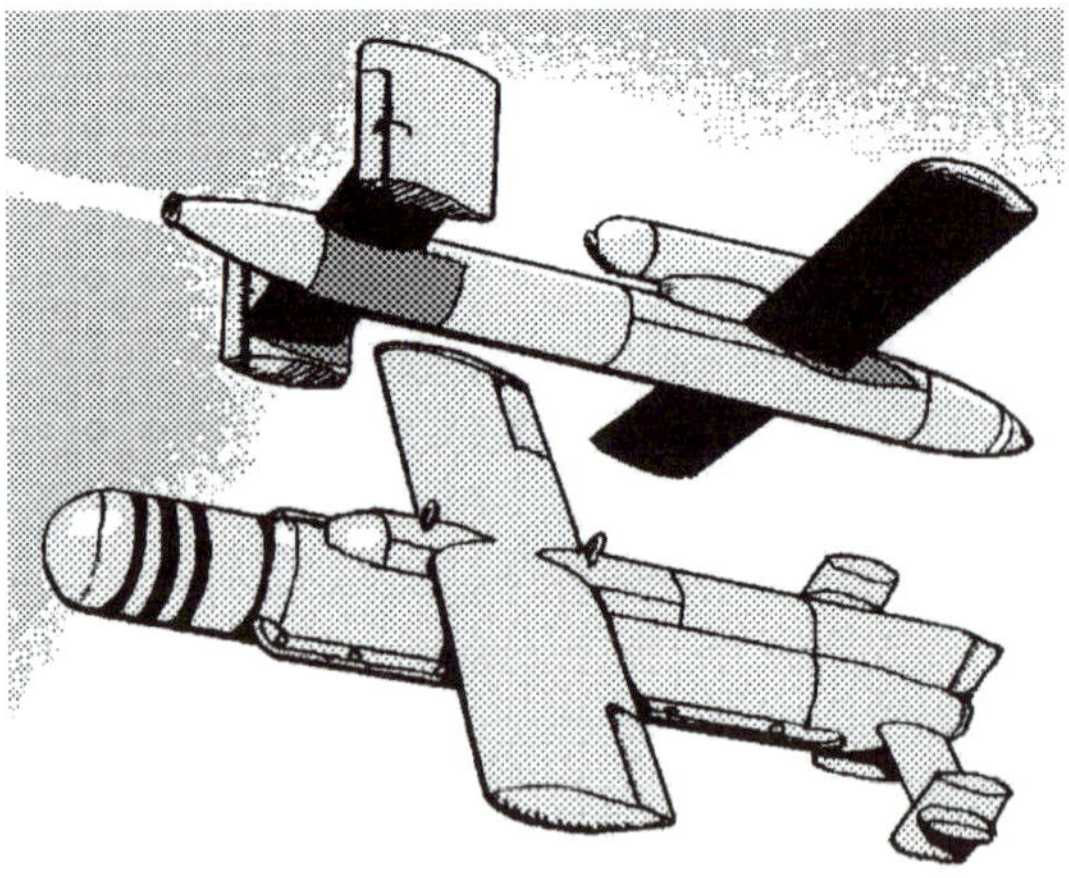

イ号が飛び込んだ玉の井旅館は、死者4名を出す惨事にみまわれてしまったが、報道はごくわずかな紙面に記される程度であった……。

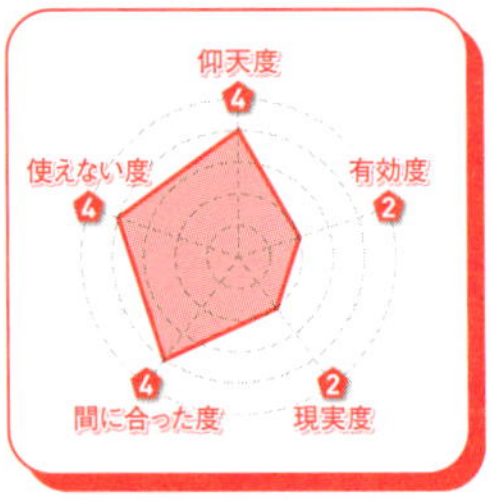

【甲型要目】

全長：5.7m／全幅：3.3m／重量：1400kg／爆薬量：800kg

【乙型要目】

全長：4m／全幅：2.6m／重量：680kg／爆薬量：300kg

計画国 ドイツ

▼▼要塞攻略用 大口径臼砲

巨大自走臼砲「カール」

口径60センチという類を見ない巨大臼砲カールの設計と生産はラインメタル・ボルジク社へ発注され、当時の陸軍兵器局砲兵課長であったカール・ベッカー砲兵大将の名にちなんで、試作砲はカールと呼ばれている。正式名称はＧｅｒａｔ０４０（兵器０４０あるいは０４１）という味も素っ気もない代物だったため、いつしか「カール」が兵器全体の愛称となっていった。

ただ、既存の巨大火砲はいずれも輸送時には分解しなければならず、移動状態から砲撃可能状態となるまで、あるいは反対に砲撃状態から移動可能状態となるまでに、十数時間から数日を必要としていた。

これは列車砲についても同様で、大半の列車砲は移動用の線路から分岐した引込み線を敷設し、さらに車体をジャッキなどで固定、射撃していたため、移動状態から砲撃状態への転換には、やはり十数時間から数日を必要としていた。

巨大自走臼砲の完成

そのため、カールはキャタピラ式の自走砲台に搭載することとなり、１９３９年に完成した試作砲は、車台の完成を待って１９４０年に試験を行なっている。威力は絶大だが射程が短すぎるとの指摘を受け、翌41年には、射程を延ばした54センチ砲も装備可能となった（砲身が交換可能）。

カールの60センチ砲の威力はすさまじく、対コンクリート用徹甲弾を使用した場合、厚さ２・５メートルのコンクリート、あるいは40センチの鋼板を撃ち抜いたという。

カールは全部で6両完成し、セバストポリ要塞攻略戦やワルシャワ市街戦において、その威力を存分に発揮している。

「トール」はソ連軍に鹵獲され、現在もロシアのクビンカ博物館（60ページ参照）に展示されている。

カールは6両つくられ、それぞれ「アダム」「エヴァ」「ロキ」「ツィウ」「トール」「オーディン」の名が与えられた。

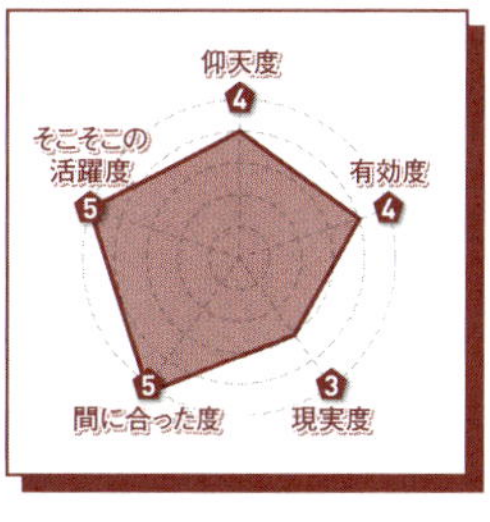
仰天度 4
有効度 4
現実度 3
間に合った度 5
そこそこの活躍度 5

【「カール」要目】

重量：124t／砲口径：600㎜、540㎜
全長：11.37m／全幅：3.16m
全高：4.78m／速度：10㎞/h

日本編 JAPAN／WORLD

計画国 日本

海軍の誘導ロケット弾
特型噴進弾「奮龍」

日本軍は、南方でB17、B24といった重爆撃機に手を焼いていたが、さらに高性能な「超空の要塞」B29の情報を得ると、その対策を講じる必要に迫られた。

誘導ロケット弾を開発

昭和19年7月、海軍は誘導ロケット「特型噴進弾」の開発に着手、のちにこれが「奮龍」と命名された。戦争後半の日本軍はB29対応策に追われることになるわけだが、「奮龍」もそのプロジェクトのうちのひとつであった。

奮龍には、それまで海軍が研究していた技術が集められた。遠隔無線操縦は、標的艦「摂津」ですでに実用化され、自動音源追尾装置も実験に成功しており、これを応用すれば、電波による自動追尾にも目途が立つ見込みだった。

また、ロケット用の液体燃料の基礎実験も良好で、ドイツからもたらされたロケット戦闘機Ｍｅ１６３の資料から、研究中の燃料がＭｅ１６３の物と成分が一致することが明らかになり、さらに研究は進んだ。

飛行目標に対し地上から電波を照射して、反射された電波をロケット弾が受信して追いかける誘導方式は、戦後のミサイル誘導では一般的となるビームライダー方式で、自動音源追尾装置の音波を電波に置き換え開発された。奮龍全体の開発は、まず固形燃料ロケットで飛ばして誘導装置の性能を確立し、熟成を進めた液体燃料ロケット搭載型により、飛行性能を達成させる、という方針を採った。

2種類の奮龍

奮龍一型は、地対艦誘導ロケットとされたが名称のみで、実際に開発されたのは二型からであった。固形燃料ロケットエンジン、電波受信器、姿勢制御用ジャイロ、十字翼と操舵装置を搭載した、全長2・4メートルのロケットとして、奮龍二型は完成した。これは誘導装置のテスト用であり、弾頭に爆薬は搭載されていない。

奮龍の実験結果は良好で、配備されていれば多少の活躍はできたことであろう。

二型の固形燃料ロケットを液体燃料ロケットに換装した三型は計画のみで製造されず、頭部に爆薬を搭載し、液体燃料ロケットエンジンに換装した完成型が、全長4メートルの奮龍四型であった。

昭和20年4月、浅間山にて奮龍二型の発射実験が行なわれた。この実験には、昭和天皇の弟である高松宮殿下が臨席された。奮龍二型は、無線誘導に成功し目標から20メートル離れた地点に着弾した。

二型のテストと並行して、四型の試作と量産型の開発製造準備も進められていたが、そこで終戦を迎える、という多くの試作兵器と同じ運命をたどった。

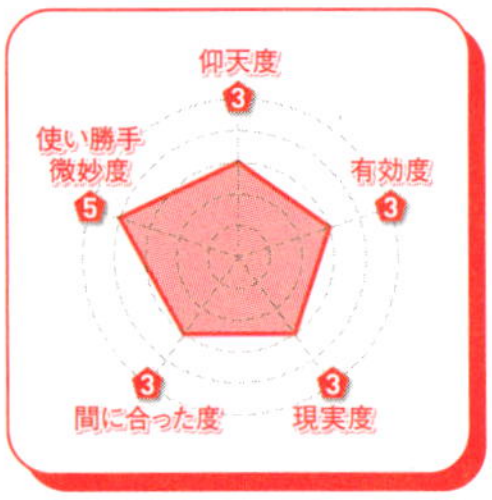

【奮龍二型要目】

全長：2.4m
直径：30㎝ ／ 全重量：370kg
ジャイロスコープ × 2

おわりにかえて

本書では、「伏龍」「桜花」や「剣」などの特殊兵器を紹介していない。もちろん、これら「特攻兵器」も、ある意味では「秘密兵器」だ。だが本書では、意図的にそれらを紹介しない。「秘密兵器」と呼ぶに値しないからだ。人命が兵器のスイッチや誘導装置にすぎなかったりするものを、技術者たちの生涯と誇りをかけて生み出された秘密兵器と同列に扱うことなどできない。

もちろん、たとえば「橘花」には「特殊攻撃機」という名称がついている。だが、そこには新たな技術への熱量がある。起死回生の夢にかけた、人々の未知の領域に挑む強い意思と想いがこめられている。果たせなかった夢を再検証し、見果てぬ夢に思いをはせる。そこには安直に人の命を利用し、たかの知れた戦果を得ようとする特攻兵器の入り込む余地は、まったくない。

第二次世界大戦が終わって、80年が過ぎた。不幸なことだらけのあの戦争だが、今もう一度、新しい技術に向けた創意の情熱に目を向けてみると、ふと目頭が熱くはならないだろうか。

幻の兵器が3DCGで蘇る!

太平洋戦争 超兵器大全

2025年4月25日　第1刷発行

編者　別冊宝島編集部

発行人　関川 誠

発行所　株式会社宝島社
〒102-8388
東京都千代田区一番町25番地
電話　営業:03-3234-4621
　　　編集:03-3239-0599
https://tkj.jp

印刷・製本　中央精版印刷株式会社

ISBN978-4-299-05987-1

※本書に原稿をご寄稿いただいた山本義秀さんは2018年4月に、青山智樹さんは2020年9月に、作品をご寄稿いただいた吉原幹也さんは2023年8月に逝去されました。

※本書の再掲載記事については、著作権者に収録許可をいただいていますが、校了時までに連絡がつかない寄稿者の方がいらっしゃいました。原本に掲載されたものでもあり、事後承諾となりますが収録させていただいております。お気づきになられた権利者の方は、編集部宛にご連絡いただけると幸いです。(編集部)

本書は、2014年6月に小社より刊行した『別冊宝島2181 太平洋戦争 超兵器大全』を増補・改訂したものです。